一発合格！

1級 土木施工
第2次検定 徹底解説
テキスト&問題集

水村俊幸・監修　土木施工管理技術検定試験研究会・著

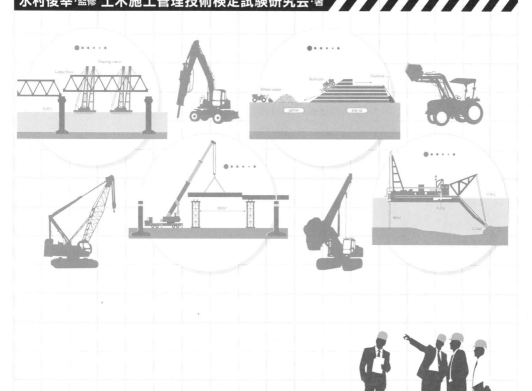

ナツメ社

JN029055

はじめに

　土木・建設業に携わる方にとって、「1級土木施工管理技士」は必携ともいえるほど重要な資格です。取得のためには、「1級土木施工管理技術検定試験」の第1次検定に合格した後に、第2次検定に合格する必要があります。

　第1次検定に合格した方であれば、すでに基礎的な知識や技術を十分に身につけているといえるでしょう。しかし、第2次検定では、**受検者自身の経験を重視した高度な問題が出される**ため、机上の学習だけでの合格は容易ではありません。受検者自身の経験に基づいた技術や知識、応用力が問われているだけでなく、それを**簡潔に解答用紙に表現する能力**も求められます。

　本書は、それらの学習を効果的に行えるように工夫して制作しています。

　まず「経験記述」では、全体の文章の組み立て方や文章作成での注意点など、**減点されない記述テクニック**を詳細に解説しています。また、代表的な土木工事例や工種、指定された施工管理に対応できるように、「**70題の経験記述例文集**」を収録しました。例文の中には、**今後出題が予想される課題を踏まえた内容**も含まれています。これらの豊富な解説と例文を通じて、経験記述文の書き方を身につけられるようになっています。

　次に「学科記述」では、**分野ごとの過去の出題傾向を分析**し、学習のポイントで押さえるべき内容を紹介しています。また、**過去に実際に出題された問題を例題演習として掲載**していて、実践によって学習の成果を確認することができます。付録の赤シートを利用することで、何度も復習できるようになっています。さらに巻末には、**過去の実地試験（現在の第2次検定に該当）で出題された学科記述問題を厳選して試験形式で構成した「過去問セレクト 模擬試験」**を収録しています。

　第2次検定についても、合格の必須条件は繰り返し学習にあります。本書を効果的に活用して着実に力をつけていってください。受検生の皆さんが晴れて合格をつかみ取り、1級土木施工管理技士としてご活躍される日が訪れることを心よりお祈り申し上げます。

　　　　　　　　　　　　　　　　　　「土木施工管理技術検定試験研究会」しるす

目次

第1部　経験記述

1 全般的な受検対策 　16

2 経験記述文作成の注意事項 　19

3 経験記述文の書き方 　23

4 経験記述文の作成シート 　35

5 経験記述例文集（70例文） 　40

経験記述例文集（工種・出題項目）

本書の使い方

1 経験記述

[設問1]の書き方

「経験記述の出題形式（P.23～25）」と「工事内容［設問1］の書き方（P.26～29）」を学習しましょう。

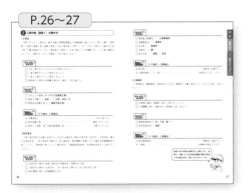

P.26～27

[設問1]の作成シート

［設問1］の解答案を整理するために、チェックシート（P.36）にまとめましょう。

P.36

経験記述例文集（70例分）

作例No.1	下水道工事	管理項目	工程管理
		技術的な課題	地質の変化に対応した土留工

[設問1] あなたが**経験した土木工事**に関し、次の事項について解答欄に明確に記入しなさい。

【注意】「経験した土木工事」は、あなたが工事請負者の技術者の場合は、あなたの所属会社が受注した工事の内容について記述してください。従って、あなたの所属会社が二次下請業者の場合は、発注者名は一次下請業者名となります。
なお、あなたの所属が発注機関の場合の発注者名は、所属機関名となります。

設問1

(1) 工事名

工事名	○○市下水幹線管布設工事

(2) 工事の内容

①発注者名	○○市○○課
②工事場所	○○市○○町地内
③工　期	令和○年○月○日～令和○年○月○日
④主な工種	下水管開削工
⑤施工量	開削工　ヒューム管φ350mm　L＝520m 1号人孔設置工　18箇所

(3) 工事現場における施工管理上のあなたの立場

立場	現場代理人

記述のポイント

- ［設問1］（2）の「④主な工種」「⑤施工量」及び［設問2］において、技術的課題となる工種と数量を記入すること。
- ［設問1］（3）で解答する「立場」は、管理技術者としてふさわしいものを記入する。現場監督助手や工事係などはふさわしくない。
- 工程管理の課題となるものは、当初は予想できなかったものの現場の環境が変化し、このまま対策を講じなければ工期が遅れてしまう状態である。気象・地質・周辺環境の変化などがポイントとなる。
- ［設問2］（3）では、対応処置だけでなく評価できる点も記述する。

44

経験記述例文のNo.1～No.8には、記述における留意点や盛り込むべきポイントを解説しています。自分の経験を記述する際の参考としてください。

本書は、「1級土木施工管理技術検定試験」の第2次検定※（実地試験）について、「問題1」に該当する経験記述と、「問題2」～「問題11」に該当する学科記述の学習が効果的にできるように構成しています。

全般的な受検対策と経験記述文作成の注意事項

まずはじめに「全般的な受検対策（P.16～18）」と「経験記述文作成の注意事項（P.19～22）」の内容を理解することからはじめましょう。

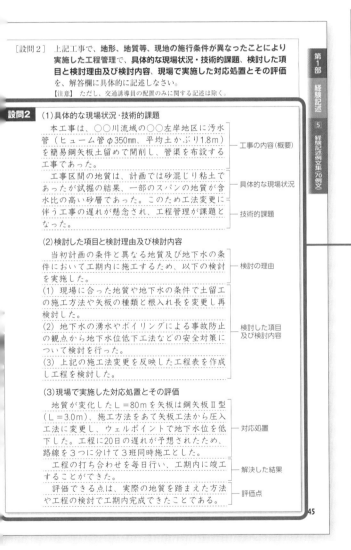

[設問2] 上記工事で、地形、地質等、現地の施行条件が異なったことにより実施した工程管理で、具体的な現場状況・技術的課題、検討した項目と検討理由及び検討内容、現場で実施した対応処置とその評価を、解答欄に具体的に記述しなさい。
【注意】 ただし、交通誘導員の配置のみに関する記述は除く。

設問2

(1)具体的な現場状況・技術的課題

本工事は、○○川流域の○○左岸地区に汚水管（ヒューム管φ350mm、平均土かぶり1.8m）を簡易鋼矢板土留めで開削し、管渠を布設する工事であった。 ― 工事の内容（概要）

工事区間の地質は、計画では砂混じり粘土であったが試掘の結果、一部のスパンの地質が含水比の高い砂層であった。このため工法変更に伴う工事の遅れが懸念され、工程管理が課題となった。 ― 具体的な現場状況 ／ 技術的課題

(2)検討した項目と検討理由及び検討内容

当初計画の条件と異なる地質及び地下水の条件において工期内に施工するため、以下の検討を実施した。 ― 検討の理由

(1) 現場に合った地質や地下水の条件で土留工の施工方法や矢板の種類と根入れ長を変更し再検討した。
(2) 地下水の湧水やボイリングによる事故防止の観点から地下水位低下工法などの安全対策について検討を行った。
(3) 上記の施工法変更を反映した工程表を作成し工程を検討した。 ― 検討した項目及び検討内容

(3)現場で実施した対応処置とその評価

地質が変化したL＝80mを矢板は鋼矢板Ⅱ型（L＝3.0m）、施工方法をあて矢板工法から圧入工法に変更し、ウェルポイントで地下水位を低下した。工程に20日の遅れが予想されたため、路線を3つに分けて3班同時施工とした。 ― 対応処置

工程の打ち合わせを毎日行い、工期内に竣工することができた。 ― 解決した結果

評価できる点は、実際の地質を踏まえた方法や工程の検討で工期内完成できたことである。 ― 評価点

第1部 経験記述 5 経験記述例文集70例文

45

[設問2]の書き方

「技術的課題等 [設問2]の書き方（P.30～34）」を学びましょう。

P.30～31

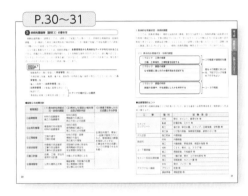

[設問2]の作成シート

[設問2]の解答案を整理するために、チャートシート（P.38）をまとめましょう。

P.38

※令和3年度より開始された新制度では、令和2年度までの学科試験と実地試験が「第1次検定」と「第2次検定」に再編された。第2次検定は実地試験の能力問題に加えて、学科試験の一部が移行された。

2 学科記述

　学科記述の学習では、「学習のポイント」をチェックして本試験で問われやすい内容を把握したうえで、付属の赤シートを用いて重要箇所を何度も復習して理解を深めましょう。

学習を進めるうえで重要となるポイントを整理して紹介。「何を押さえる必要があるか」を容易に把握できるようになっています。

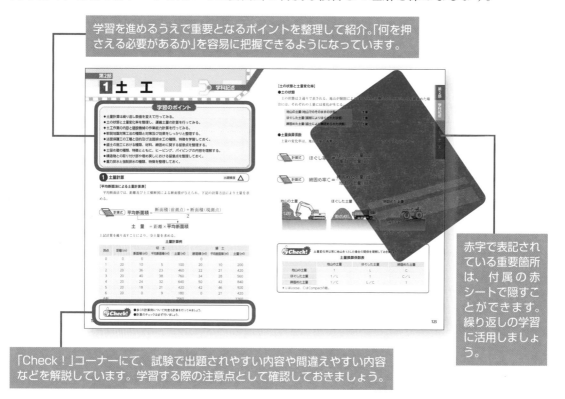

赤字で表記されている重要箇所は、付属の赤シートで隠すことができます。繰り返しの学習に活用しましょう。

「Check！」コーナーにて、試験で出題されやすい内容や間違えやすい内容などを解説しています。学習する際の注意点として確認しておきましょう。

例題演習

　過去に出題された問題を例題演習として掲載しています。間違えた問題は何度も復習をして、苦手分野をなくすように心がけましょう。

解答・解説

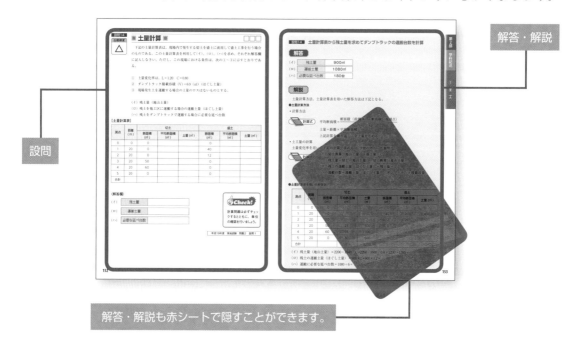

設問

解答・解説も赤シートで隠すことができます。

「過去問セレクト 模擬試験」は、過去数年分の第2次検定・実地試験の学科記述問題を厳選して、試験形式で構成した巻末付録です。本番前の力試しに取り組んでください。

過去問セレクト 模擬試験

問題
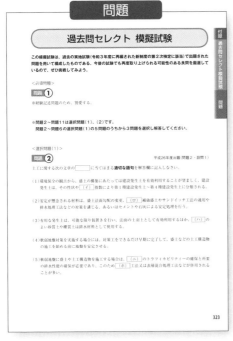

解説と解答例

※問題1は経験記述問題のため、「過去問セレクト 模擬試験」では割愛しています。

別冊 過去2年分の第2次検定問題

取り外しのできる別冊付録にて、過去14年分の学科記述の出題傾向と直近2年分の第2次検定・実地試験問題を掲載しています。試験問題は力試しとして挑戦し、解答例・解説をしっかり確認しましょう。また、重点的に押さえておくべき項目が把握できる出題傾向も学習プランを立てる際に活用してください。

出題傾向

試験問題

1級土木施工管理技術検定 第2次検定とは

「**土木施工管理技術検定試験**」は、土木工事における施工技術の向上を図ることを目的として、**一般財団法人 全国建設研修センター**が実施している検定試験である。建設業法第27条（技術検定）にて実施について明示されている。試験には「**1級**」と「**2級**」があり、合格して国土交通大臣より「技術検定合格証明書」が交付されることでそれぞれ「**1級土木施工管理技士**」「**2級土木施工管理技士**」を称することができる。

令和3年4月1日に施行された、改正建設業法「技術検定制度の見直し」規定にしたがって、令和3年度より新しい技術検定制度がスタートした。以前の検定制度では、知識を問う「学科試験」と、能力を問う「実地試験」で構成されていたが、新制度では「**第1次検定**」と「**第2次検定**」に再編された。第1次検定は学科試験で求めていた知識問題を基本に実地試験の能力問題の一部を追加し、第2次検定は実地試験の能力問題に加えて学科試験の知識問題の一部を移行するなど変更されている。旧制度では学科試験を合格しても実地試験が不合格だった場合、その学科試験が免除されるのは翌年までとされたが、新制度では**第1次検定を合格すると、第1次検定が無期限で免除され、毎年第2次検定からの受検が可能**となった。

また、令和6年度より建築業法に基づく技術検定の受検資格の見直しが行われる（後述の受検資格を参照）。「1級」及び「2級」の**第2次検定は、第1次検定合格後の一定期間の実務経験などで受検可能となった**（なお、令和10年度までの間は、制度改正前の受検資格要件による第2次検定受検が可能）。

本書は、「1級土木施工管理技術検定試験」の「第2次検定」への合格を目的として構成している。

●令和6年度以降の技術検定制度概要

①令和6年度以降の受検資格要件

	第1次検定	第2次検定
1級	年度末時点での年齢が19歳以上	○1級1次検定合格後、 ・実務経験5年以上 ・特定実務経験1年以上を含む実務経験3年以上 ・監理技術者補佐としての実務経験1年以上 ○2級2次検定合格後 ・実務経験5年以上（1級1次検定合格者に限る） ・特定実務経験1年以上を含む実務経験3年以上（1級1次検定合格者に限る）

②経過措置による受検資格

● 令和10年度までの間は、制度改正前の受検資格要件による2次検定受検が可能

● 令和6年度から10年度までの間に、有効な第2次検定受検票の交付を受けた場合、令和11年度以降も引き続き同2次検定を受検可能（旧2級学科試験合格者及び同日受検における第1次検定不合格者を除く）

●新受検資格における実務経験について

　実務経験に該当する工事の範囲を、原則、検定種目（資格）に対応した建設業の種類（業種）に該当する工事とする。また、複数の検定種目（資格）が対応する建設業の種類（業種）の工事の経験については、同じ経験を複数の検定種目の実務経験として申請することが可能となった。

検定種目（資格）	建設業の種類（業種）																												
	土木工事業	建築工事業	大工工事業	左官工事業	とび・土工・コンクリート工事業	石工事業	屋根工事業	電気工事業	管工事業	タイル・レンガ・ブロック工事業	鋼構造物工事業	鉄筋工事業	舗装工事業	しゅんせつ工事業	板金工事業	ガラス工事業	塗装工事業	防水工事業	内装仕上工事業	機械器具設置工事業	熱絶縁工事業	電気通信工事業	造園工事業	さく井工事業	建具工事業	水道施設工事業	消防施設工事業	清掃施設工事業	解体工事業
1級土木施工管理	○				○	○					○		○	○			○									○			○
2級土木施工管理	○				○	○					○		○	○			○									○			○

＜実務経験の証明方法＞

　工事の従事期間等の必要事項について、原則、工事毎に、工事請負者の代表者等、または請負工事の監理技術者等による証明を求める（工事請負者とは受検者の所属先、請負工事とは受検者の所属先が請け負った工事のこと）。なお、令和6年3月31日を含む工事の経験までは、証明者については、従前の方法（申請時に所属している会社の代表者等）による証明も可能。
※旧受検資格における実務経験について、経過措置期間における旧受検資格の実務経験（対象や証明方法等）の取り扱いについては、従前のとおりとなる。

＜特定実務経験について＞

　請負金額4,500万円（建築一式工事は7,000万円）以上の建設工事において、監理技術者・主任技術者（当該業種の監理技術者資格者証を有する者に限る）の指導の下、または自ら監理技術者・主任技術者として行った経験（発注者側技術者の経験、建設業法の技術者配置に関する規定の適用を受けない工事の経験等は特定実務経験には該当しない）。

＜監理技術者補佐について＞

　「監理技術者」は施工の技術上の管理をつかさどる技術者のことで、元請負の特定建設業者が工事を施工するために締結した請負金額が4,500万円以上（建築一式工事は7,000万円以上）になる場合に、専任で現場に配置されなくてはならない。監理技術者は、施工計画の作成、工程管理、品質管理その他の技術上の管理及び工事の施工に従事する者の指導監督を行う。
　新制度では、第1次検定の合格者に「技士補」の称号を付与する。技士補は、一定の要件を満たすことで、監理技術者の職務を補佐することが可能になった。ただし、技士補は施工管理技士ではないため、常に施工管理技士からの指導監督を受けながら、職務を行う必要がある。
　「監理技術者補佐」になれるのは「1級施工管理技士補」か、または「1級施工管理技士」「監理技術者」のいずれかの資格を有する者に限られる。

●第2次検定

　1級土木施工管理技術検定の第2次検定は、第1次検定と異なりすべて記述形式の筆記試験である。「**経験記述**」と「**学科記述**」に分かれていて、問題1〜問題3は必須問題、問題4〜問題7と問題8〜問題11は選択問題となっている（今後、変更される場合もある）。

　問題1として出題される経験記述は、**受検者が過去に経験した土木工事について指定された管理項目に関する内容を解答するもの**で、第2次検定での最重要問題に位置づけられる。この経験記述で合格基準に達した者だけが、学科記述の採点に進むとされている。

　一方、問題2以降で出題される学科記述では、**土工、コンクリート、施工計画、工程管理、安全管理、品質管理、環境管理**などの分野に関する問題に解答しなければならない。出題される問題には、主に**穴埋め形式、計算形式、文章記述形式**の3つの形式がある。

- **穴埋め形式**：各種法規、指針、示方書などの基本内容の一部分が伏せられていて、その伏せられた箇所に入る語句や数値を解答する形式。
- **計算形式**：数値に関する情報が与えられて、公式や係数の値を用いて計算を行い、求められている数値を解答する形式。
- **文章記述形式**：施工等に関する留意点や注意事項、工法等の概要や特徴、特定の事象についての原因や対策などを簡潔に解答する形式。

　第2次検定での出題構成は次のとおりである。

出題形式	問題	設問数	出題内容
経験記述（必須問題）	問題1	2問	指定管理項目
学科記述（必須問題）	問題2	1問	穴埋め形式
	問題3	1問	文章記述形式
学科記述［選択問題（1）］ ※2問を選択して解答する	問題4	1問	穴埋め形式
	問題5	1問	
	問題6	1問	
	問題7	1問	
学科記述［選択問題（2）］ ※2問を選択して解答する	問題8	1問	文章記述形式
	問題9	1問	
	問題10	1問	
	問題11	1問	

　なお、第2次検定の合格基準については公表されていないものの、一般的には次のような目安とされている。

① **経験記述**：60％程度以上が合格基準となる。
② **学科記述**：必須問題と選択問題の計6問題の合計が60％程度以上で合格基準となる。
③ **総合判定**：①と②の合計が60％程度以上で合格基準となる。

試験概要及び試験に関する問い合わせ先については別冊P.3の「令和6年度試験概要」に掲載しています。

第1部
経験記述

1 全般的な受検対策 > 経験記述

1 経験記述試験の内容

　経験記述試験では、受検者が経験した**土木工事の内容を記述する「設問1」**と技術的な課題を記述する**「設問2」**が出題される。この設問に、監理技術者としてふさわしい文章力で、自身の経験を簡潔に表現しなければならない。また、受検者の経験には真実性と具体性が求められており、経験記述の虚偽偽装に関しては厳しくチェックされる。このため、経験記述文は受検者の経験が具体的な数量で示されたオリジナルでなければならず、他人の例文の丸写し、一部修正などで作成されたことが判明した場合には失格になる。

●出題の例

［設問1］　あなたが経験した土木工事に関し、次の事項について解答欄に明確に記入しなさい。

（1）工事名
（2）工事の内容
　　　①発注者名
　　　②工事場所
　　　③工期
　　　④主な工種
　　　⑤施工量
（3）工事現場における施工管理上のあなたの立場

Check!

経験記述は、解答用紙に設けられている行数の中で記載しなければなりません。与えられる行数は試験年度によって異なるため、本書で解説している行数はあくまでも目安と考えてください。また、平成28年度試験より、［設問2］の（3）で「対応処置に対する評価」も求められるようになりました。対応処置の内容のみの記述では減点となるため注意しましょう。

［設問2］　上記工事の現場状況から特に留意した○○○○に関し、次の事項について解答欄に具体的に記述しなさい。
　　　　　ただし、交通誘導員の配置のみに関する記述は除く。

（1）具体的な現場状況と特に留意した技術的課題
（2）技術的課題を解決するために検討した項目と検討理由及び検討内容
（3）上記検討の結果、現場で実施した対応処置とその評価

※上記の「○○○○」は、試験年度によって異なる課題が取り上げられる。

　過去に出題された経験記述試験の内容等から、経験記述試験の出題内容は下表のように６つの管理項目に分類することができる。各管理項目に対する出題内容の変化はほとんどなく、出題される内容について、**具体的な現場状況・技術的課題、検討した項目と検討理由及び検討内容、現場で実施した対応処置とその評価**を具体的に記述することが求められる。環境管理については、過去に出題されたことはないが、学科記述において建設副産物に関する設問が増加していることなどから、準備しておくことが必要である。

管理項目	過去に出題された内容
①品質管理	『施工にあたって、品質管理で』
②出来形管理	『施工の段階での出来形管理に関して』
③工程管理	『施工にあたって、工程管理で』
④安全管理	『工事で実施した事故防止対策で』
⑤施工計画	『工事を実施するために設けた仮設工で』
⑥環境管理	(出題されたことはないが『〇〇工事で実施した環境保全対策で』等)

　［設問２］では、これらの管理項目の出題内容に対し次の３つが求められている。

『各管理項目』で留意した　①具体的な現場状況・技術的課題
　　　　　　　　　　　　　　（約23字×約９行＝207字）
　　　　　　　　　　　　②検討した項目と検討理由及び検討内容
　　　　　　　　　　　　　　（約23字×約11行＝253字）
　　　　　　　　　　　　③現場で実施した対応処置とその評価
　　　　　　　　　　　　　　（約23字×約９行＝207字）
　　　　　　　　　　　　合計　　　　　　約667字

　最近の出題問題では、「当初計画と気象、地質、地下水・湧水等の自然な施工条件が異なったことにより行った品質管理」といったものもあり、今後も各管理項目にさまざまな条件が付けられることが予想される。

② 受検スケジュール

　第２次検定の準備は、第１次検定が終わって落ち着いたころ、遅くとも８月上旬から始める必要がある。８月は経験記述の工事選びと、記述文草案の添削と修正、最終案の作成と暗記、９月は学科記述の学習、試験直前は経験記述の仕上げ（暗記度のチェック）がおおまかな学習スケジュールである。多くの人は、会社から家へ帰ってきて限られた時間内で受検勉強を行うのだから、これでも決して余裕があるとはいえない。**この２カ月を最低限確保しなければならない学習期間**であると思ったほうがよい。

経験記述の学習スケジュールは、概ね5つのステップに分けることができる。これらを8月中に消化し、9月には学科記述の学習にあてることになるが、あまり余裕があるとは思わないほうがよい。

●第1次検定終了から第2次検定実施までの学習スケジュール

> 7月上旬　第1次検定

> 8月中の経験記述学習ステップ
>
> **ステップ1**　………　経験記述に書こうとする工事選び（4項目用意する）
> 　　　　　　　　　　工事名、工事の内容（工期、工種、施工量）を整理
>
> **ステップ2**　………　最も得意な管理分野で記述文の草案を作成する
> 　　　　　　　　　　まず、添削してもらう前提で、1記述文の作成を優先
>
> **ステップ3**　………　土木技術者（上司、先輩、同僚）に添削を受ける
> 　　　　　　　　　　添削された草案を自分の言葉で最終案に仕上げる
>
> **ステップ4**　………　添削を参考に、残り3つの管理項目記述文を作成する
>
> **ステップ5**　………　学科記述勉強開始まで、記述文4案を暗記しておく

> 8月中旬　第1次検定結果発表

> 9月中　学科記述の受検勉強期間
>
> 　　受検1週間前から暗記度のチェックと総仕上げを行う

> 10月上旬　第2次検定実施

第1次検定の結果が発表される前から
経験記述の学習に着手しましょう！

2 経験記述文作成の注意事項

1 記述文の書き方と準備

　経験記述問題の解答を書くにあたって、最低限守らなければならない注意事項と準備がある。普段はあまり気にしないことや、論文形式の試験ならではの事項ばかりであるから、記述文の受検対策を始める前にチェックしておいたほうがよい。

チェックポイント （解答用紙に書く前に）

☐ 解答は採点官に読まれること（読んでもらうこと）を忘れない

☐ 字が汚くても構わないが、丁寧に書くように心がける

☐ はっきり書くために、鉛筆、シャーペンはHBの濃さ、芯は0.5mm以上を用意する

☐ 記述文の構成は「序論→本論→結論」で論点を明確に簡潔に書く

チェックポイント （解答用紙に書くにあたって）

☐ 書き出しと段落の最初は1マスあける

☐ 句読点、数量の単位はしっかりと書く

☐ 空白行を作らないようにする

☐ 話し言葉で書かない。「×だから→○したがって」、「×でも→○しかし」とする

☐ 文体は「〜です、〜ます」調ではなく「〜である」調で統一する

チェックポイント （試験前日までに）

☐ 用意する記述文は、上司、本試験の経験者等に添削してもらう

☐ 誤字脱字がないように、何度も書いて暗記する（暗記はこの方法が一番よい）

P.40からの5章「経験記述例文集（70例分）」で解答の書き方も確認しましょう。

19

② 土木工事の選び方

①実務経験として認められている工事・工種・工事内容

記述文を作成する土木工事は、「土木施工管理に関する実務経験として**認められる工事種別・工事内容等**」から工事種別を選んで記述文を作成するのが一般的である。

チェックポイント

☐ 土木工事として認められる工事内容か確認する

☐ あまり特殊な工事は選ばない

☐ 土木工事として認められていない工事でも、工種によっては認められる

「土木施工管理に関する実務経験」として認められる工事種別・工事内容等

工事種別	工事内容
河川工事	河道掘削(浚渫工事)、築堤工事、護岸工事、水制工事、床止め工事、取水堰工事、水門工事、樋門(樋管)工事、排水機場工事、河川維持工事(構造物の補修)等
道路工事	道路土工(切土、路体盛土、路床盛土)工事、路床・路盤工事、舗装(アスファルト、コンクリート)工事、法面保護工事、中央分離帯設置工事、共同溝工事、防護柵工事、防音壁工事、排水工事、橋梁(鋼橋、コンクリート橋、PC橋、斜張橋、つり橋等)工事、歩道橋工事、トンネル工事、カルバート工事、道路維持工事(構造物の補修)等
海岸工事	海岸堤防工事、海岸護岸工事、消波工工事、離岸堤工事、突堤工事、養浜工事、防潮水門工事　等
砂防工事	山腹工工事、堰堤工事、渓流保全(床固め工、帯工、護岸工、水制工、渓流保護工)工事、地すべり防止工事、がけ崩れ防止工事、雪崩防止工事　等
ダム工事	転流工工事、ダム堤体基礎掘削工事、コンクリートダム築造工事、ロックフィルダム築造工事、基礎処理工事、原石採取工事、骨材製造工事　等
港湾工事	航路浚渫工事、防波堤工事、護岸工事、けい留施設(岸壁、浮桟橋、船揚げ場等)工事、消波ブロック製作・設置工事、埋立工事　等
鉄道工事	軌道盛土(切土)工事、軌道路盤工事、軌道敷設(レール、まくら木、道床敷砂利)工事(架線工事を除く)、軌道横断構造物設置工事、鉄道土木構造物建設(停車場、踏切道、橋、トンネル)工事　等
空港工事	滑走路整地工事、滑走路舗装(アスファルト・コンクリート)工事、滑走路排水施設工事、エプロン造成工事、燃料タンク設置基礎工事　等
発電・送変電工事	取水堰(新設・改良)工事、送水路工事、鉄塔設置工事、鉄塔基礎工事、発電所(変電所)基礎工事、ピット電線路工事　等
上水道工事	取水堰(新設・改良)工事、導水路(新設・改良)工事、浄水池(沈砂池)設置工事、配水池設置工事、配水管(送水管)布設工事　等
下水道工事	管路(下水管・マンホール・汚水桝等)布設工事、管路推進工事、ポンプ場設置工事、終末処理場設置工事　等
土地造成工事	土地造成・整地工事、法面処理工事、擁壁工事、排水工事、調整池工事　等
農業土木工事	圃場整備・整地工事、土地改良工事、農地造成工事、農道整備(改良)工事、用排水路(改良)工事、用排水施設工事、草地造成工事、土壌改良工事　等
森林土木工事	林道整備(改良)工事、擁壁工事、法面保護工事、谷止工事、治山堰堤工事　等
公園工事	広場(運動広場)造成工事、園路(遊歩道・緑道・自転車道)整備(改良)工事、野球場新設工事、擁壁工事　等
地下構造物工事	地下横断歩道工事、地下駐車場工事、共同溝工事、電線共同溝工事、情報ボックス工事　等
橋梁工事	鋼橋梁上部(桁製作・運搬・架設・床版・舗装)工事、PC橋上部工事、橋梁下部(橋台・橋脚)工事、橋台・橋脚基礎(杭基礎・ケーソン基礎)工事、耐震補強工事　等
トンネル工事	山岳トンネル(掘削工、覆工、インバート工、坑門工)工事、シールドトンネル工事、開削トンネル工事、水路トンネル工事　等
鋼構造物塗装工事	鋼橋塗装工事、鉄塔塗装工事、樋門扉・水門扉塗装工事、歩道橋桁塗装工事　等
薬液注入工事	トンネル掘削の止水・固結工事、シールドトンネル発進部・到達部地盤改良工事、立坑底盤部遮水盤造成工事、推進管周囲地盤補強工事、鋼矢板周囲地盤補強工事　等

②実務経験として認められていない工事・工種・工事内容について

　土木工事の実務経験と認められていない工事でも、「建築工事におけるPC杭、RC杭、鋼杭、場所打ち杭の基礎工事」など土木工事として認められているものがあるので工事名が対象外でも工事内容を確認するとよい。

「土木施工管理に関する実務経験」とは認められない工事・業務等

1．「土木」について
- 建築工事（建築工事におけるPC杭・RC杭・鋼杭・場所打ち杭の基礎工事を除く）
- 建築解体工事
- 外構工事、囲障工事（フェンス、門扉等）
- ビル・住宅等の宅地内における給排水設備等の配管工事
- 浄化槽工事（パーキングエリアや工場等の大規模な工事を除く）
- 造園工事（園路工事、広場工事、擁壁工事等を除く）、植栽工事、植樹工事、遊具設置工事、修景工事
- 墓石等加工設置工事
- 除草工事
- 除雪工事
- 埋蔵文化財発掘工事
- 路面清掃工事
- 地質調査のためのボーリング工事、さく井工事
- 架線工事（ケーブル引き込みの工事を含む）
- 鉄塔・タンク・煙突・機械等の製作及び据付け工事（基礎工事を除く）
- 生コン、生アスコンの製造及び管理
- コンクリート2次製品の製造及び管理
- 道路標識の工場製作、管理
- 鉄管・鉄骨の工場製作（橋梁、水門扉を除く）
- 工程管理、品質管理、安全管理等を含まない単純な労務作業等（単なる土の掘削、コンクリートの打設、建設機械の運転、ゴミ処理等）

2．「鋼構造物塗装」について
- 建築塗装及び建築付帯設備（外構、囲障、階段、手すり等）の塗装、鉄骨塗装、道路標識柱塗装、信号機塗装、ガードレール塗装、広告塔塗装、煙突塗装、街路灯塗装、落石防止網塗装、プラント・タンク塗装、機械等の冷却・給油管等の塗装、各種管の内面塗装等の工事、その他（土木構造物塗装工事とは認められない工事）
- 工程管理、品質管理、安全管理等を含まない単純な労務作業等（単に塗料を土木構造物に塗布する作業等）

3．「薬液注入」について
- 地盤以外の各種構造物に対する薬液注入工事
- 工程管理、品質管理、安全管理等を含まない単純な労務作業等（単に薬液を注入するだけの作業等）

4．設計（積算を含む）、計画、調査のための測量の業務

5．設計（積算を含む）、計画、調査、現場事務、営業等の業務

6．研究所・学校（大学院等）・訓練所等における研究、教育及び指導等の業務

7．アルバイトによる作業員としての経験

③ 経験記述文の準備

　経験した工事から経験記述文の準備をするとき、最低でも「品質管理」「出来形管理」「工程管理」「安全管理」の４つの管理項目を用意しておくのが安全である。

　平成20年度試験の例をあげると、今までにない傾向の「工事を実施するために設けた仮設工で留意した……」と出題された。これは仮設工に対する「品質の確保（品質管理）」や「工期の確保（工程管理）」、「矢板等の出来形管理」、「事故防止対策（安全管理）」に代えて対応することが可能であった。

　このように、出題内容の予想が外れても**品質管理、出来形管理、工程管理、安全管理**の４管理項目を押さえておけば試験時に慌てることは少なくてすむ。言い換えれば、第２次検定に合格するためにこの**４管理項目の経験記述は必ず用意**しなければならないということである。

　土木工事として「認められる工事種別・工事内容等」を読んでみて、どの工事が**経験記述の技術的課題として書きやすいか、４つの管理項目のバリエーションを作りやすいか**等、記述文を書き出す前に確認しておく。このとき**工事（現場）はなるべく少なく**選んだほうがよい。単純に記述文を作成する作業時間が短縮されるし、暗記量（設問１は同じで済む）も減るし、覚えやすい。

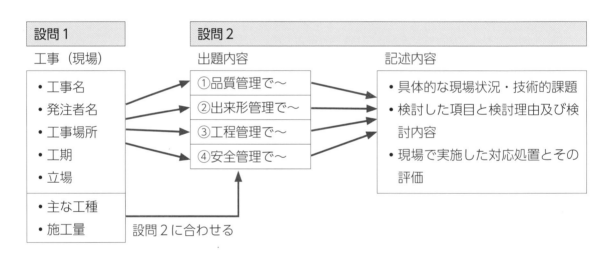

設問１	設問２	
工事（現場）	出題内容	記述内容
・工事名 ・発注者名 ・工事場所 ・工期 ・立場	①品質管理で〜 ②出来形管理で〜 ③工程管理で〜 ④安全管理で〜	・具体的な現場状況・技術的課題 ・検討した項目と検討理由及び検討内容 ・現場で実施した対応処置とその評価
・主な工種 ・施工量	設問２に合わせる	

チェックポイント

　□ 技術的課題が明確でわかりやすい工事か

　□ 各管理項目「品質」「出来形」「工程」「安全」が書きやすい工事か

　□ なるべく少ない工事で４管理項目を用意できるか（理想は１つの工事で）

③ 経験記述文の書き方

① 経験記述の出題形式

　経験記述の出題問題は、工事の内容を記述する［設問1］と技術的な課題を記述する［設問2］の2問に分けて出題される。

●実際に出題される設問

［設問1］　あなたが経験した土木工事に関し、次の事項について解答欄に明確に記入しなさい。

　　　　［注意］　「経験した工事」は、あなたが工事請負者の技術者の場合は、あなたの所属会社が受注した工事の内容について記述してください。従って、あなたの所属会社が二次下請業者の場合は、発注者名は一次下請業者名となります。
　　　　　　　　なお、あなたの所属が発注機関の場合の発注者名は、所属機関となります。

（1）工事名

（2）工事の内容
　　　①発注者名
　　　②工事場所
　　　③工期
　　　④主な工種
　　　⑤施工量

（3）工事現場における施工管理上のあなたの立場

［設問2］　上記工事の現場状況から特に留意した○○○○に関し、次の事項について解答欄に具体的に記述しなさい。
　　　　　ただし、交通誘導員の配置のみに関する記述は除く。

（1）具体的な現場状況と特に留意した技術的課題

（2）技術的課題を解決するために検討した項目と検討理由及び検討内容

（3）上記検討の結果、現場で実施した対応処置とその評価

　　　　　　　　　　　　　　　※上記の「○○○○」は、試験年度によって異なる課題が取り上げられる。

●設問の解答欄

［設問1］の解答欄

（1）工事名

工事名	

（2）工事の内容

①	発注者名	
②	工事場所	
③	工　期	
④	主な工種	
⑤	施 工 量	

（3）工事現場における施工管理上のあなたの立場

立　場	

［設問2］の解答欄

（1）具体的な現場状況・技術的課題

技術的課題の記述
9行程度が指定され
るが字数は指定され
ない
1行の字数の目安は
20〜25字程度

（2）検討した項目と検討理由及び検討内容

課題検討の記述
11行程度が指定され
るが字数は指定され
ない
1行の字数の目安は
20〜25字程度

（3）現場で実施した対応処置とその評価

対応処置の記述
9行程度が指定され
るが字数は指定され
ない
1行の字数の目安は
20〜25字程度

❷ 工事内容 [設問1] の書き方

①工事名

　当然であるが、工事名は一級土木施工管理技術検定の実務経験と認められる工事から選ぶ。契約書の工事名で建築工事、造園工事等「土木工事以外の工事にとられてしまう工事名」の場合は土木工事の工種を明記する。また、契約書の工事名で「土木工事かどうか明確でない」、「工事の場所がわからない」場合は、それらを補足して付け加えればよい。

チェックポイント

- ☐ 土木工事であることがわかる工事名であること
- ☐ 工事の場所がわかる工事名であること
- ☐ 工事の工種がわかる工事名であること
- ☐ 契約書の工事名が不明確な場合は、補足して書き加える

Good Answer

- ○ ＡＢＣビル新築工事（**PHC杭基礎工事**）
- ○ 県道5号線（**○○地区、○○工区**）補修工事
- ○ 荒川河川改修工事（**○○橋梁下部工事**）

Bad Answer　（×不適切、△要補足）

- × 公園造成工 ‥‥‥‥‥‥‥‥‥‥‥‥‥‥‥‥‥‥ 土木工事でない
- △ 河川改修工事 ‥‥‥‥‥‥‥‥‥‥‥‥‥‥‥‥ 地区がわからない
- △ 県営○○事業　第○号排水路整備工事 ‥‥‥‥‥‥ 工種がわからない

②発注者名

　工事の発注者名を正確に記述する。自分が元請会社の場合は発注者（官公庁）、下請会社の場合は元請会社名、二次下請会社の場合は一次下請会社、発注機関に所属している場合は所属機関名を書く。ただし、契約書に書かれている発注者名で、都道府県知事名、市区町村長名までは書かなくてもよい。

チェックポイント

- ☐ 元請会社の場合→直接の発注者を事務所名、部署名まで書く
- ☐ 下請会社の場合→元請会社、二次下請会社の場合は一次下請会社名を書く
- ☐ 発注機関の場合→所属機関名を書く

○ 関東地方整備局　○○**工事事務所**

○ 近畿農政局　○○**事業所**

○ 埼玉県　○○**事務所**

○ 大阪市　○○**課**

○ 株式会社　○○**建設**○○**支店**

Bad Answer　（×不適切、△要補足）

△ 埼玉県　……………………………………………………………　部課まで記述する

△ 大阪府知事　○○一郎　……………………………………………　知事名まではいらない

③**工事場所**

　工事場所は、都道府県、市町村までではなく番地まで正確に記述する。できるだけ詳しく書くのがよい。

チェックポイント

☐ 具体的な地名、番地まで詳しく書かれているか

☐ ①**工事名**で書いた地区名や工事場所と違いはないか

○ 新潟県新潟市○○町○**丁目**○**番ー**○

○ 埼玉県所沢市○○**地先**

Bad Answer　（×不適切、△要補足）

△ 東京都杉並区　………………………………………………………　番地まで記述する

× 千葉県　………………………………………………………………　工事場所が特定できない

> 道路や河川等発注範囲が広い場合でも、［設問2］で書こうとする技術的課題の場所が特定できる場合は詳しく書いたほうがいいです。

④工期

契約書の工期を記述する。工事は完了しているものを選ぶのを原則としたほうがよい。工事全体が複数年にわたって行われている場合は、竣工検査が終了しているものを選ぶ。また、⑥**施工量**と整合のとれた工期であるかチェックする必要がある。

チェックポイント

☐ 完了（竣工検査が終了）している工事か
☐ ⑥**施工量**に合った工期となっているか

Good Answer

○ 令和○○年○○月○○**日**～令和○○年○月○**日**
○ 20○○年○○月○○**日**～20○○年○月○**日**

Bad Answer（×不適切、△要補足）

△ 令和○○年○○月～○月 ‥‥‥‥‥‥‥‥‥‥‥‥‥‥‥ 日にちまで記述

⑤主な工種

現場で行った工事の工種をすべて記述するのは不可能である。ここでは、工事全体を説明できる工種、［設問2］で記述する工種を主な工種として記述する。

チェックポイント

☐ 工種になっているか（工事ではない、施工量も必要ない）
☐ 技術的課題で書く工種は含まれているか
☐ ④**工期**に見合う工種を記述しているか（2～3工種程度記述）

Good Answer

○ 擁壁工、コンクリート工
○ 路床工、路盤工
○ 管渠布設工

Bad Answer（×不適切、△要補足）

× 擁壁工事、コンクリート工事 ‥‥‥‥‥‥‥‥‥‥‥‥ 工事ではない
△ 道路補修工 ‥‥‥‥‥‥‥‥‥‥‥‥‥‥‥‥‥‥‥ 具体的な工種を追加

⑥施工量

　ここで記述する施工量は、⑤**主な工種**の施工量である。よって、④**工期**に見合う施工量であり、［設問2］の施工量でもある。これらを説明するために、2行記述できる解答欄を有効に利用する。単位を忘れずに正確に記述すること。

チェックポイント

□ 必要のない施工量を記述していないか　　□ 単位は正確に記述しているか

□ ⑤**主な工種**の施工量となっているか　　□ ［設問2］の施工量となっているか

Good Answer

○ 鋼矢板Ⅱ型L=8.5m　64枚

○ 舗装改良L=560m

　　表層5200㎡、路盤5400㎡

○ 橋長45m、幅員7.5m

　　コンクリート打設量215㎥

Bad Answer（×不適切、△要補足）

× 橋梁工　上部工一式 ・・・・・・・・・・・・・・・・・・・・・・・・・・・・・・・・・・ 数量が明確でない

× コンクリート打設260 ・・・・・・・・・・・・・・・・・・・・・・・・・・・・・・・・・・ 単位がない

⑦**工事現場における施工管理上の立場**

　工事現場における施工管理上の立場であるから、施工管理を指導、監督する立場でなければならない。一般的に、「現場監督」「現場代理人」「現場主任」「主任技術者」、発注者では「監督員」等を記述する。間違うようなところではない、ここも採点の対象になっていることを忘れないで誤字には注意する。

チェックポイント

□ 管理、指導監督する立場か

□ 誤字はないか（特に監督の「督」は注意）

Good Answer

○ 現場監督

○ 現場代理人

○ 主任技術者

○ 監督員（発注者の場合）

Bad Answer（×不適切、△要補足）

× 作業担当者 ・・・・・・・・・・・・・・・・・・・・・・・・・・・・・・・・・・ 管理する立場ではない

③ 技術的課題等［設問2］の書き方

経験記述問題の［設問2］では、［設問1］で記述した工事の「（1）具体的な現場状況・技術的課題」、「（2）検討した項目と検討理由及び検討内容」、「（3）現場で実施した対応処置とその評価」の3題について記述しなければならない。

ここで最も重要なポイントは、技術的課題が、**各管理項目から具体的なテーマが与えられること**である。出題される管理項目は毎年変わり、より具体的な条件が付けられたり、逆に幅が広くなったりする。そのため、しっかり対策を講じておかないと、［設問2］のテーマ次第では、何を書けばいいのかすらわからないという状況に陥ってしまう。

「現場条件から特に留意した**安全管理**に関して」

「当初計画と気象、地質、地下水、湧水等の自然的な施工条件が異なったことにより行った**品質管理**に関して」

「施工の段階での**出来形管理**に関して」

「**出来形管理**（工事施工段階を含む）で」

「仮設工で」

「事故防止対策（公衆災害は除く）で」┤ テーマの幅が広い出題例

●設問2の対策方針

管理項目	（1）具体的な現場状況・技術的課題	（2）検討した項目と検討理由及び検討内容	（3）現場で実施した対応処置とその評価
①品質管理	材料の品質確保 施工の品質確保	材料の良否 機械能力の適正化 施工方法による品質	全項目共通で、最後に「〜品質が確保された」など、管理項目の課題を満足したとする工事全体や対応処置についての評価できる点を書く
②出来形管理	構造物の形状確保 材料の品質確保	材料の良否 使用機械の適正化 施工方法による品質	
③工程管理	工期の遵守 工期の短縮	材料の手配・変更 機械の大型化 施工能力の増強	
④安全管理	労働者の安全確保 工事の安全確保 工事外の安全確保	仮設備の点検と安全性 使用機械の安全性 安全管理の実施方法	
⑤施工計画	品質、工程、安全を確保する計画	対象とする項目による	
⑥環境管理	公衆災害防止対策	騒音振動・仮設備の処置 低公害機械の使用 低公害工法の採用	

①具体的な現場状況・技術的課題

　ここでは、技術的課題の一般的な記述内容の構成、書き方を説明する。技術的課題の記述量は9行程度が指定される。字数は指定されておらず、字の大きさによるが概ね1行の目安は20〜25字程度と考えてよい。経験記述全般にいえることは、どの設問も字数が限られているので、設問に対して簡潔に答えなければならない。一般的に技術的課題の解答は3つのブロックに分けられる。

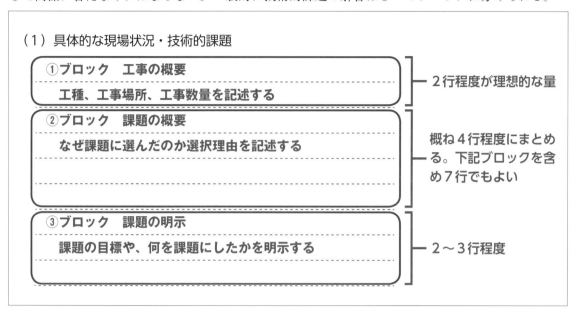

（1）具体的な現場状況・技術的課題

- ①ブロック　工事の概要
  - 工種、工事場所、工事数量を記述する　……2行程度が理想的な量
- ②ブロック　課題の概要
  - なぜ課題に選んだのか選択理由を記述する　……概ね4行程度にまとめる。下記ブロックを含め7行でもよい
- ③ブロック　課題の明示
  - 課題の目標や、何を課題にしたかを明示する　……2〜3行程度

●品質管理のヒント

　品質管理の技術的課題として何を取り上げるか、国土交通省の品質管理基準及び規格値から代表的工種を示す。

工　　　事	種　　別	試　験　項　目
セメントコンクリート	材料	骨材、セメント、練混ぜ水 等
	製造	計量設備、ミキサ 等
	施工	塩化物、単位水量、スランプ、圧縮強度、空気量 等
	施工後	ひび割れ調査、強度推定調査、鉄筋かぶり 等
ガス圧設	施工前後	外観検査
既成杭	材料	外観検査
	施工	外観検査、現場溶接、根固め強度 等
上・下層路盤	材料	ＣＢＲ、骨材、土、スラグ 等
	施工	現場密度、平板載荷 等
セメント安定処理路盤	材料	一軸圧縮、骨材、土の液性塑性 等
	施工	現場密度、セメント量 等
アスファルト舗装	材料	骨材、フィラー 等
	プラント	粒度 等
	舗装現場	現場密度 等

補強土壁	材料	土の締固め、材料の外観検査 等
	施工	現場密度 等
土工（河川・道路・砂防等）	材料	粒度、密度、含水比等、土質試験一式
	施工	現場密度、含水比 等

●出来形管理のヒント

　出来形管理の技術的課題として取り上げる内容は以下の例がある。**「品質管理」の結果として「出来形管理」** があるので、品質管理を軸に出来形管理寸法に注意して準備しておけばよい。

<記述する内容の例>
- 出来形寸法を満足することが困難な場合
- 特に出来形寸法を満足させる必要がある場合

●工程管理のヒント

　工程管理の技術的課題として取り上げる内容は、基本的に前工程のフォローアップと工期の厳守の2つに分類できる。

<記述する内容の例>
- 工期が遅れていて**工期短縮を図る**必要がある場合
- 雨天等が予想されるが工期の遅れが許されず**工期を厳守**する場合

●安全管理のヒント

　安全管理の技術的課題として取り上げる内容は、**労働安全衛生法に基づき実施した**事項とする。

<記述する内容の例>
- 仮設備工事の安全対策
- 工事作業の安全対策（防護柵設置、足場設置）
- 工事車両の安全対策（誘導員配置）
- 近隣住民への安全対策
- 通行車両、歩行者及び沿道物件への安全対策
- 安全パトロールの実施、安全訓練等

> 実施した内容については労働安全衛生規則に則した具体的な数値で記述しましょう。

●施工計画のヒント

　施工計画は目的の物をどのような施工方法、段取りで所定の工期内に適正な費用で安全に施工し管理するかを定めるものである。これは、施工管理全体を対象としていることから、すべての管理項目が該当する。例えば「工期を守るための施工計画」「品質・安全・環境保全を確保するための施工計画」などである。よって、施工計画が出題された場合、基本となる管理項目「品質・出来形・工程・安全」の変形として対処するか、「環境管理」の「施工計画」とどちらが出題されても対処できるようにしておくか、過去に出題された「仮設工」など特定の工種で準備しておくか、概ねこの3つから選択することになる。

＜記述する内容の例＞

- 使用する建設機械と資材の選定、搬入計画
- 施工体制の確立（自社、下請けの選定等）
- 他管理項目に対する施工計画
- 仮設備の配置計画
- 特定の工事の施工方法と施工手順

●環境管理のヒント

　環境管理の技術的課題として取り上げやすい内容は、実施例の多い**騒音・振動対策**である。特定建設作業（杭打ち機、びょう打ち機、削岩機、大型建設機械等政令で指定種類、規模の機械を使用する作業)を伴う工事を施工する場合は、事前に市町区村長へ届け出が必要となる。騒音規制基準、振動規制基準が明確であるので記述内容は明快である。

＜記述する内容の例＞

- 施工時の近隣住民への騒音対策として低騒音型建設機械の採用
- 施工時の近隣住民への振動対策として低振動型建設機械の採用
- 工事用車両が現場外へ出る際の粉塵対策
- 施工時に発生する濁水処理
- 施工量に配慮して、工事量（建設機械・工事車両）の平準化を行う

②検討した項目と検討理由及び検討内容

　ここで記述する内容のポイントは、選んだ課題に対して、「**どのように検討し現場で対応したかを簡潔に書く**」ことと、「**本当に現場で実施したことがわかる**」ものでなくてはならない。現場でしかわからない作業状況・作業手順、使用する材料条件、使用機械の規格検討など、選んだ課題の処理内容を記せばよい。課題を解決するための検討内容と採用理由の解答も一般的に3つのブロックに分けられる。

（2）検討した項目と検討理由及び検討内容

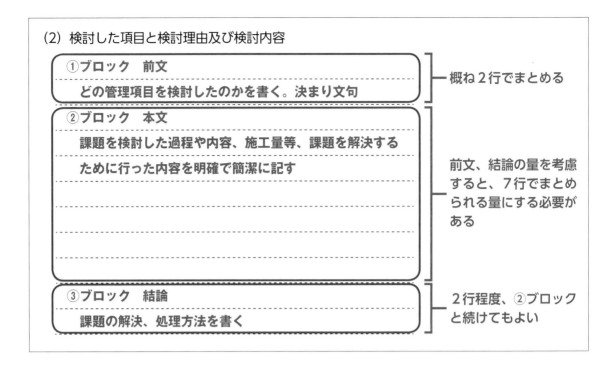

| ①ブロック　前文 | 概ね2行でまとめる |
| どの管理項目を検討したのかを書く。決まり文句 | |

②ブロック　本文
課題を検討した過程や内容、施工量等、課題を解決するために行った内容を明確で簡潔に記す

前文、結論の量を考慮すると、7行でまとめられる量にする必要がある

③ブロック　結論
課題の解決、処理方法を書く

2行程度、②ブロックと続けてもよい

③現場で実施した対応処置とその評価

　現場で実施した対応処置を簡潔に書く。施工手順、数量など現場で実際行った事がわかるように示すことが求められる。また、対応処置により解決した結果及びその評価についても必ず記述する。

結論に記述する結果の例
- 品質管理　：〜品質を確保した。
- 工程管理　：〜所定の工程を確保した。
- 施工計画　：〜を満足した。〜を行った。
- 出来形管理：〜出来型寸法を確保した。
- 安全管理　：〜安全が確保された。
- 環境管理　：〜環境保全を行った。

（3）現場で実施した対応処置とその評価

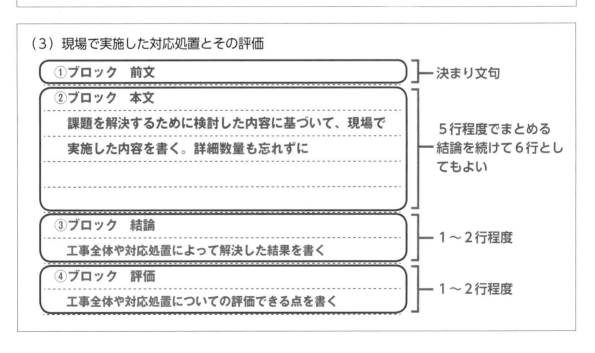

①ブロック　前文
決まり文句

②ブロック　本文
課題を解決するために検討した内容に基づいて、現場で実施した内容を書く。詳細数量も忘れずに

5行程度でまとめる
結論を続けて6行としてもよい

③ブロック　結論
工事全体や対応処置によって解決した結果を書く

1〜2行程度

④ブロック　評価
工事全体や対応処置についての評価できる点を書く

1〜2行程度

4 経験記述文の作成シート

　前章までで解説した設問1、設問2について、解答案を作成するために、設問1にはチェックシート、設問2にはチャートシートを用意した。解答案を作成するときだけでなく、作成した記述文の暗記用、試験場で試験直前までの確認等、受検対策の参考にしてもらいたい。

1 [設問1] 工事内容のチェックシート (P.36)

　設問1で問われる工事内容について、P.36のように各事項の注意点をチェックしながら解答を記入する。基本的なことばかりであるが、チェックシートの記入例 (P.37) も参考にしながら利用してもらいたい。

2 [設問2] 技術的課題等のチャートシート (P.38)

　設問2の技術的課題、それを解決するために検討した内容、現場で実施した内容や評価等を作成する方法として、記述文の要点・骨子を作成するチャートシートを用意した (P.38)。

　受検対策として各種の管理項目 (4管理項目が理想) の例文を作成して暗記することになるが、最初から完成形で作成するつもりで書き始めると、これがなかなか進まない。

　まずは、①技術的課題、②検討した内容、③現場での対応処置とその評価を構成する各ブロックの要点・骨子から作成する。チャートシートで全体の流れをチェックして、よければ要点・骨子の文章に肉付けをして完成形の記述文を作成する。こうするとポイントを押さえた記述文の作成ができるし、この後の受検勉強、試験当日の対応も楽になる。

　例えば、複数の例文を全文暗記するのが困難な場合、骨子から完成形の記述文を作成することに慣れておけば、チャートシートのみを暗記しておくだけでも対応可能である。また、課題の予想が外れた場合や、所定の行数 (字数) におさめる自信がない場合、短時間で解答文を作成しなければならない時等、問題用紙の空いているところにチャートを作成しておけば、書き直しなどを行う回数は確実に少なくなる。

> 記入例を参考にして
> 自分の経験を書き込みましょう。

●[設問1] 工事内容のチェックシート

管 理 項 目	品質管理　出来形管理　工程管理　安全管理　施工計画　環境管理	
①工 事 名	解答【	】
□	土木工事であることがわかる工事名であること	
□	工事の場所がわかる工事名であること	
□	工事の工種がわかる工事名であること	
□	契約書の工事名が不明確な場合は、補足して書き加える	
②発注者名	解答【	】
□	元請会社の場合→直接の発注者を事務所名、部署名まで書く	
□	下請会社の場合→元請会社、二次下請会社の場合は一次下請会社名を書く	
□	発注機関の場合→所属機関名を書く	
③工事場所	解答【	】
□	具体的な地名、番地まで詳しく書かれているか	
□	①工事名で書いた地区名や工事場所と違いはないか	
④工　　期	解答【	】
□	完了（竣工検査が終了）している工事か	
□	⑥施工量に合った工期となっているか	
⑤主な工種	解答【	】
	【	】
□	工種になっているか（工事ではない、施工量も必要ない）	
□	技術的課題で書く工種は含まれているか	
□	④工期に見合う工種を記述しているか（2～3工種程度記述）	
⑥施 工 量	解答【	】
	【	】
□	必要のない施工量を記述していないか	
□	単位は正確に記述しているか	
□	⑤主な工種の施工量となっているか	
□	[設問2] の施工量となっているか	
⑦立　　場	解答【	】
□	管理、指導監督する立場か	
□	誤字はないか（特に監督の「督」は注意）	
メモ		

●チェックシートの記入例

管 理 項 目	品質管理 出来形管理 工程管理 安全管理 施工計画 環境管理	
①工 事 名	解答【○○県○○号線道路拡幅工事（○○擁壁工事）	】
☑	土木工事であることがわかる工事名であること	
☑	工事の場所がわかる工事名であること	
☑	工事の工種がわかる工事名であること	
☑	契約書の工事名が不明確な場合は、補足して書き加える	
②発注者名	解答【○○県土木課	】
☑	元請会社の場合→直接の発注者を事務所名、部署名まで書く	
☐	下請会社の場合→元請会社、二次下請会社の場合は一次下請会社名を書く	
☐	発注機関の場合→所属機関名を書く	
③工事場所	解答【○○県○○市○丁目	】
☑	具体的な地名、番地まで詳しく書かれているか	
☑	①工事名で書いた地区名や工事場所と違いはないか	
④工 　 期	解答【令和元年11月20日～令和2年3月16日	】
☑	完了（竣工検査が終了）している工事か	
☑	⑥施工量に合った工期となっているか	
⑤主な工種	解答【鉄筋コンクリート擁壁工	】
	【舗装工	】
☑	工種になっているか（工事ではない、施工量も必要ない）	
☑	技術的課題で書く工種は含まれているか	
☑	④工期に見合う工種を記述しているか（2～3工種程度記述）	
⑥施 工 量	解答【擁壁工50m	】
	【路盤工1100㎡　舗装工1100㎡	】
☑	必要のない施工量を記述していないか	
☑	単位は正確に記述しているか	
☑	⑤主な工種の施工量となっているか	
☑	［設問2］の施工量となっているか	
⑦立 　 場	解答【現場代理人	】
☑	管理、指導監督する立場か	
☑	誤字はないか（特に監督の「督」は注意）	
メモ	品質管理、工程管理、安全管理はこの工事で設問2を記述するから3管理項目共通 出来形管理は○○工事のものを用意する	

●[設問2] 技術的課題等のチャートシート

課題とキーワード	【 】【 】

①具体的な現場状況・技術的課題

解答の概要	記述文の骨子				
①ブロック 工事の概要	現場の状況・工事の目的	➡	工事の工種	➡	数量
②ブロック 課題の概要	なぜ課題に選んだか	➡	その根拠	➡	数値
③ブロック 課題の明示	課題の目標	➡	課題の管理項目	➡	目標値

②検討した項目と検討理由及び検討内容

解答の概要	記述文の骨子	
①ブロック 前　文	決まり文句	
②ブロック 本　文	検討した内容	採用工法・採用理由
③ブロック 結　論	検討方法の決まり文句	

③現場で実施した対応処置とその評価

解答の概要	記述文の骨子	
①ブロック 前　文	決まり文句	
②ブロック 本　文	現場で実施した内容	現場での処置方法
③ブロック 結　論	結果の決まり文句	
④ブロック 評　価	前提 ➡	評価内容

●チャートシートの記入例

課題とキーワード	【品質管理】【暑中コンクリートの品質を確保】

①具体的な現場状況・技術的課題

解答の概要	記述文の骨子		
①ブロック	現場の状況・工事の目的　➡	工事の工種　➡	数量
工事の概要	県道○号線の拡幅工事に伴う	鉄筋コンクリート擁壁工事	L＝50m
②ブロック	なぜ課題に選んだか　➡	その根拠　➡	数値
課題の概要	コンクリート工事が8月に予定されており	昨年同時期の気温は最高38度を超えていたため	
③ブロック	課題の目標　➡	課題の管理項目　➡	目標値
課題の明示	暑中コンクリートの施工に注意する必要があり	暑中コンクリートの品質管理	

②検討した項目と検討理由及び検討内容

解答の概要	記述文の骨子	
①ブロック	決まり文句	
前　文	暑中コンクリートの品質を確保するために	
②ブロック	検討した内容	採用工法・採用理由
	暑中コンクリートの温度管理	型枠の湿潤と温度低下対策
本　文		コンクリートの温度低下と乾燥対策
③ブロック	検討方法の決まり文句	
結　論	暑中コンクリートの品質確保を検討した	

③現場で実施した対応処置とその評価

解答の概要	記述文の骨子	
①ブロック	決まり文句	
前　文	検討の結果下記の対応処置を実施した	
②ブロック	現場で実施した内容	現場での処置方法
	暑中コンクリートの温度管理	型枠をシートで覆った
本　文		練混ぜ水に氷の使用を指示した
		打込み時間の管理を行った
③ブロック	結果の決まり文句	
結　論	暑中コンクリートの品質確保を確保した	
④ブロック	前提	評価内容
評　価	対応処置を行った結果　➡	擁壁を確実に施工することができた
	対応処置による品質の確保で　➡	ひび割れを防止することができた

5 経験記述例文集（70例文）

1 経験記述例文の概要

　これまで経験記述問題の概要や具体的な記述の要点などを解説してきた。本章ではその仕上げとして、代表的な工事及び工種、さまざまな管理項目、技術的課題を想定した**70パターンの経験記述例文**を紹介する。実際に経験した工事のケースに近い例文触れることで、自分の解答を作る際の注意点やコツをつかむことができるであろう。また、設問2については、平成23年から平成27年の5年間と、平成28年から令和5年の8年間の試験において以下のように問題文が変化している。

●平成23年から27年の5年間

> ［設問2］　上記工事の**現場状況から特に留意した工程管理**に関し、次の事項について解答欄に具体的に記述しなさい。
>
> （1）**具体的な現場状況**と特に留意した**技術的課題**
> （2）技術的課題を解決するために**検討した項目と検討理由及び検討内容**
> （3）技術的課題に対して**現場で実施した対応処置**

●平成28年以降

> ［設問2］　上記工事の**現場状況から特に留意した工程管理**に関し、次の事項について解答欄に具体的に記述しなさい。ただし、交通誘導員の配置のみに関する記述は除く。
>
> （1）**具体的な現場状況**と特に留意した**技術的課題**
> （2）技術的課題を解決するために**検討した項目と検討理由及び検討内容**
> （3）技術的課題に対して**現場で実施した対応処置とその評価**

　過去には、「当初計画と気象、地質、地下水・湧水などの自然的な施工条件が異なったことにより行った品質管理」または、「工事を実施するために行った仮設工事」のように、**具体的な条件が付けられた管理項目**が指定されたことがあった（平成22年度の出題）。しかし、このような出題パターンに対しても、これまで解説してきた「**品質管理**」「**出来形管理**」「**工程管理**」「**安全管理**」の4管理項目を押さえておくことで、解答は可能である。また、今後に出題が予想される4パターンの課題をピックアップしてNo.1からNo.8の例文にて紹介している。さらに、No.1からNo.8については記述のポイントを示しているので、記述練習の参考にしてもらいたい。

　No.1〜No.70の記述パターンは、平成28年〜令和5年の8年間継続して出題されたもので（3）に「**その評価**」が加わったものとしている。

② 今後出題が予想される課題に対する例文リスト

今後出題が予想される課題として、**管理項目に条件が付けられる設問**、自然災害に対する対応等の例文を用意した。他に用意した**工事別記述例文**と併せて、自身の記述例文作成の参考にしてもらいたい。

●予想課題1

あなたが経験した土木工事について、**地形、地質等、現地の施工条件が異なったことにより実施した○○○○（管理項目）**で、具体的な現場状況・技術的課題、検討した項目と検討理由及び検討内容、現場で実施した対応処置とその評価を具体的に記述しなさい。

No.	工　事	工　種	管理項目	技術的課題	ページ
1	下水道	下水管開削工	工程管理	地質の変化に対応した土留工	44
2	下水道	下水管開削工	安全管理	地質の変化に対応した土留工	46
5	造成	防火水槽工	施工計画	沈降ひび割れによる漏水対策	52

●予想課題2

あなたが経験した土木工事について、**当初の予想と異なった現場条件に対して実施した○○○○（管理項目）**で、具体的な現場状況・技術的課題、検討した項目と検討理由及び検討内容、現場で実施した対応処置とその評価を具体的に記述しなさい。

No.	工　事	工　種	管理項目	技術的課題	ページ
3	下水道	小口径管推進工	出来形管理	障害物に対する推進管の精度確保	48
4	橋梁	橋脚耐震補強工	施工計画	狭隘な条件での橋脚耐震補強	50

●予想課題3

あなたが経験した土木工事について、**自然災害（地震災害も含む）に対して実施した○○○○（管理項目）**で、具体的な現場状況・技術的課題、検討した項目と検討理由及び検討内容、現場で実施した対応処置とその評価を具体的に記述しなさい。

No.	工　事	工　種	管理項目	技術的課題	ページ
6	農業土木	浚渫工	施工計画	自然災害に対する施工計画	54
7	農業土木	浚渫工	安全管理	自然災害に対する安全管理	56
8	道路	舗装工	安全管理	地震災害に対する安全管理	58

●予想課題4

あなたが経験した土木工事について、**温暖化防止に対して実施した○○○○（管理項目）で**、具体的な現場状況・技術的課題、検討した項目と検討理由及び検討内容、現場で実施した対応処置とその評価を具体的に記述しなさい。

No.	工 事	工 種	管理項目	技術的課題	ページ
9	農業土木	圃場整備工	施工管理	温暖化防止対策	60

③ 工事別記述例文リスト

No.	工 事	工 種	管理項目	技術的課題	ページ
10	道路	アスファルト舗装工	品質管理	合材温度の低下と転圧不良防止	61
11	道路	アスファルト舗装工	品質管理	暑中における路盤工の密度管理	62
12	道路	鉄筋コンクリート擁壁工	品質管理	暑中コンクリートの品質確保	63
13	道路	地盤改良工	出来形管理	地盤改良深さの出来形管理	64
14	道路	鉄筋コンクリート擁壁工	工程管理	擁壁工事の工期短縮	65
15	道路	アスファルト舗装工	工程管理	工期短縮対策	66
16	道路	鉄筋コンクリート擁壁工	安全管理	飛来落下事故防止	67
17	道路	アスファルト舗装工	施工計画	路床の軟弱化防止対策	68
18	道路	鉄筋コンクリート擁壁工	施工計画	塩害耐久性を確保する施工計画	69
19	道路	鉄筋コンクリート擁壁工	環境管理	騒音・振動に対する環境保全対策	70
20	上水道	管布設工	品質管理	漏水防止対策	71
21	上水道	管布設工	工程管理	湧水処理対策	72
22	上水道	管布設工	安全管理	既設管の破損事故防止対策	73
23	上水道	管布設工	環境管理	建設副産物の有効利用	74
24	下水道	管布設工	出来形管理	軟弱地盤での管の高さ管理	75
25	下水道	シールド工	出来形管理	曲線部の中心線管理	76
26	下水道	小口径管推進工	出来形管理	障害物に対する推進管の精度確保	77
27	下水道	小口径管推進工	出来形管理	障害物に対する推進管の精度確保	78
28	下水道	管布設工	工程管理	工期短縮対策	79
29	下水道	シールド工	工程管理	セグメントの発注管理	80
30	下水道	管布設工	安全管理	狭い道路での安全対策	81
31	下水道	シールド工	安全管理	有毒ガスによる酸素欠乏対策	82
32	下水道	シールド工	安全管理	地盤沈下による事故防止	83
33	下水道	シールド工	安全管理	切羽の肌落ちによる事故防止	84
34	下水道	管布設工	施工計画	狭い道路での施工計画	85

35	下水道	管布設工	施工計画	狭い道路での施工計画	86
36	河川	護岸工	品質管理	コンクリートの品質管理	87
37	河川	擁壁工	工程管理	ブロック積みの工期を短縮	88
38	河川	擁壁工	工程管理	構造物撤去の工程短縮	89
39	河川	擁壁工	安全管理	狭隘部への材料搬入方法	90
40	河川	擁壁工	施工計画	狭隘部への材料搬入方法	91
41	橋梁	橋梁工（コンクリート工）	品質管理	暑中コンクリートの品質管理	92
42	橋梁	橋梁撤去工	施工計画	夜間作業の効率化	93
43	ダム	土工	工程管理	積雪や路面凍結対策	94
44	ダム	土工	施工計画	積雪や路面凍結対策	95
45	鉄道	軌道敷設工	工程管理	限られた時間内での線路交換作業	96
46	鉄道	軌道敷設工	施工計画	短時間に線路を交換する施工計画	97
47	造成	コンクリート工	施工計画	水場での汚水槽の漏水対策	98
48	造成	コンクリート工	品質管理	防火水槽の漏水防止対策	99
49	造成	盛土工	品質管理	盛土材の品質管理	100
50	造成	盛土工	出来形管理	効率的な盛土の出来形管理	101
51	造成	二次製品敷設工	出来形管理	L型側溝の布設精度管理	102
52	造成	コンクリート工	工程管理	防火水槽の漏水防止対策	103
53	造成	防火水槽工	安全管理	近隣小学校生徒に対する安全管理	104
54	造成	防火水槽工	環境管理	騒音・振動に対する環境保全対策	105
55	地盤改良	地盤改良工	安全管理	ヒービングに対する安全確保	106
56	地盤改良	地盤改良工	施工計画	軟弱路床の改良対策	107
57	地盤改良	地盤改良工	環境管理	セメント改良材の飛散防止対策	108
58	農業土木	コンクリート工	品質管理	暑中コンクリートの品質管理	109
59	農業土木	築堤盛土工	品質管理	盛土材の含水比管理	110
60	農業土木	築堤盛土工	出来形管理	盛土の出来形管理	111
61	農業土木	仮設工	工程管理	掘削と土留支保工の工期短縮	112
62	農業土木	杭基礎工	環境管理	杭打ち工事の騒音・振動対策	113
63	農業土木	浚渫工	環境管理	生物に対する環境保全対策	114
64	トンネル	コンクリート舗装工	品質管理	寒中コンクリートの養生対策	115
65	トンネル	隧道補強工	品質管理	高地下水位下でのグラウト管理	116
66	トンネル	トンネル掘削工	品質管理	厳寒期のコンクリート品質管理	117
67	トンネル	トンネル掘削工	工程管理	補助工法の検討で工程短縮	118
68	トンネル	トンネル掘削工	安全管理	土被りが少ないトンネル工事	119
69	トンネル	トンネル掘削工	安全管理	肌落ち災害の防止対策	120
70	トンネル	トンネル掘削工	施工計画	浅い土被り箇所の施工計画	121

下水道工事

管理項目	工程管理
技術的な課題	地質の変化に対応した土留工

[設問1] あなたが**経験した土木工事**に関し、次の事項について解答欄に明確に記入しなさい。

【注意】「経験した土木工事」は、あなたが工事請負者の技術者の場合は、あなたの所属会社が受注した工事の内容について記述してください。従って、あなたの所属会社が二次下請業者の場合は、発注者名は一次下請業者名となります。
なお、あなたの所属が発注機関の場合の発注者名は、所属機関名となります。

設問1

（1）工事名

工 事 名	○○市下水幹線管布設工事

（2）工事の内容

①発注者名	○○市○○課
②工事場所	○○市○○町地内
③工　期	令和○年○月○日～令和○年○月○日
④主な工種	下水管開削工
⑤施 工 量	開削工　ヒューム管φ350mm　L＝520m 1号人孔設置工　18箇所

（3）工事現場における施工管理上のあなたの立場

立　場	現場代理人

記述のポイント

- [設問1]（2）の「④主な工種」「⑤施工量」及び[設問2]において、技術的課題となる工種と数量を記入すること。
- [設問1]（3）で解答する「立場」は、管理技術者としてふさわしいものを記入する。現場監督助手や工事係などはふさわしくない。
- 工程管理の課題となるものは、当初は予想できなかったものの現場の環境が変化し、このまま対策を講じなければ工期が遅れてしまう状態である。気象・地質・周辺環境の変化などがポイントとなる。
- [設問2]（3）では、対応処置だけでなく評価できる点も記述する。

［設問2］　上記工事で、**地形、地質等、現地の施行条件が異なったことにより実施した工程管理**で、**具体的な現場状況・技術的課題、検討した項目と検討理由及び検討内容、現場で実施した対応処置とその評価**を、解答欄に具体的に記述しなさい。
【注意】　ただし、交通誘導員の配置のみに関する記述は除く。

設問2

(1)具体的な現場状況・技術的課題

　　本工事は、○○川流域の○○左岸地区に汚水管（ヒューム管φ350mm、平均土かぶり1.8m）を簡易鋼矢板土留めで開削し、管渠を布設する工事であった。 ── 工事の内容（概要）

　　工事区間の地質は、計画では砂混じり粘土であったが試掘の結果、一部のスパンの地質が含水比の高い砂層であった。 ── 具体的な現場状況

このため工法変更に伴う工事の遅れが懸念され、工程管理が課題となった。 ── 技術的課題

(2)検討した項目と検討理由及び検討内容

　　当初計画の条件と異なる地質及び地下水の条件において工期内に施工するため、以下の検討を実施した。 ── 検討の理由

（1）現場に合った地質や地下水の条件で土留工の施工方法や矢板の種類と根入れ長を変更し再検討した。
（2）地下水の湧水やボイリングによる事故防止の観点から地下水位低下工法などの安全対策について検討を行った。
（3）上記の施工法変更を反映した工程表を作成し工程を検討した。 ── 検討した項目及び検討内容

(3)現場で実施した対応処置とその評価

　　地質が変化したL＝80mを矢板は鋼矢板Ⅱ型（L＝3.0m）、施工方法をあて矢板工法から圧入工法に変更し、ウェルポイントで地下水位を低下した。工程に20日の遅れが予想されたため、路線を3つに分けて3班同時施工とした。 ── 対応処置

　　工程の打ち合わせを毎日行い、工期内に竣工することができた。 ── 解決した結果

　　評価できる点は、実際の地質を踏まえた方法や工程の検討で工期内完成できたことである。 ── 評価点

下水道工事

管理項目	安全管理
技術的な課題	地質の変化に対応した土留工

[設問1] あなたが**経験した土木工事**に関し、次の事項について解答欄に明確に記入しなさい。

【注意】「経験した土木工事」は、あなたが工事請負者の技術者の場合は、あなたの所属会社が受注した工事の内容について記述してください。従って、あなたの所属会社が二次下請業者の場合は、発注者名は一次下請業者名となります。
なお、あなたの所属が発注機関の場合の発注者名は、所属機関名となります。

設問1

(1) 工事名

工 事 名	○○市下水幹線汚水管布設工事

(2) 工事の内容

①発注者名	○○市○○課
②工事場所	○○市○○町地内
③工　期	令和○年○月○日～令和○年○月○日
④主な工種	下水管開削工
⑤施工量	開削工　ヒューム管 φ350mm　L＝520m 1号人孔設置工　18箇所

(3) 工事現場における施工管理上のあなたの立場

立　場	現場代理人

記述のポイント

- 安全管理の課題となるものは、現場の状況が当初の予想に反してこのまま工事を進めると危険な状態となり、事故につながりかねないことである。

- 掘削作業においては、自立できないゆるい砂層や軟らかい粘土層及び湧水などが課題となる。

- 対策としては、現場条件の変化を反映させた安定計算や排水処理など、水への対応がポイントとなる。

［設問2］　上記工事で、**地形、地質等、現地の施行条件が異なったことにより実施した安全管理**で、**具体的な現場状況・技術的課題、検討した項目と検討理由及び検討内容、現場で実施した対応処置とその評価**を、解答欄に具体的に記述しなさい。
【注意】　ただし、交通誘導員の配置のみに関する記述は除く。

設問2

(1)具体的な現場状況・技術的課題

　本工事は、○○川流域の○○左岸地区に汚水管（ヒューム管φ350㎜、平均土かぶり1.8ｍ）を簡易鋼矢板土留めで開削し、管渠を布設する工事であった。 ─ 工事の内容（概要）

　工事区間の地質は、計画では砂混じり粘土であったが、試掘の結果、一部のスパンにおいて含水比が高い砂層であったことがわかった。こ ─ 具体的な現場状況

のため無事故で工事を遂行するための安全対策が課題となった。 ─ 技術的課題

(2)検討した項目と検討理由及び検討内容

　当初計画の条件と異なる地質及び地下水の条件において安全管理上、掘削のリスクを軽減するために以下の検討を実施した。 ─ 検討の理由

(1)　実際の現場に合った地質や地下水の条件で、土留工の施工方法や土留工に使用する矢板の種類と根入れ長等について検討を実施した。

(2)　地下水の湧水による土砂崩壊やボイリングによる事故防止の観点から、地下水位低下工法などを行うこと等、安全対策について検討を行った。実際の現場条件を基に再計算を行い、安全性も確認できた。 ─ 検討した項目及び検討内容

(3)現場で実施した対応処置とその評価

　検討の結果、次のような対策を実施した。 ─ 前書き

(1)　実際の地質等の条件で計算し、施工方法をあて矢板工法から圧入工法に変更した。

(2)　土留め矢板を軽量鋼矢板から、鋼矢板Ⅱ型のＬ＝3.5ｍに変更した。 ─ 対応処置

(3)　ウェルポイントで地下水を低下させた。

　以上の対策で安全に工事が完了できた。 ─ 解決した結果

　現場条件に基づく適切な対処を行い無事故で工事を完成させたことは評価できる点である。 ─ 評価点

下水道工事

管理項目	出来形管理
技術的な課題	障害物に対する推進管の精度確保

［設問1］　あなたが**経験した土木工事**に関し、次の事項について解答欄に明確に記入しなさい。

【注意】「経験した土木工事」は、あなたが工事請負者の技術者の場合は、あなたの所属会社が受注した工事の内容について記述してください。従って、あなたの所属会社が二次下請業者の場合は、発注者名は一次下請業者名となります。
なお、あなたの所属が発注機関の場合の発注者名は、所属機関名となります。

設問1

(1) 工事名

工　事　名	○○市○○幹線汚水管布設工事

(2) 工事の内容

①発注者名	○○市○○部○○課
②工事場所	○○県○○市○○町地内
③工　　期	令和○年○月○日〜令和○年○月○日
④主な工種	小口径管推進工　φ350mm　人孔築造工
⑤施　工　量	小口径管推進工　L＝220m 2号人孔工　5箇所

(3) 工事現場における施工管理上のあなたの立場

立　　　場	現場代理人

記述のポイント

- 出来形管理の課題となるものは、当初の計画に対し現場の状況が異なり、対策を講じなければ管理基準を満足できなくなる可能性が予想されることである。

- 対策としては、詳細調査に基づく再検討が必要となる。検討結果は、写真や図でわかりやすい資料を作成し発注者と協議を行い、最良の対策を計画することがポイントとなる。

- ［設問2］（3）で記述する評価内容は、「評価点は、〜である」や「〜が評価できる点と考える」などとまとめるとよい。

［設問2］　上記工事で、**当初の予想と異なった現場条件に対して実施した出来形管理**で、**具体的な現場状況・技術的課題、検討した項目と検討理由及び検討内容、現場で実施した対応処置とその評価**を、解答欄に具体的に記述しなさい。

【注意】　ただし、交通誘導員の配置のみに関する記述は除く。

設問2

(1)具体的な現場状況・技術的課題

　本工事は、○○地区○号線の下水道管布設工事で、市道○○号線の車道部に汚水管φ350mmを小口径推進工法で施工するものであった。 ── 工事の内容（概要）

　現地踏査の結果、工事区間中に旧ボックスカルバートが存在することが判明し、その基礎杭が本工事の推進管布設のうえで障害となることが懸念された。── 具体的な現場状況 このため推進管の方向及び管底高の精度を許容内に確保することが技術的課題となった。── 技術的課題

(2)検討した項目と検討理由及び検討内容

　推進管が旧ボックスカルバートの撤去されていない基礎杭に当たり、掘進不能もしくは方向の大幅な偏芯といった出来形不良を防止するため、以下の検討を行った。── 検討の理由

(1) 旧ボックスカルバートを建設した当時の設計図面を調査して杭の位置や深さを確認し、図面上で推進管の計画位置と重ね合わせ、現状の把握を行った。
(2) 上記の結果、推進管の布設計画位置と埋設されている杭が当たる場合の対策として人孔移動と管路変更を検討した。── 検討した項目及び検討内容

(3)現場で実施した対応処置とその評価

　ボックスカルバートの完成時の出来形図を入手し、推進管と杭の位置関係を図化したところ、推進管に杭が140mm当たることが判明した。このため、現場の埋設管等を調査し、人孔を500mm移動する計画を立案し埋設杭の障害を回避した。── 対応処置

　以上の対応の結果、所定の精度内で推進管を布設することができた。── 解決した結果

　設計書を調査して計画ルート変更を提案し、要求された精度に収めたことは評価できる。── 評価点

橋梁工事

管理項目	施工計画
技術的な課題	狭隘な条件での橋脚耐震補強

［設問1］　あなたが**経験した土木工事**に関し、次の事項について解答欄に明確に記入しなさい。

【注意】「経験した土木工事」は、あなたが工事請負者の技術者の場合は、あなたの所属会社が受注した工事の内容について記述してください。従って、あなたの所属会社が二次下請業者の場合は、発注者名は一次下請業者名となります。
なお、あなたの所属が発注機関の場合の発注者名は、所属機関名となります。

設問1

(1) 工事名

工　事　名	○○県○○新交通耐震補強工事

(2) 工事の内容

①発注者名	○○県建設部○○課
②工事場所	○○県○○市○○町地内
③工　　期	令和○年○月○日～令和○年○月○日
④主な工種	橋脚耐震補強工
⑤施　工　量	ＲＣ巻き立て工　５基

(3) 工事現場における施工管理上のあなたの立場

立　　　場	現場責任者

記述のポイント

・施工計画の課題となるものは、現場の状況が当初の計画と異なり、このまま対策を講じなければ施工が困難となることである。

・対策としては、情報収集によって代替え工法を選定し、比較検討表などにより最適な施工方法を計画することである。比較検討表は、工法を選択する最良の方法である。

［設問2］　上記工事で、**当初の予想と異なった現場条件に対して実施した施工計画**で、**具体的な現場状況・技術的課題、検討した項目と検討理由及び検討内容、現場で実施した対応処置とその評価**を、解答欄に具体的に記述しなさい。
【注意】　ただし、交通誘導員の配置のみに関する記述は除く。

設問2

(1)具体的な現場状況・技術的課題

　本工事は、○○地区新交通システムの橋脚耐震補強工事で、5基の既設橋脚を25cmの厚さでRC巻き立てする工事であった。　── 工事の内容(概要)

　耐震補強を実施する橋脚5基のうち、工事始点側の1基が既設構造物に接近しており、施工時の型枠を組むことができない状態であった。　── 具体的な現場状況

　よって、狭隘な施工スペースしか確保できない条件で、橋脚の耐震補強を行うための施工計画が課題となった。　── 技術的課題

(2)検討した項目と検討理由及び検討内容

　当初計画の条件と異なる狭隘なスペースの条件での橋脚の耐震補強を計画するため、以下の検討を実施した。　── 検討の理由

（1）橋脚耐震補強において、本条件に合致する新技術情報の収集・検討を行った。
（2）工法に関して、当現場の立地条件で施工可能な耐震補強工法（鋼板巻き立て工法、ポリマーモルタル工法、カーボン繊維巻き立て工法）について、施工性、確実性、安全性、コスト等の比較検討を実施した。　── 検討した項目及び検討内容

　以上の検討の結果、施工計画を立案した。

(3)現場で実施した対応処置とその評価

　上記の検討の結果、次のような対策を実施した。　── 前書き

狭隘なスペースでの施工実績が豊富であり、重機を使用せずに人力でコテ塗りによって施工するポリマーモルタル工法を採用した。　── 対応処置

仕上がりは巻き立て厚さ80mmで完成し、当初と異なる条件下での橋脚耐震補強工事の施工を行うことができた。　── 解決した結果

　狭隘な施工スペースでの補強方法を複数比較検討し、適切な補強をした点が評価できる。　── 評価点

造成工事

［設問1］　あなたが**経験した土木工事**に関し、次の事項について解答欄に明確に記入しなさい。

【注意】「経験した土木工事」は、あなたが工事請負者の技術者の場合は、あなたの所属会社が受注した工事の内容について記述してください。従って、あなたの所属会社が二次下請業者の場合は、発注者名は一次下請業者名となります。
なお、あなたの所属が発注機関の場合の発注者名は、所属機関名となります。

設問1

（1）工事名

工　事　名	造成工事（○○住宅工事）

（2）工事の内容

①発注者名	○○住宅株式会社
②工事場所	○○県○○市○○町地内
③工　　期	令和○年○月○日～令和○年○月○日
④主な工種	防火水槽（40ｔ）
⑤施 工 量	防火水槽1基

（3）工事現場における施工管理上のあなたの立場

立　　　場	現場責任者

記述のポイント

・要求された品質を確保するために、材料や施工法、養生方法を検討することは必要となる。

・特に、レディーミクストコンクリートについては、現場の状況に合った配合や温度管理及び施工方法や養生方法の検討が、課題の解決への重要なポイントとなる。

[設問2] 上記工事で、**地形、地質等、現地の施行条件が異なったことにより実施した施工計画**で、**具体的な現場状況・技術的課題、検討した項目と検討理由及び検討内容、現場で実施した対応処置とその評価**を、解答欄に具体的に記述しなさい。

【注意】 ただし、交通誘導員の配置のみに関する記述は除く。

設問2

(1)具体的な現場状況・技術的課題

　本工事は、○○市○○町の市街地において、工場の移転跡地に○○住宅株式会社が50棟の宅地を造成する工事であった。 ── 工事の内容(概要)

　造成地の地質は砂質土で、地下水位も地表から1mと比較的高かった。このことから、防火水槽は現場打ち鉄筋コンクリート造で、壁とスラブの境界面の沈降ひび割れやコンクリート品質による漏水が懸念され、コンクリート打設の施工計画が課題となった。 ── 具体的な現場状況 / 技術的課題

(2)検討した項目と検討理由及び検討内容

　高地下水下において漏水のない緻密な鉄筋コンクリート躯体を築造するために、鉄筋コンクリート工について以下の項目を検討した。 ── 検討の理由

①コンクリートの分離やブリーディング水を減らす配合方法を出荷工場と検討した。
②沈下ひび割れを防止するコンクリートの打設方法（手順）を社内施工会議で検討した。
③コンクリート打設後の養生の仕方を社内施工会議で過去のデータを基に検討した。 ── 検討した項目及び検討内容

　以上の検討を行い、漏水やひび割れを防止する施工計画を立案した。

(3)現場で実施した対応処置とその評価

　検討の結果、下記事項を実施した。 ── 前書き

①AE減水剤、水密性の高いフライアッシュを使用しセメント比を50％に計画した。②スラブ下で一時止め、60分沈降を待ってブリーディング水を取り除いた。③養生マット、散水による湿潤養生を行った。以上により、漏水やクラックのないコンクリートが施工できた。 ── 対応処置 / 解決した結果

　評価点は、配合、打設、養生方法を検討し緻密で漏水のない施工ができたことである。 ── 評価点

[設問1]　あなたが**経験した土木工事**に関し、次の事項について解答欄に明確に記入しなさい。

【注意】　「経験した土木工事」は、あなたが工事請負者の技術者の場合は、あなたの所属会社が受注した工事の内容について記述してください。従って、あなたの所属会社が二次下請業者の場合は、発注者名は一次下請業者名となります。
なお、あなたの所属が発注機関の場合の発注者名は、所属機関名となります。

設問1

(1) 工事名

工　事　名	○○県○○ため池整備工事

(2) 工事の内容

①発注者名	○○県農林部○○課
②工事場所	○○県○○市○○町地内
③工　　期	令和○年○月○日〜令和○年○月○日
④主な工種	浚渫工（空気圧送船）　樋管築造工
⑤施　工　量	浚渫工　8,000㎥　樋管工　60m

(3) 工事現場における施工管理上のあなたの立場

立　　　場	現場責任者

記述のポイント

・最近は異常気象によるゲリラ豪雨や突風などが発生している。滞りなく工事を竣工させるためには、現場で予想されるリスクに対応した施工体制を計画することが必要であり、最新技術の情報を収集し、リスク回避の計画立案がポイントとなる。

[設問2]　上記工事で、**自然災害(地震災害も含む)に対して実施した施工計画**で、**具体的な現場状況・技術的課題、検討した項目と検討理由及び検討内容、現場で実施した対応処置とその評価**を、解答欄に具体的に記述しなさい。

【注意】　ただし、交通誘導員の配置のみに関する記述は除く。

設問2

(1)具体的な現場状況・技術的課題

　本工事は、○○湖の浚渫工事であり、湖底に堆積したヘドロをストックヤードに圧送して天日乾燥させ、浚渫後に湖内の水替えを行い、既設の樋管を撤去し湖底の樋管と斜樋を新しく改修する工事である。 — 工事の内容(概要)

　樋管の改修現場では、湖底での作業となり、ゲリラ豪雨による雨水の流入等による施工箇所の水没が懸念され、湖底での水没事故防止の施工計画立案が課題となった。 — 具体的な現場状況及び技術的課題

(2)検討した項目と検討理由及び検討内容

　ゲリラ豪雨による水没事故を防止するために、以下の検討を実施した。 — 検討の理由

(1) 上流から流入する河川水を湖内に流入させないための仮設の水路について検討した。

(2) 上流部の雨量や雷雲発生状況などの気象情報を取得するシステムを検討した。

(3) 情報収集と分析で危険を事前に察知し、作業員等を自然災害の事故から守るための手順を検討した。 — 検討した項目及び検討内容

　上記の検討により、自然災害に対する水没事故等を防止する施工計画を立案した。

(3)現場で実施した対応処置とその評価

(1) 湖の上部を大型土のうで築堤し、遮水シートで切り回し水路を設置した。

(2) 河川上流部にWEB対応の気象計を設置し、雨量、水位、風速の気象情報を常時監視し危険を予知し、上流の水位が警戒水位に達したときは工事を中止する手順を決め、教育訓練を実施 — 対応処置

した。以上により安全に施工できた。 — 解決した結果

　天候や水位の情報収集システムを採用し、自然災害を防止できたことは評価できる。 — 評価点

農業土木工事

管理項目	安全管理
技術的な課題	自然災害に対する安全管理

［設問1］　あなたが**経験した土木工事**に関し、次の事項について解答欄に明確に記入しなさい。

【注意】　「経験した土木工事」は、あなたが工事請負者の技術者の場合は、あなたの所属会社が受注した工事の内容について記述してください。従って、あなたの所属会社が二次下請業者の場合は、発注者名は一次下請業者名となります。
なお、あなたの所属が発注機関の場合の発注者名は、所属機関名となります。

設問1

（1）工事名

工　事　名	○○県○○ため池整備工事

（2）工事の内容

①発注者名	○○県農林部○○課
②工事場所	○○県○○市○○町地内
③工　　期	令和○年○月○日～令和○年○月○日
④主な工種	浚渫工（空気圧送船）　樋管築造工
⑤施　工　量	浚渫工　8,000㎥　樋管工　60m

（3）工事現場における施工管理上のあなたの立場

立　　　場	現場責任者

記述の**ポイント**

・No.6の例文（P.54）を安全管理の観点で記述した例である。出題される設問によって用意した経験記述を変化させる解答技術を身につけることが大切である。

・課題の要素としては、気象条件を例にすると、雨、雪、風、凍結などが考えられる。普段から現場で行っている当たり前の改善対策を「～において、～が課題となった」という文章で整理すること。

[設問2] 　上記工事で、**自然災害(地震災害も含む)に対して実施した安全管理**で、**具体的な現場状況・技術的課題、検討した項目と検討理由及び検討内容、現場で実施した対応処置とその評価**を、解答欄に具体的に記述しなさい。

【注意】　ただし、交通誘導員の配置のみに関する記述は除く。

設問2

(1)具体的な現場状況・技術的課題

　本工事は、○○湖の浚渫工事であり、湖底に堆積したヘドロをストックヤードに圧送して天日乾燥させ、浚渫後に湖内の水替えを行い、既設の樋管を撤去し湖底の樋管と斜樋を新しく改修する工事である。 ── 工事の内容(概要)

　樋管の改修現場では、湖底での作業となり、ゲリラ豪雨による雨水の流入等による施工箇所の水没が懸念され、湖底での水没事故防止の安全管理が課題となった。 ── 具体的な現場状況及び技術的課題

(2)検討した項目と検討理由及び検討内容

　ゲリラ豪雨による水没事故を防止するために、以下の検討を実施した。 ── 検討の理由

(1) 上流から流入する河川水を湖内に流入させない仮設水路の計画を立案し、水路には浸水防止対策を検討した。
(2) 上流部の雨量等気象情報を得る環境を構築する方法を検討した。
(3) 危険を事前に察知し、警報を発する設備の構築を検討した。 ── 検討した項目及び検討内容

　上記の検討により、ゲリラ豪雨に対する水没事故防止の安全対策を立案した。

(3)現場で実施した対応処置とその評価

　現場において次の事項を実施した。(1) 湖の上部に切り回し水路を築堤し、遮水シートで水路を築造した。(2) 河川上流部の雨量、水位、風速の気象情報を常時監視できるシステムを導入した。(3) 上流河川警戒水位警報をサイレンで知らせる装置を設置した。 ── 対応処置

　上記により、無事故で工事を完成できた。 ── 解決した結果

　評価点は、ゲリラ豪雨による災害を防ぐ体制を構築したことである。 ── 評価点

道路工事

管理項目	安全管理
技術的な課題	地震災害に対する安全管理

［設問1］　あなたが**経験した土木工事**に関し、次の事項について解答欄に明確に記入しなさい。

【注意】「経験した土木工事」は、あなたが工事請負者の技術者の場合は、あなたの所属会社が受注した工事の内容について記述してください。従って、あなたの所属会社が二次下請業者の場合は、発注者名は一次下請業者名となります。
なお、あなたの所属が発注機関の場合の発注者名は、所属機関名となります。

設問1

(1) 工事名

工 事 名	福島県○○道路改良工事

(2) 工事の内容

①発注者名	○○県建設部○○課
②工事場所	○○県○○市○○町地内
③工　　期	令和○年○月○日～令和○年○月○日
④主な工種	舗装工　排水工
⑤施 工 量	舗装工　8,000㎡ ボックスカルバート工　150m

(3) 工事現場における施工管理上のあなたの立場

立　　場	主任技術者

記述のポイント

・日本は世界でも有数の地震国であり、2011年3月には東日本大震災が発生した。現場においては、少なからず地震への対策を実施している。

・安全管理という観点で、人や物や方法などについて検討し、対処した内容を記述することがポイントとなる。

［設問2］　上記工事で、**自然災害(地震災害も含む)に対して実施した安全管理**で、**具体的な現場状況・技術的課題、検討した項目と検討理由及び検討内容、現場で実施した対応処置とその評価**を、解答欄に具体的に記述しなさい。
【注意】　ただし、交通誘導員の配置のみに関する記述は除く。

設問2

(1)具体的な現場状況・技術的課題

　　本工事は、交通量の多い県道の脇にボックスカルバートを築造し、道路を拡幅する道路改良工事であった。 ── 工事の内容(概要)

　　本工事で実施する道路改良工事区間は、東南海地震の発生が予想されている太平洋沿岸に位置している。しかも海岸にも近い低地であり、東日本大震災を教訓に地震を想定した災害時の対応を取り入れた安全管理の実施が重要な課題となった。 ── 具体的な現場状況及び技術的課題

(2)検討した項目と検討理由及び検討内容

　　予測される地震災害に対して作業所での被害を減らすために、以下の事項についての検討を実施した。 ── 検討の理由

（1）緊急地震速報発令時に作業員に避難指示の通知方法と津波による避難場所の指定
（2）クレーン等の重機転倒防止措置
（3）人命救助訓練計画
（4）安否確認訓練計画 ── 検討した項目及び検討内容

　　上記の検討により、発生が予測される地震に対する工事現場での減災対策を検討し、安全管理計画を立案した。

(3)現場で実施した対応処置とその評価

　　現場において以下の対応処置を行った。 ── 前書き

（1）緊急地震速報携帯端末を職長に携帯させ、避難の迅速性を図った。
（2）敷鉄板足場で重機の転倒を防止した。
（3）消防署による救命訓練を実施した。
（4）災害時伝言サービス実地訓練を行った。 ── 対応処置

　　以上の事項を実施し、地震災害に備えた。 ── 解決した結果

　　救命訓練の実施や携帯端末の活用で有効な防災ができたことは評価できると考える。 ── 評価点

農業土木工事

管理項目	施工計画
技術的な課題	温暖化防止対策

設問1

(1) 工事名	工　事　名	○○県○○圃場整備工事
(2) 工事の内容	①発注者名	○○県農林部○○課
	②工事場所	○○県○○市○○町地内
	③工　期	令和○年○月○日～令和○年○月○日
	④主な工種	圃場整備工
	⑤施 工 量	土砂運搬工　　8,000㎥ 圃場整備工　10,000㎡

(3) 工事現場における施工管理上のあなたの立場

立　　場	現場責任者

設問2

(1)特に留意した技術的課題

　本工事は、○○湖の浚渫工事で天日乾燥した土を5km離れた下流地域で実施している圃場整備地区にダンプトラックで運搬し、ブルドーザで所定の高さに敷き均し、圃場を整備する工事である。 — 工事の内容（概要）

　浚渫工事に先立ち、発注者から「地球温暖化防止対策を考慮した工事を実施する」という環境保全対策の要求があり、それに対応するための施工計画の立案が課題となった。 — 具体的な現場状況及び技術的課題

(2)技術的課題を解決するために検討した項目と検討理由及び検討内容

　工事による地球温暖化を防止するため、以下の検討を実施した。 — 検討の理由

(1) 運搬路の一部に狭い箇所があり、省エネ交通警戒表示板の設置を検討した。
(2) 重機の消費燃料を削減するため、省エネ建設機械の使用を検討した。
(3) 施工が夏季になるため、現場事務所の電力削減のための事務所設置方法や省エネ冷房対策の検討を行った。
　上記の事項を検討しトンネル掘削の地面への変状事故を防止する計画を立案した。 — 検討した項目及び検討内容

(3)現場で実施した対応処置とその評価

　現場において下記事項を実施した。 — 前書き

(1) ソーラー式の信号機と電光表示板採用
(2) ハイブリッド油圧ショベルの採用
(3) 事務所の冷房対策にゴーヤのグリーンカーテンと散水を実施等、エコに配慮した工事で電力や軽油のエネルギーを節約し、地球温暖化防止に貢献した工事ができた。 — 対応処置及び解決した結果

　評価点は、自然エネルギーや植物による二酸化炭素排出削減を可能にしたことである。 — 評価点

作例 No.10	道路工事	管理項目	品質管理
		技術的な課題	合材温度の低下と転圧不良防止

設問1

(1) 工事名

工　事　名	幹線１号道路工事

(2) 工事の内容

①発注者名	○○県○○部○○課
②工事場所	○○県○○市○○町地内
③工　　期	令和○年○月○日～令和○年○月○日
④主な工種	アスファルト舗装工
⑤施　工　量	表層工　980㎡　上層路盤工　1,000㎡ 下層路盤工　1,100㎡

(3) 工事現場における施工管理上のあなたの立場

立　　場	現場代理人

設問2

(1) 特に留意した技術的課題

　本工事は、○○地区の幹線１号道路を道路改良する工事であり、下層路盤工1,100㎡（40-0 t＝20cm）、上層路盤工1,000㎡（M30-0 t＝15cm）、表層工980㎡（密粒度アスコン t＝5cm）を施工するものであった。 ── 工事の内容（概要）

　工事期間が冬季に当たり、現場はプラントから40kmの距離にあることから、合材温度の低下と転圧不良によって生じる舗装品質の低下が懸念された。 ── 具体的な現場状況及び技術的課題

(2) 技術的課題を解決するために検討した項目と検討理由及び検討内容

　合材の温度低下による舗装品質の低下を防止するために、以下の検討を行った。 ── 検討の理由

①冬季の平均気温は5℃であり、長距離運搬中に合材温度が低下することを防止する対策を検討した。
②合材運搬時のダンプトラックの保温対策をプラントと協議・検討した。
③到着時の温度管理の方法を社内で話し合い、測定計画を検討した。 ── 検討した項目及び検討内容

　以上の検討の結果、合材の品質管理の方法を計画した。

(3) 現場で実施した対応処置とその評価

　現場において、以下の合材温度の品質管理を行った。 ── 前書き

①合材の出荷温度を25℃アップした。②ダンプトラックのシートを二重にして保温対策を行った。③全車到着時の合材温度を測定し管理した。 ── 対応処置

　以上により、転圧温度を満足し、舗装の品質を確保することができた。 ── 解決した結果

　合材温度の管理方法を検討し所要の舗装品質を確保できたことは評価できる点である。 ── 評価点

道路工事

管理項目 品質管理
技術的な課題 暑中における路盤工の密度管理

設問1

(1) 工事名

(2) 工事の内容

工　事　名	幹線1号道路工事
①発注者名	○○県○○部○○課
②工事場所	○○県○○市○○町地内
③工　　期	令和○年○月○日～令和○年○月○日
④主な工種	アスファルト舗装工
⑤施　工　量	表層工　980㎡　上層路盤工　1,000㎡ 下層路盤工　1,100㎡

(3) 工事現場における施工管理上のあなたの立場

立　　場	現場代理人

設問2

(1)特に留意した技術的課題

　本工事は、○○地区の幹線1号道路を道路改良する工事であり、下層路盤工1,100㎡（40-0 t＝15cm）、上層路盤工1,000㎡（M30-0 t＝10cm）、表層工980㎡（密粒度アスコン t＝5cm）を施工するものであった。

—— 工事の内容（概要）

　工事時期が猛暑の夏であり、降水量が少なかったことから路盤材が乾燥することが懸念され、現場密度を最大乾燥密度の93％以上確保が課題となった。

—— 具体的な現場状況及び技術的課題

(2)技術的課題を解決するために検討した項目と検討理由及び検討内容

　暑中の路盤工の品質管理基準である現場密度試験93％以上を確保するため、以下の品質管理方法の検討を行った。

—— 検討の理由

（1）給水をする場所が現場から3㎞離れた地点にあり、散水の効率的な方法（給水方法、機械）を検討した。
（2）路盤材の含水比管理方法を検討した。
（3）締固め方法を検討した。
（4）たわみ試験の方法を検討した。

—— 検討した項目及び検討内容

　以上の検討を行い、現場密度を最大乾燥密度の93％以上確保する計画を策定した。

(3)現場で実施した対応処置とその評価

　現場においては、給水の効率化を図るため2台の散水車を使用した。含水比の管理は試験施工により散水量を決定した。また、締固め方法は路盤の外側から内側へ転圧した。たわみはベンゲルマンビーム試験を実施することにより、現場密度試験95％以上、沈下量1.8㎜を確保することができた。

—— 対応処置及び解決した結果

　散水量を試験で決めて路盤工の品質を確保できたことは評価できる点である。

—— 評価点

作例 No.12	道路工事	管理項目	品質管理
		技術的な課題	暑中コンクリートの品質確保

設問1

(1) 工事名

工 事 名	○○県道○○号線道路拡幅工事

(2) 工事の内容

①発注者名	○○県○○部○○課
②工事場所	○○県○○市○○町地内
③工　　期	令和○年○月○日～令和○年○月○日
④主な工種	鉄筋コンクリート擁壁工　H＝5.0m　舗装工
⑤施 工 量	擁壁工　50.0m　路盤工　1100㎡ 舗装工　1100㎡

(3) 工事現場における施工管理上のあなたの立場

立　　場	現場代理人

設問2

(1) 特に留意した技術的課題

　本工事は、県道○○号線を拡幅する工事である。拡幅は山側を平均2m程度切土して確保し、それに伴い高さ5.0mの現場打ち逆T式擁壁を構築するものである。 — 工事の内容（概要）

　擁壁のコンクリート打設工事が8月下旬に予定されており、昨年同時期の気温は最高38℃を超えていた。よって、夏季のコンクリート施工に注意する必要があり、 — 具体的な現場状況

暑中コンクリートの品質を確保することを課題とした。 — 技術的課題

(2) 技術的課題を解決するために検討した項目と検討理由及び検討内容

　暑中コンクリートの品質を確保するために次の対策を検討した。 — 検討の理由

(1) コンクリートの打設前に型枠の湿潤と温度低下措置の検討を行った。
(2) 出荷工場と協議し、レディーミクストコンクリートの練上がり温度を低下させる対策の検討を行った。
(3) コンクリート仕上げ後の乾燥防止対策を検討した。 — 検討した項目及び検討内容

　以上、暑中コンクリートの品質を確保する方法を検討した。

(3) 現場で実施した対応処置とその評価

　気象庁の予報を調べたら最高気温は31℃の予報であった。出荷工場に練混ぜ水に氷の使用を指示し、打設箇所は事前にシートで覆い型枠の温度上昇を避けた。また、練混ぜから打ち終わりまでの時間を1.5時間以内に完了するように時間管理を行い、暑中におけるコンクリートの品質を確保した。 — 対応処置及び解決した結果

　評価点は、出荷工場との協議によって暑中コンクリートの品質低下を防止できた点である。 — 評価点

道路工事

管理項目	出来形管理
技術的な課題	地盤改良深さの出来形管理

設問1

(1) 工事名

工 事 名	県道○○号線道路拡幅工事

(2) 工事の内容

①発注者名	○○県○○部○○課
②工事場所	○○県○○市○○町地内
③工　　期	令和○年○月○日～令和○年○月○日
④主な工種	地盤改良工 鉄筋コンクリート擁壁工　H＝3.5～5.0m
⑤施 工 量	地盤改良工　750㎡　擁壁工　150.0m

(3) 工事現場における施工管理上のあなたの立場

立　　場	現場監督

設問2

(1) 特に留意した技術的課題

　本工事は、県道○○号線を拡幅する工事である。拡幅は山側を平均2m程度切土して確保し、それに伴い高さ5.0mの現場打ち逆T式擁壁を構築するものである。 ── 工事の内容（概要）

　擁壁の基礎地盤の支持力が不足していたため、セメント改良（深さ5.0m～6.0m）する必要があった。 ── 具体的な現場状況

擁壁はスパンによって高さ、必要な支持力、改良深さが変化するため、改良深度を正確に施工する出来形管理が課題となった。 ── 技術的課題

(2) 技術的課題を解決するために検討した項目と検討理由及び検討内容

　改良に使用する機械は、バックホウにアタッチメントをつけたトレンチャー式攪拌機が特記仕様書に指定されており、正確な改良深度を実現するため、以下の検討を行った。 ── 検討の理由

(1) トレンチャーに高さを測定する装置を固定し、高さ管理を行う検討を実施した。
(2) 高さの管理方法については、自動的でかつ連続的に測定を行うことが可能な方法及び所定の深度に達したときにオペレーターにわかりやすく知らせる方法を検討した。 ── 検討した項目及び検討内容

　以上、改良深度管理の計画を行った。

(3) 現場で実施した対応処置とその評価

　実施した出来形管理対策を以下に示す。 ── 前書き

(1) バックホウのアームに、レーザー光線式のレベルセンサーを取り付けた。
(2) トレンチャーが所定の改良深度に達すると、センサーが反応しオペレーターに音と光で知らせる（精度5mm）システムとした。 ── 対応処置

　以上の結果、±50mm以内で改良できた。 ── 解決した結果

　光センサーの活用で高精度な改良深さの施工を可能にしたことは評価できる点である。 ── 評価点

道路工事

管理項目 工程管理
技術的な課題 擁壁工事の工期短縮

設問1

(1) 工事名
(2) 工事の内容

工　事　名	○○県道○○号線道路拡幅工事
①発注者名	○○県○○部○○課
②工事場所	○○県○○市○○町地内
③工　　期	令和○年○月○日～令和○年○月○日
④主な工種	鉄筋コンクリート擁壁工　H＝3.5～5.0m　舗装工
⑤施 工 量	擁壁工　150.0m　路盤工　2,500㎡ 舗装工　2,500㎡

(3) 工事現場における施工管理上のあなたの立場

立　　場	現場代理人

設問2

(1) 特に留意した技術的課題

　本工事は、県道○○号線を拡幅する工事である。拡幅は山側を平均2m程度切土して確保し、それに伴い高さ5.0mの現場打ち逆T式擁壁を構築するものである。 ── 工事の内容（概要）

　用地買収の遅れで工事着工が30日遅れていた。この遅れを取り戻すためにネットワーク工程表を作成し検討したところ、現場打ちの擁壁工事がクリティカルパスであることから、擁壁工事の工期を短縮することが課題となった。 ── 具体的な現場状況／技術的課題

(2) 技術的課題を解決するために検討した項目と検討理由及び検討内容

　現場打ち鉄筋コンクリート擁壁工事の工程を短縮するために、以下の施工方法の検討を行った。 ── 検討の理由

①大型重機を可能な限り配置して掘削と運搬の作業効率を上げる施工計画を検討した。
②当初は1班編成で施工する計画であったが、工区分けを検討し複数班の編成で施工する施工計画への変更を検討した。
③型枠の組み立て及び解体作業に大型クレーンを使用することにより、作業効率を上げる計画を検討した。 ── 検討した項目及び検討内容

(3) 現場で実施した対応処置とその評価

　検討の結果、次の対応処置を行った。 ── 前書き

　掘削機械を1.4㎥級のバックホウと20tダンプトラックに変更した。また、施工区間を3工区に分け3班同時施工とした。型枠工の施工に25tクレーンを活用し、大きく組んだブロック型枠の施工を実施し、擁壁工事の工程を35日間短縮することができた。 ── 対応処置及び解決した結果

　評価できる点は、大型重機の選定と3工区同時施工のバランスを最適化したことである。 ── 評価点

道路工事

管理項目	工程管理
技術的な課題	工期短縮対策

設問1

(1) 工事名

工　事　名	幹線1号道路工事

(2) 工事の内容

①発注者名	○○県○○部○○課
②工事場所	○○県○○市○○町地内
③工　　期	令和○年○月○日～令和○年○月○日
④主な工種	アスファルト舗装工
⑤施 工 量	表層工　980㎡　上層路盤工1,000㎡ 下層路盤工　1,100㎡

(3) 工事現場における施工管理上のあなたの立場

立　　場	現場代理人

設問2

(1) 特に留意した技術的課題

　本工事は、○○地区の幹線1号道路を道路改良する工事であり、下層路盤工1,100㎡（40-0 t＝15cm）、上層路盤工1,000㎡（M30-0 t＝10 cm）、表層工980㎡（密粒度アスコン t＝5 cm）を施工するものであった。 ── 工事の内容（概要）

　下層路盤の土工事が入梅の時期と重なり、長雨の影響で土工事ができない日が発生し、工程に15日の遅れが生じた。このため、工事工程の短縮が課題となった。 ── 具体的な現場状況及び技術的課題

(2) 技術的課題を解決するために検討した項目と検討理由及び検討内容

　長雨による工事の遅れを回復させるために、以下の検討を行った。 ── 検討の理由

①残土仮置き場周辺の道路が軟弱化して、雨の後は数日間にわたって使用できないため、通行を確保する対策を検討した。
②路床掘削の区間を分けて同時施工できるように工程の再計画を検討した。
③雨天時においても施工可能な工種を洗い出して検討した。 ── 検討した項目及び検討内容

　以上の検討を行い、工程の遅れを取り戻すため工程管理計画を策定した。

(3) 現場で実施した対応処置とその評価

　検討の結果、以下の工程管理を行った。 ── 前書き

　進入路の軟弱化した部分を30cmすき取り、ずりで置き換え、十分に締固めた。また、トラックの出入りに支障がない路線を選定し、2箇所を同時施工した。資材置き場に作業小屋を作り、雨の日に施工可能な現場打ちの集水桝を製作したことで、工程の遅れを取り戻せた。 ── 対応処置及び解決した結果

　進入路の改良や工区分け、雨天時の作業を検討して工程の遅れを取り戻した点が評価できる。 ── 評価点

作例 No.16	道路工事	管理項目	安全管理
		技術的な課題	飛来落下事故防止

設問1

(1) 工事名

(2) 工事の内容

工 事 名	○○県道○○号線道路拡幅工事
①発注者名	○○県○○部○○課
②工事場所	○○県○○市○○町地内
③工　期	令和○年○月○日〜令和○年○月○日
④主な工種	鉄筋コンクリート擁壁工　H=3.5〜5.0m　舗装工
⑤施 工 量	擁壁工　150.0m　路盤工　2,500㎡ 舗装工　2,500㎡

(3) 工事現場における施工管理上のあなたの立場

立　　場	現場代理人

設問2

(1)特に留意した技術的課題

　本工事は、県道○○号線を拡幅する工事である。拡幅は山側を平均2m程度切土して確保し、それに伴い高さ5.0mの現場打ち逆T式擁壁を構築するものである。 ── 工事の内容（概要）

　擁壁工事の施工では、トラッククレーンの吊り込み作業が頻繁に行われる。このため、鉄筋や型枠材の吊り荷の飛来落下事故防止が当作業所の重点目標に掲げられ、安全管理が課題となった。 ── 具体的な現場状況及び技術的課題

(2)技術的課題を解決するために検討した項目と検討理由及び検討内容

　トラッククレーンによる鉄筋や型枠、パイプ等の重量物や長尺物の搬入作業を安全に行うために、以下の事項について安全対策を検討した。 ── 検討の理由

(1) 作業開始前に実施すべき点検内容の計画を実施した。(2) 合図を行なう担当者と一定の合図の方法を計画した。(3) クレーンの旋回半径内に作業員が立ち入らないための措置を計画した。(4) クレーン作業についての具体的な教育訓練計画の立案を検討した。 ── 検討した項目及び検討内容

(3)現場で実施した対応処置とその評価

　現場において、以下の安全対策を実施した。 ── 前書き

(1) 作業開始前にワイヤーロープの点検を実施し、欠陥品は赤いテープで識別し使用禁止とした。(2) 合図を行なう担当者を指名して名前を掲示した。合図の方法を図で示し事務所前に掲示し全員に周知した。(3) クレーンの回転半径内に作業員が立ち入らない措置はカラーコーンで立ち入り禁止エリアを明示した。(4) 新規入場時に具体的な安全対策を説明し、安全意識を高めた。以上の結果、無事故で竣工できた。 ── 対応処置

具体的な教育訓練と識別の工夫によって安全確保できたことが評価点と考える。 ── 解決した結果及び評価点

67

道路工事

管 理 項 目	施工計画
技術的な課題	路床の軟弱化防止対策

設問1

(1) 工事名

工 事 名	幹線1号道路工事

(2) 工事の内容

①発注者名	○○県○○部○○課
②工事場所	○○県○○市○○町地内
③工　　期	令和○年○月○日～令和○年○月○日
④主な工種	アスファルト舗装工
⑤施 工 量	表層工　980㎡　上層路盤工1,000㎡ 下層路盤工　1,100㎡

(3) 工事現場における施工管理上のあなたの立場

立　　　場	現場代理人

設問2

(1)特に留意した技術的課題

　　本工事は、○○地区の幹線1号道路を道路改良する工事であり、下層路盤工1,100㎡（40-0 t =15cm）、上層路盤工1,000㎡（M30-0 t =10cm）、表層工980㎡（密粒度アスコン t = 5 cm）を施工するものであった。 ── 工事の内容（概要）

　　施工区間の周辺は水田地帯であり、低地部では湧水が多く発生していたため、路床が水分を含んで軟弱化することを防止する施工計画が課題となった。 ── 具体的な現場状況及び技術的課題

(2)技術的課題を解決するために検討した項目と検討理由及び検討内容

　　湧水による路床の軟弱化を防止するために、湧水のある場所を試掘、状況を把握し以下の検討を行った。 ── 検討の理由

　　(1) 湧水が多く、地盤が軟弱化している箇所の排水処理方法を発注者と協議して、施工方法を検討した。
　　(2) 湧水が比較的少ない場所の排水処理対策を上記 (1) と分けて検討した。
　　(3) 路盤工の締固め方法を検討した。 ── 検討した項目及び検討内容

　　以上の検討を行って路床の軟弱化防止対策を計画した。

(3)現場で実施した対応処置とその評価

　　現場では、以下の対策を行った。 ── 前書き

　　湧水が多い箇所は、掘削して塩ビ有孔管φ150を布設し、砕石で埋め戻し暗渠を設置した。湧水の少ない箇所は、砕石で置き換え排水した。
　　暗渠管布設部分は表層施工まで鉄板養生を行い、その結果、舗装完了後はひび割れも発生せず、路床の軟弱化を防止できた。 ── 対応処置及び解決した結果

　　暗渠排水や鉄板養生の工夫により、軟弱な路床を改良できたことが評価できる点である。 ── 評価点

作例 No.18

道路工事

管理項目	施工計画
技術的な課題	塩害耐久性を確保する施工計画

設問1

(1) 工事名

(2) 工事の内容

工 事 名	○○県道○○号線道路拡幅工事
①発注者名	○○県○○部○○課
②工事場所	○○県○○市○○町地内
③工　期	令和○年○月○日～令和○年○月○日
④主な工種	鉄筋コンクリート擁壁工　H=5.0m　舗装工
⑤施 工 量	擁壁工　50.0m　路盤工　1,100㎡ 舗装工　1,100㎡

(3) 工事現場における施工管理上のあなたの立場

立　　場	現場代理人

設問2

(1) 特に留意した技術的課題

　本工事は、県道○○号線を拡幅する工事である。拡幅は山側を平均2m程度切土して確保し、それに伴い高さ5.0mの現場打ち逆T式擁壁を構築するものである。 ── 工事の内容（概要）

　当地区は海岸沿いに位置しており、塩害を受けた既設構造物が周辺で確認できた。よって、 ── 具体的な現場状況

コンクリート擁壁を施工するにあたり、コンクリートの塩害耐久性を確保する施工計画立案が課題となった。 ── 技術的課題

(2) 技術的課題を解決するために検討した項目と検討理由及び検討内容

　塩害で、特に鉄筋の腐食を防止する対策として、鉄筋かぶりを確保するために以下の検討を行った。 ── 検討の理由

①当該擁壁は断面が大きく（H=5.0m）、重要構造物であるため、塩害に対する耐久性向上対策としてスペーサの種類について検討した。
②鉄筋の結束線が腐食しないように防食結束線の採用を検討した。
③先端の鋼材部分が所定のかぶりを確保できるセパレータの検討を行った。 ── 検討した項目及び検討内容

　以上、塩害対策の施工計画を検討した。

(3) 現場で実施した対応処置とその評価

　海岸沿いの構造物の塩害対策を検討した結果、次の対応処置を実施した。 ── 前書き

　コンクリート製高強度スペーサを1㎡当たり2個以上配置し、鉄筋の結束線は被覆結束線を使用した。また、塩害対策用のプラスティックコーンを使用することで塩害に対するコンクリートの品質を確保することができた。 ── 対応処置及び解決した結果

　評価点は、塩害の調査検討を行い、最適な材料選定で塩害の耐久性向上を図れたことである。 ── 評価点

道路工事

管理項目	環境管理
技術的な課題	騒音・振動に対する環境保全対策

設問1

(1) 工事名

工 事 名	○○県道○○号線道路拡幅工事

(2) 工事の内容

①発注者名	○○県○○部○○課
②工事場所	○○県○○市○○町地内
③工　　期	令和○年○月○日～令和○年○月○日
④主な工種	鉄筋コンクリート擁壁工　H＝3.5～5.0m　基礎工
⑤施 工 量	擁壁工　150.0m　PHC杭　φ450mm L＝9m　150本

(3) 工事現場における施工管理上のあなたの立場

立　　場	現場代理人

設問2

(1) 特に留意した技術的課題

　本工事は、県道○○号線の道路改良工事であり、現場打ち鉄筋コンクリート擁壁を構築するものである。基礎処理は、PHC杭φ450mm、L＝9.0mをディーゼルハンマーで打ち込む計画であった。 — 工事の内容（概要）

　近隣には商店街や住居があり、ディーゼルハンマーでのPHC杭打設にあたり、騒音・振動が周辺の生活環境の障害とならないような環境保全対策が課題となった。 — 具体的な現場状況及び技術的課題

(2) 技術的課題を解決するために検討した項目と検討理由及び検討内容

　PHC杭の打設によって現場周辺の生活環境を保全するために、以下の検討を実施した。 — 検討の理由

(1) 当該現場周辺の用途地域の確認を行い、環境基準の調査・検討を行った。
(2) 当該現場の周辺に学校や幼稚園、病院及び公共施設があるかどうか調査・検討を行った。
(3) 施工前に地元説明会を行って住民の意見を確認したところ、昨年施工したマンション建設において重機の騒音や振動が問題となった事実が判明したため、当時の状況の調査・検討を行った。
　以上により、環境保全対策計画を立案した。 — 検討した項目及び検討内容

(3) 現場で実施した対応処置とその評価

　現場においては次の対策を実施した。 — 前書き

(1) PHC杭の打設機械は、低公害型油圧ハンマーを使用した。
(2) 作業時間を8時30分から17時とした。
(3) 敷地境界での騒音と振動レベルを測定し、基準値を超えていないことを確認した。 — 対応処置

　以上の結果、苦情もなく杭打ちができた。 — 解決した結果

　評価点は、杭の打設に関する周辺地域の調査・対策により、環境負荷を低減したことである。 — 評価点

作例 No.20	上水道工事	管理項目	品質管理
		技術的な課題	漏水防止対策

設問1

(1) 工事名

工 事 名	○○号線配水管布設工事

(2) 工事の内容

①発注者名	○○市○○部○○課
②工事場所	○○県○○市○○町地内
③工　　期	令和○年○月○日〜令和○年○月○日
④主な工種	管布設工　弁類設置工
⑤施 工 量	ダクタイル鋳鉄管　φ300mm　L＝800m 仕切り弁設置工　10箇所

(3) 工事現場における施工管理上のあなたの立場

立　　場	現場代理人

設問2

(1)特に留意した技術的課題

　本工事は、○○号線の配水管布設工事で、上水道の配水管（ダクタイル鋳鉄管φ300mm）を土被り1.2mで道路下にL＝800m布設する工事であった。 ── 工事の内容（概要）

　過去に行った配管工事において、継手のボルトの締付け不良による漏水が発生した区間があり、ダクタイル鋳鉄管継手接続の品質管理を重点課題とし、漏水防止対策の検討が技術的な課題となった。 ── 具体的な現場状況及び技術的課題

(2)技術的課題を解決するために検討した項目と検討理由及び検討内容

　過去の漏水発生原因を調査したところ、ボルト・ナットの締付け不良によることが判明したため、以下の対策を検討し計画した。 ── 検討の理由

(1) 継手部は泥などが付着しないように保護する。汚れが付いた場合は、水洗いして土などの汚れを布で完全に落としてから拭き取る。
(2) 鋳鉄管の接続は、上下左右対称に片締めしないように注意し、トルクレンチで所定の締付けを行う。締付け後は職長が全箇所確認し、チェックシートに記録し監督員に報告する手順を定める漏水防止対策を検討した。 ── 検討した項目及び検討内容

(3)現場で実施した対応処置とその評価

　配水管の接続には、責任者を定め、継手の汚れがないことや、ボルトの締付けトルク（100Nm）の管理方法はチェックシートを用いて実施した。また、継手接続完了ごとに職長が確認し、監督員が検査を実施することにより、締め忘れや接続不良等を防止し、漏水のない配管工事を完了することができた。 ── 対応処置及び解決した結果

　評価点は、過去の事例より接続のチェック方法を見直し、漏水防止できたことである。 ── 評価点

上水道工事

管 理 項 目	工程管理
技術的な課題	湧水処理対策

設問1

(1) 工事名

工 事 名	○○号線水道管布設工事

(2) 工事の内容

①発注者名	○○市○○部○○課
②工事場所	○○県○○市○○町地内
③工　　期	令和○年○月○日〜令和○年○月○日
④主な工種	管布設工、弁類設置工
⑤施 工 量	ポリエチレン管布設工　φ100mm　L＝500m 仕切り弁設置工　14箇所

(3) 工事現場における施工管理上のあなたの立場

立　　場	現場代理人

設問2

(1) 特に留意した技術的課題

　　本工事は、○○号線の水道管布設工事で、上水道の配水管（ポリエチレン管φ100mm）を土被り1.2mで即日復旧工法によりL＝500m布設する工事であった。 ── 工事の内容（概要）

　　掘削底面、基礎部の地質が軟弱で、比較的多く湧水があり、当初予定した1日当たりの作業量が確保できない状態となった。 ── 具体的な現場状況

このため、工程管理を重点課題とし、障害となる湧水対策の検討が課題となった。 ── 技術的課題

(2) 技術的課題を解決するために検討した項目と検討理由及び検討内容

　　作業の遅れの原因となった作業工程を分析したところ、ヒービングと湧水の排水不良の2つの要因が判明した。そのため以下の対策を検討・計画した。 ── 検討の理由

　　(1) 当初は、ボーリングデータ等により湧水は少ないと考え、木矢板を当て矢板で施工する設計であった。そこで現場の状況を反映させた矢板の根入れを計算した。
　　(2) 掘削時点で床を練り返してしまい、排水が不十分であったため、掘削と水替え方法の作業手順を再検討した。 ── 検討した項目及び検討内容

(3) 現場で実施した対応処置とその評価

　　検討の結果、木矢板を軽量鋼矢板に変更し、根入長を1.0mとしヒービングを防止した。
　　また、掘削に当たって、初期段階で床付け深さより30cm深く釜場を設置し、掘削の進行に合わせて両サイドに溝を掘り、釜場に排水させた。 ── 対応処置

　　その結果、作業効率が改善し当初の工程を確保できた。 ── 解決した結果

　　現場状況に合った工法の提案を行い工期短縮できた点が評価できる。 ── 評価点

作例 No.22	上水道工事	管理項目	安全管理
		技術的な課題	既設管の破損事故防止対策

設問1

(1) 工事名	工　事　名	○○県○○号線配水管布設工事
(2) 工事の内容	①発注者名	○○県○○部○○課
	②工事場所	○○県○○市○○町地内
	③工　　期	令和○年○月○日〜令和○年○月○日
	④主な工種	管布設工　弁類設置工
	⑤施　工　量	ダクタイル鋳鉄管　φ300mm　L＝800m 仕切り弁設置工　10箇所

(3) 工事現場における施工管理上のあなたの立場

立　　場	現場代理人

設問2

(1)特に留意した技術的課題

　本工事は、○○号線に配水管を布設する工事であり、上水道の配水管（ダクタイル鋳鉄管φ300mm）を土被り1.2mでL＝800m布設するものであった。 — 工事の内容（概要）

　掘削に伴う山留め工は、簡易鋼矢板L＝1.8mに木製支保工1段であった。施工延長800mのうち、50m区間においてφ100mmのガス管が接近しており、掘削工でのガス管破損事故防止が課題となった。 — 具体的な現場状況及び技術的課題

(2)技術的課題を解決するために検討した項目と検討理由及び検討内容

　既設のガス管を掘削時にバックホウで損傷させないために以下の検討を行った。 — 検討の理由

(1) 設計図面を基に、近接する箇所の調査。
(2) 設計図書から路面にガス管の位置をスプレーで表示し、ガス会社の立会いによる土被りと深さ、材質、継ぎ手の方法、埋戻しの方法等について聞き取り調査の実施。
(3) ガス会社の立会いの下、人力掘削での試掘によるガス管の位置の把握。 — 検討した項目及び検討内容

　以上、既設ガス管への破損事故を防止する安全対策を計画した。

(3)現場で実施した対応処置とその評価

　本工事の掘削位置に近接する既設のガス管を掘削時に破損させないために、以下の事項を実施した。 — 前書き

①試掘の結果を基に、発注者と協議し、水道管の位置を変更した。
②水道管の位置を変えられない箇所は、人力で掘削し、既設ガス管の破損事故を防止した。 — 対応処置及び解決した結果

　設計図書や試掘でガス管の位置を把握したことは評価できる。 — 評価点

上水道工事

管理項目	環境管理
技術的な課題	建設副産物の有効利用

設問1

(1) 工事名

工　事　名	○○号線配水管布設工事

(2) 工事の内容

①発注者名	○○市○○部○○課
②工事場所	○○県○○市○○町地内
③工　　期	令和○年○月○日～令和○年○月○日
④主な工種	管布設工　弁類設置工
⑤施 工 量	ダクタイル鋳鉄管　φ300mm　L＝800m 仕切り弁設置工　10箇所

(3) 工事現場における施工管理上のあなたの立場

立　　場	現場代理人

設問2

(1) 特に留意した技術的課題

　本工事は、○○号線に配水管を布設する工事であり、上水道の配水管（ダクタイル鋳鉄管φ300mm）を土被り1.2mでL＝800m布設するものであった。 ── 工事の内容（概要）

　配水管の布設位置には、現在使用されていない農業用排水管（ヒューム管）があり、本工事で撤去処分するものであった。── 具体的な現場状況　そこで廃棄物の再利用を重点課題とし、建設副産物の有効利用が課題となった。── 技術的課題

(2) 技術的課題を解決するために検討した項目と検討理由及び検討内容

　発注者と協議したところ、既設のヒューム管を廃棄処分するのでなく、公共施設で再利用できないか検討するよう要求されたため、以下の検討を実施した。── 検討の理由

(1) 撤去した既設ヒューム管を排水処理やその他の目的で再利用できる場所があるかどうか、発注者に依頼して使用場所を調査・検討した。
(2) 撤去した既設ヒューム管を破砕し、鉄筋とコンクリートに分別し、再利用できる場所があるかどうかを調査・検討した。── 検討した項目及び検討内容

　上記の検討で、有効利用計画を立案した。

(3) 現場で実施した対応処置とその評価

　検討の結果、次の処置を行った。── 前書き

(1) 発注者と協議を行い、公共の資材置き場の排水を改善するため排水管に再利用した。
(2) その他の既設ヒューム管を破砕し、鉄筋と分別し再生砕石として再利用した。── 対応処置

　以上により、現場で発生したヒューム管を有効に活用した。── 解決した結果

　現場発生品の利用方法を発注者と協議し、二酸化炭素発生を抑制できたことは評価できる。── 評価点

作例 No.24	下水道工事	管理項目	出来形管理
		技術的な課題	軟弱地盤での管の高さ管理

設問1

(1) 工事名

工 事 名	○○幹線汚水管布設工事

(2) 工事の内容

①発注者名	○○市○○課
②工事場所	○○県○○市○○町地内
③工　　期	令和○年○月○日～令和○年○月○日
④主な工種	管布設工　取り付け管工
⑤施 工 量	塩ビ管　φ250mm　L＝232.5m 取り付け管　50箇所

(3) 工事現場における施工管理上のあなたの立場

立　　場	現場代理人

設問2

　本工事は、区画整理事業地区内の道路下に汚水管を布設する○○幹線汚水管φ250mmを布設する工事であった。 ── 工事の内容（概要）

(1)特に留意した技術的課題

　当初、調査結果から路面から1.5mまでは有機質土で、その下部は硬い粘性土であったが、試掘の結果、上流部の80m区間の地質が床付けより1m下まで軟弱な有機質土であることが判明した。そのため、下水管の沈下が懸念され、管の基礎処理が課題となった。 ── 具体的な現場状況及び技術的課題

(2)技術的課題を解決するために検討した項目と検討理由及び検討内容

　管布設工の管底高さの許容さは±30mmであったため、沈下を防止する対策を検討した。 ── 検討の理由

　工法として杭基礎と有機質土の置き換え工法を比較検討した。その結果、置き換え工法は杭基礎に比べて山留め材の型式変更や切梁と腹起こしの増段により、工費と工数がかかり不適当と判断し、杭基礎工法を採用した。

　杭は松杭を使用し硬い粘性土まで打込む方法を検討をした。丁張りは床付けと杭の打設用に使用した後で管布設前に再度設置し、杭の打込みによる浮き上がりの修正を検討した。 ── 検討した項目及び検討内容

(3)現場で実施した対応処置とその評価

　検討の結果、以下の施工を実施した。 ── 前書き

①管路部は松杭（末口12cm）を1m間隔に2列打込み梯子胴木を設置した。
②1号人孔部は1箇所当たりに松杭（末口12cm）を4本打設した。 ── 対応処置

　以上の施工方法により、管底高さの出来形を許容値内に仕上げることができた。 ── 解決した結果

　評価点は、経済性や施工性を比較して杭基礎工法を採用し出来形を満足できたことである。 ── 評価点

下水道工事

管理項目	出来形管理
技術的な課題	曲線部の中心線管理

設問1

（1）工事名	工 事 名	○○県○○幹線工事
（2）工事の内容	①発注者名	○○県○○部○○課
	②工事場所	○○県○○市○○町地内
	③工　期	令和○年○月○日～令和○年○月○日
	④主な工種	シールド工　人孔築造工
	⑤施 工 量	シールド工　φ1,650mm　L＝332.5m 特殊人孔工　1箇所

（3）工事現場における施工管理上のあなたの立場

立　　場	現場代理人

設問2

	本工事は、国道○○号線の歩道下に汚水管を圧気式手堀シールド工法で布設する○○幹線水路工事であった。	工事の内容（概要）
（1）特に留意した技術的課題	工事区間中に曲線半径R＝30m、R＝60mが各1箇所、R＝120mが4箇所、計6箇所のカーブがあり、シールドマシンを計画中心線及び計画高さに掘進させることが困難であった。よって、トンネル内の測量が重要となり、出来形管理方法が課題となった。	具体的な現場状況及び技術的課題
（2）技術的課題を解決するために検討した項目と検討理由及び検討内容	シールド掘進は昼夜2班交代制で実施した。曲線部ではシールドマシンの挙動に合わせて異型セグメントの使用を決定するため、正確な測量方法と測定頻度について、以下の検討・計画立案を行った。	検討の理由
	①カーブ部においては裏込め材が固化するまでセグメントが動くので、固定した手前の基準点から測量する手順を計画した。 ②計画路線の中間地点で、測量精度を確保するために地上からチェックボーリングを計画することにより、出来形管理を行うこととした。	検討した項目及び検討内容
（3）現場で実施した対応処置とその評価	現場では次の事項を実施した。	前書き
	①カーブ部のシールドマシンの反力の影響でセグメントが動くため、影響が生じない200m手前から切羽の位置を観測した。 ②全延長60％掘進し、地質が安定している位置でチェックボーリングを行い、中心線の確認を行うことにより、許容値内に完成した。	対応処置及び解決した結果
	裏込め注入の影響を考慮しつつ測量を実施し所要の出来形を確保できた点は評価できる。	評価点

| 作例 No.26 | 下水道工事 | 管理項目 | 出来形管理 |
| | | 技術的な課題 | 障害物に対する推進管の精度確保 |

設問1

(1) 工事名

工　事　名	○○市○○幹線汚水管布設工事

(2) 工事の内容

①発注者名	○○市○○部○○課
②工事場所	○○県○○市○○町地内
③工　　期	令和○年○月○日～令和○年○月○日
④主な工種	小口径管推進工　人孔築造工
⑤施　工　量	小口径管推進工　φ400mm　L＝320m 2号人孔工　6箇所

(3) 工事現場における施工管理上のあなたの立場

立　　場	現場監督

設問2

(1)特に留意した技術的課題

　本工事は、国道○○号線の歩道下に汚水管ダクタイル鋳鉄管φ400mmを小口径推進工法で布設する工事であった。 ── 工事の内容(概要)

　施工前に行った現地埋設物調査の結果、工事区間中に以前使用していた床版橋の基礎杭が存在し、本工事の推進管に障害となる可能性があることが判明した。 ── 具体的な現場状況

このため、小口径推進工法による管の方向及び管底高の精度を確保することが技術的課題となった。 ── 技術的課題

(2)技術的課題を解決するために検討した項目と検討理由及び検討内容

　推進管が旧橋台の撤去されていない基礎松杭に当たり、掘進不能もしくは方向の大幅な偏芯といった出来形不良を防止するため、以下の調査・検討を行った。 ── 検討の理由

①既設床版橋を建設した当時の設計図面を調査して、杭の位置や深さを確認し、図面上で推進管の計画位置と重ね合わせ、現状の把握を行った。
②上記の結果、推進管の布設計画位置と埋設されている杭が当たる場合の、杭への対策を検討した。 ── 検討した項目及び検討内容

(3)現場で実施した対応処置とその評価

　当時の床版橋の設計図書と完成時の出来形図を入手し、推進管と杭の位置関係を図化したところ、推進管の外径に対して40mm当たることが判明した。このため、鋼矢板土留工を仮設し、掘削にて直接杭を引き抜いた。 ── 対応処置

以上の対策により、推進管を許容値±30mm以内に完成することができた。 ── 解決した結果

　既存設計図書による障害状況の把握と既設杭の撤去で障害を回避できたことが評価点である。 ── 評価点

下水道工事

管理項目	出来形管理
技術的な課題	障害物に対する推進管の精度確保

設問1

(1) 工事名	工　事　名	○○市○○幹線汚水管布設工事
(2) 工事の内容	①発注者名	○○市○○部○○課
	②工事場所	○○県○○市○○町地内
	③工　　期	令和○年○月○日～令和○年○月○日
	④主な工種	小口径管推進工　人孔築造工
	⑤施 工 量	小口径管推進工　φ400mm　L＝320m 2号人孔工　6箇所

(3) 工事現場における施工管理上のあなたの立場

立　　場	現場監督

設問2

(1)特に留意した技術的課題	本工事は、国道○○号線の歩道下に汚水管ダクタイル鋳鉄管φ400mmを小口径推進工法で布設する工事であった。	工事の内容（概要）
	施工前に行った現地埋設物調査の結果、工事区間中に以前使用していた床版橋の基礎杭が存在し、本工事の推進管に障害となる可能性があることが判明した。	具体的な現場状況
	このため、小口径推進工法による管の方向及び管底高の精度を確保することが技術的課題となった。	技術的課題
(2)技術的課題を解決するために検討した項目と検討理由及び検討内容	推進管が旧橋台の撤去されていない基礎松杭に当たり、掘進不能もしくは方向の大幅な偏芯といった出来形不良を防止するため、以下の検討を行った。	検討の理由
	①床版橋を建設した当時の設計図面を調査して杭の位置や深さを確認し、図面上で推進管の計画位置と重ね合わせ、現状の把握を行い管路の変更を検討した。②上記の結果、推進管の布設計画位置と埋設されている杭が当たる場合の既設杭への対策を検討した。	検討した項目及び検討内容
(3)現場で実施した対応処置とその評価	床版橋の完成当時の出来形図を入手し、推進管と杭の位置関係を図化したところ、推進管の外径に対して杭が40mm当たることが判明した。　このため、地下埋設物を調査し人孔位置を50cm移動することで、障害の杭をクリアーできた。	対応処置
	この対策により推進管を許容値±30mm以内に完成することができた。	解決した結果
	設計図書から障害状況を把握し、人孔位置の変更で課題を解決できた点が評価できる。	評価点

作例 No.28	下水道工事	管理項目	工程管理
		技術的な課題	工期短縮対策

設問1

(1) 工事名

工　事　名	○○市○○幹線汚水管布設工事

(2) 工事の内容

①発注者名	○○部○○課
②工事場所	○○県○○市○○町地内
③工　　期	令和○年○月○日～令和○年○月○日
④主な工種	管布設工　取り付け管工
⑤施　工　量	塩ビ管布設工　φ250mm　L＝332.5m 1号人孔工　50箇所

(3) 工事現場における施工管理上のあなたの立場

立　　場	現場代理人

設問2

(1) 特に留意した技術的課題

　本工事は、区画整理事業地の道路下に汚水管を鋼矢板土留めで布設する工事であった。 ── 工事の内容（概要）

　当初の計画では、掘削地盤は関東ローム層であった。施工前に行った試掘の結果、上流部の80m区間の地質が、床付けより1m下まで高含水比の有機質土であることが判明し、土留工が打込み矢板に設計変更された。 ── 具体的な現場状況

これにより、80m区間の矢板打込みに20日かかり、生じた遅れの対策が課題となった。 ── 技術的課題

(2) 技術的課題を解決するために検討した項目と検討理由及び検討内容

　工程の遅れを取り戻すために、以下の検討を行った。 ── 検討の理由

①水道やガス及び電気工事が同時に発注されていたため、発注者を含め現場責任者と全体工程会議を行い、全体工程表を作成し同時に施工できる箇所がないか検討を行った。
②他工事に関係なく、1スパン分を掘削し管布設が終了してから埋め戻すといった効率的で危険性の少ない施工が可能となる施工エリアがあるか検討することにより、工期短縮対策を図った。 ── 検討した項目及び検討内容

(3) 現場で実施した対応処置とその評価

　検討の結果、以下の施工を実施した。 ── 前書き

①全体工程会議の結果、3スパンにおいて2班同時に施工することができた。
②工事区間において東側のBブロックは他工事と調整を図り、パイプ柵で仮囲いし、掘削を先行し工期を短縮した。 ── 対応処置

　以上の施工方法により工期内に完成できた。 ── 解決した結果

　競合する現場状況を全体会議で調整し、工事を滞りなく進行できたことが評価できる。 ── 評価点

下水道工事

管 理 項 目	工程管理
技術的な課題	セグメントの発注管理

設問1

(1) 工事名

工 事 名	○○県○○幹線工事

(2) 工事の内容

①発注者名	○○県○○部○○課
②工事場所	○○県○○市○○町地内
③工　　期	令和○年○月○日〜令和○年○月○日
④主な工種	シールド工　人孔築造工
⑤施 工 量	シールド工　φ1,650mm　L＝332.5m 特殊人孔工　1箇所

(3) 工事現場における施工管理上のあなたの立場

立　　場	現場代理人

設問2

(1)特に留意した技術的課題

　本工事は、国道○○号線の歩道下に汚水管φ1,650mmを圧気式手堀シールド工法で布設する○○幹線水路工事であった。 — 工事の内容（概要）

　工事区間中に、R＝30〜200mのカーブが4箇所あり、このため異型のセグメントを多用する必要があった。 — 具体的な現場状況

異形のセグメントは発注から受け入れまで最短でも14日を必要としたため、異形セグメントの発注管理方法が工程管理の課題となった。 — 技術的課題

(2)技術的課題を解決するために検討した項目と検討理由及び検討内容

　シールド掘進は、昼夜2班交代制で実施した。
　曲線部ではシールドマシンの挙動に合わせて異型セグメントを使用するため、掘進先の地質と過去の実績から異型セグメントを使用に先立ち調達する必要があった。先の工程の遅れを生じさせないため、以下の検討を行った。 — 検討の理由

①カーブ部の地質を調査してセグメント組み立て想定パターンを作成した。
②過去の実績を調査して余分な使用を避ける使用方法を検討した。
　上記の検討により、作業手順を立案した。 — 検討した項目及び検討内容

(3)現場で実施した対応処置とその評価

　検討の結果、以下の事項を実施した。 — 前書き

①カーブ部の地質は、含水比の高い粘土層であったため、高さをやや上げ、沈下を防止する組み立てを想定してセグメントを発注した。
②緊急に備えたパターンを想定し、予備のセグメントを準備した。 — 対応処置

　以上の方法で工期内に完成できた。 — 解決した結果

　地質を考慮した想定や過去の実績により早期にセグメントを発注できたことが評価できる。 — 評価点

作例 No.30	下水道工事	管理項目	安全管理
		技術的な課題	狭い道路での安全対策

設問1

(1) 工事名

(2) 工事の内容

工 事 名	○○県道○○幹線汚水管布設工事
①発注者名	○○県○○部○○課
②工事場所	○○県○○市○○町地内
③工　期	令和○年○月○日〜令和○年○月○日
④主な工種	管布設工　人孔設置工
⑤施 工 量	塩ビ管布設工　φ250mm　L＝232.5m 1号人孔設置工　10箇所

(3) 工事現場における施工管理上のあなたの立場

立　場	現場代理人

設問2

(1) 特に留意した技術的課題

　本工事は、ミニ開発された居住区の町道に開削工法で塩ビ管φ250mmを232.5m布設する○○幹線汚水管布設工事であった。 ── 工事の内容（概要）

　汚水管を布設する町道は、全体的に道路幅が3.6mと狭く、管掘削（幅85cm）を行うと歩行者の通路が確保できない路線が数区間ある状況であった。 ── 具体的な現場状況

掘削工事は即日復旧が可能で夜間は開放できたが、昼間の住民の通行を確保する安全通路の計画が課題となった。 ── 技術的課題

(2) 技術的課題を解決するために検討した項目と検討理由及び検討内容

　道路幅は3.6mあったが、掘削後は片側で1.0mの余裕しか確保できなかった。掘削機械横は0.7m幅程度であったため、狭隘なスペースでの歩行者の通路確保について、以下の検討を行った。 ── 検討の理由

①住民に工事の進捗や掘削状態、危険箇所等の工事の状況を知らせる方法。
②住民が安全に通行できる対策。
　以上の安全対策について、発注者と協議を行い、狭い場所における住民の通行に関する安全管理を検討した。 ── 検討した項目及び検討内容

(3) 現場で実施した対応処置とその評価

　事前に工事の説明会を実施し、工事の内容や安全対策を理解してもらった。工事中は毎日住民とコミュニケーションをとり、自転車やバイクは掘削前に移動した。安全通路は、パイプ柵で仕切り、グリーンマットを敷いて歩きやすくした。 ── 対応処置

以上の対策により住民の理解を得て工事を完了することができた。 ── 解決した結果

　評価点としては、住民とコミュニケーションを図り、安全に施工できたことである。 ── 評価点

下水道工事

管理項目	安全管理
技術的な課題	有毒ガスによる酸素欠乏対策

設問1

(1) 工事名
(2) 工事の内容

工　事　名	○○県○○幹線工事
①発注者名	○○県○○部○○課
②工事場所	○○県○○市○○町地内
③工　　期	令和○年○月○日～令和○年○月○日
④主な工種	シールド工　人孔築造工
⑤施　工　量	シールド工　　φ1,650mm　L＝332.5m 特殊人孔工　　1箇所

(3) 工事現場における施工管理上のあなたの立場

立　　場	現場代理人

設問2

(1) 特に留意した技術的課題

　本工事は、国道○○号線の歩道下に汚水管φ1,650mmを圧気式手堀シールド工法で布設する工事であった。　── 工事の内容（概要）

　シールドトンネル内はφ1,650mmと狭く、切羽は上部に礫質土層が存在し、切羽の地山崩壊及び有毒ガス発生による酸素欠乏等による事故発生が懸念された。　── 具体的な現場状況

このため、シールドトンネル内で安全に工事を完了させる安全管理が課題となった。　── 技術的課題

(2) 技術的課題を解決するために検討した項目と検討理由及び検討内容

　安全にシールド工事を完了するために以下の検討を行った。　── 検討の理由

①切羽は、上部に礫質土層が存在し、下部は高含水比の粘土層であるため、切羽の状態をチェックする手順を検討した。
②従事する作業員に対し、有毒ガスと酸素欠乏についての教育内容を検討した。
③作業主任者を選任しチェック項目を検討した。
④有毒ガスの発生に対し、事故を防止するために必要な検知器と安全保護具を検討することにより、安全管理計画を立案した。　── 検討した項目及び検討内容

(3) 現場で実施した対応処置とその評価

　現場では以下のことを実施した。　── 前書き

①作業前、湧水や地質の状態を作業主任者が切羽のチェックを実施した。
②作業前に有毒ガスと酸素欠乏について、具体的にチェック法などの教育を行った。
③作業員はガス検知器を常に携帯し、酸素欠乏事故の防止に努め、無事故で竣工できた。　── 対応処置及び解決した結果

　評価点としては、切羽や有毒ガス、酸素欠乏などのチェックを徹底したことである。　── 評価点

作例 No.32	下水道工事	管理項目	安全管理
		技術的な課題	地盤沈下による事故防止

設問1

(1) 工事名

工　事　名	○○県○○幹線工事

(2) 工事の内容

①発注者名	○○県○○部○○課
②工事場所	○○県○○市○○町地内
③工　　期	令和○年○月○日～令和○年○月○日
④主な工種	シールド工　人孔築造工
⑤施　工　量	シールド工　　φ1,650mm　L＝332.5m 特殊人孔工　　1箇所

(3) 工事現場における施工管理上のあなたの立場

立　　　場	現場代理人

設問2

(1) 特に留意した技術的課題

　本工事は、国道○○号線の車道下に汚水管φ1,650mmを圧気式手堀シールド工法で布設する工事であった。 ── 工事の内容（概要）

　シールド工事区間中には、地質が沖積粘土で、土被りが8～9mと浅い箇所が50mあり、シールドマシン通過後に地盤沈下の発生が懸念された。 ── 具体的な現場状況

そのため、シールドマシン通過後に上部の車道が沈下することを防止する安全管理が課題となった。 ── 技術的課題

(2) 技術的課題を解決するために検討した項目と検討理由及び検討内容

　土被りが8～9mと浅い区間について、シールドマシンの掘進に伴う軟弱地盤層の沈下を防止するために、以下の検討を行った。 ── 検討の理由

①沈下を防止するためには、確実に裏込め注入を行うことが重要なポイントと考え、注入を管理する方法を検討した。
②注入時、路面の隆起や沈下を早期に把握できるように測量計画を検討した。
③掘進に伴い、シールドマシン上部の地層を安定する対策を検討した。 ── 検討した項目及び検討内容

　以上、沈下に対する安全管理を検討した。

(3) 現場で実施した対応処置とその評価

　現場において、①裏込め注入は1リング掘進ごとに行い、後部の既に注入した部分についても点検し、増量の注入を行った。②路面の測量は事前に行い、掘進中は毎日2回実施した。③切羽の地層を常に確認し、増粘材を注入することにより、車道の沈下を防止し、安全に掘進することができた。 ── 対応処置及び解決した結果

　裏込め注入品質の徹底管理と地表面観測を毎日実施して沈下防止できたことは評価点である。 ── 評価点

下水道工事

管理項目	安全管理
技術的な課題	切羽の肌落ちによる事故防止

設問1

（1）工事名

工 事 名	○○県○○幹線工事

（2）工事の内容

①発注者名	○○県○○部○○課
②工事場所	○○県○○市○○町地内
③工　期	令和○年○月○日～令和○年○月○日
④主な工種	シールド工　人孔築造工
⑤施 工 量	シールド工　φ1,650mm　L＝332.5m 特殊人孔工　1箇所

（3）工事現場における施工管理上のあなたの立場

立　　場	現場代理人

設問2

（1）特に留意した技術的課題

　本工事は、国道○○号線の車道下に汚水管φ1,650mmを圧気式手堀シールド工法で布設する工事であった。 ── 工事の内容（概要）

　シールド工事区間中には、地質が礫混じり粘土で、土被りが8～9mと浅い箇所が50mあった。この区間では、シールド掘削時に切羽の肌落ちによる事故発生が懸念されていた。 ── 具体的な現場状況

そのため、切羽上部地層を安定させる安全管理が課題となった。 ── 技術的課題

（2）技術的課題を解決するために検討した項目と検討理由及び検討内容

　地質が礫混じり粘土で、土被りが8～9mと浅い箇所において、切羽上部の肌落ち事故を防止するために、以下の検討を行った。 ── 検討の理由

①問題となる区間におけるジャストポイントのボーリングデータがなかったため、ボーリング調査の追加を検討した。
②薬液注入量が、当初計画では注入率17％であったが、追加のボーリングデータを確認し、注入量を再検討した。
　以上の検討を行い、切羽の崩壊による事故防止対策を立案した。 ── 検討した項目及び検討内容

（3）現場で実施した対応処置とその評価

　現場において次の事項を実施した。 ── 前書き

　ボーリング調査の結果、地質が砂混じりの礫層で間隙率が当初の計画より大きいことが判明し、ボーリングデータをもとに薬液注入の再検討を行った。検討結果より、薬液注入率を変更し35％に増加した。 ── 対応処置

　以上により、安全に掘進できた。 ── 解決した結果

　補助工法を検討して、土被りが少ない区間を安全に施工できたことは評価できる。 ── 評価点

作例 No.34	下水道工事	管理項目	施工計画
		技術的な課題	狭い道路での施工計画

設問1

(1) 工事名

工　事　名	○○幹線汚水管布設工事

(2) 工事の内容

①発注者名	○○市○○部○○課
②工事場所	○○県○○市○○町地内
③工　　期	令和○年○月○日～令和○年○月○日
④主な工種	管布設工　取り付け管工
⑤施 工 量	塩ビ管布設工　φ250mm　L＝232.5m 取り付け管　50箇所

(3) 工事現場における施工管理上のあなたの立場

立　　　場	現場代理人

設問2

(1)特に留意した技術的課題

　本工事は、ミニ開発された居住区の町道に開削工法で塩ビ管φ250mmを232.5m布設する工事であった。 ── 工事の内容（概要）

　汚水管を布設する町道は、全体的に道路幅は狭く、道路の脇に幅3mの素掘り水路があった。 ── 具体的な現場状況

この水路は水量が多く、掘削内の水替えが困難であった。この水路を横断するため、水路下の取り付け管（φ150mm）布設の施工計画立案が課題となった。 ── 技術的課題

(2)技術的課題を解決するために検討した項目と検討理由及び検討内容

　狭い道路脇の水路下に、取り付け管（φ150mm）を布設するために、以下の調査・検討を行った。 ── 検討の理由

①水路に水を流したまま、取り付け管を布設する施工法について、情報を収集し最新工法を調査して選定した。
②試掘を行って、取り付け管布設箇所付近で障害となる水道管等の調査をした。
　以上の事項を調査し、検討した結果、作成した施工手順書を発注者と協議して、水路下の取り付け管布設の課題を解決する太めの施工計画を立案した。 ── 検討した項目及び検討内容

(3)現場で実施した対応処置とその評価

　検討の結果、以下の施工を実施した。 ── 前書き

①民地側を人力で掘削し、立坑（幅1m×深さ1m）を設置した。
②立坑から、塩ビ管掘削部にハンマー式推進機で水路下を貫通した。 ── 対応処置

　以上の施工方法により、短期間で安全に取り付け管の布設ができた。 ── 解決した結果

　対応処置での評価点は、最新工法の情報収集で最適な施工計画が立案できたことである。 ── 評価点

下水道工事

管 理 項 目	施工計画
技術的な課題	狭い道路での施工計画

設問1

(1) 工事名

工 事 名	○○幹線汚水管布設工事

(2) 工事の内容

①発注者名	○○市○○部○○課
②工事場所	○○県○○市○○町地内
③工　　期	令和○年○月○日～令和○年○月○日
④主な工種	管布設工　人孔設置工
⑤施 工 量	塩ビ管布設工　φ250mm　L＝532.5m 1号人孔設置工　10箇所

(3) 工事現場における施工管理上のあなたの立場

立　　場	現場代理人

設問2

(1) 特に留意した技術的課題

　本工事は、ミニ開発された居住区の町道に開削工法で塩ビ管φ250mmを532.5m布設する工事であった。 ── 工事の内容（概要）

　汚水管を布設する町道は、全体的に道路幅は狭かったので、土工事に使用するダンプトラックは2tを使用した。 ── 具体的な現場状況

しかしながら、一部の路線（L＝50.5m）は道路幅が1.8mと狭く、掘削機械が使用できなかったため、狭隘部に対する施工計画立案が課題となった。 ── 技術的課題

(2) 技術的課題を解決するために検討した項目と検討理由及び検討内容

　掘削機械が使用できない狭隘なスペースでの塩ビ管布設工事を行うために、以下の検討を行った。 ── 検討の理由

①機械を使用しない掘削方法の検討。
②ダンプトラックが進入できる場所までの残土排出方法の検討。
③1号人孔より小さい人孔の採用。
④人孔の設置方法の検討。 ── 検討した項目及び検討内容

　以上の事項について、発注者と協議しての検討を行い、狭い場所における塩ビ管布設の施工計画を立案した。

(3) 現場で実施した対応処置とその評価

　検討の結果、以下の施工を実施した。 ── 前書き

①舗装部は削岩機で破砕し、人力で掘削を行い、ベルトコンベアで残土を搬出した。
②角型特殊人孔を使用し、管布設前に埋戻した。その後、管路掘削を行い、塩ビ管の布設を行った。施工は10mスパンに分け、リヤカーで砂を埋戻し、狭隘部での施工を可能とした。 ── 対応処置及び解決した結果

　狭い現場での施工方法を徹底的に洗い出し、施工を可能としたことが評価できる点である。 ── 評価点

作例 No.36	河川工事	管理項目	品質管理
		技術的な課題	コンクリートの品質管理

設問1

(1) 工事名

(2) 工事の内容

工　事　名	○○川河川改修工事
①発注者名	○○県○○部○○課
②工事場所	○○県○○市○○町地内
③工　　期	令和○年○月○日〜令和○年○月○日
④主な工種	護岸工
⑤施　工　量	コンクリートブロック積み　1,250㎡ 基礎コンクリート工　138.5m

(3) 工事現場における施工管理上のあなたの立場

立　　場	現場責任者

設問2

(1) 特に留意した技術的課題

　本工事は、1級河川○○川の河川改修工事であり、河川の両岸に基礎コンクリートを設置し、コンクリートブロック積み護岸を行うものであった。　——工事の内容(概要)

　基礎コンクリートの打設工事の施工時期が夏季から冬季に予定されていたため、コンクリート打設時の温度変化に対するレディーミクストコンクリートのひび割れ等を防止する品質管理が課題となった。　——具体的な現場状況及び技術的課題

(2) 技術的課題を解決するために検討した項目と検討理由及び検討内容

　予定される施工の時期から、暑中コンクリートと寒中コンクリートの施工に対し、以下の品質管理の検討を行った。　——検討の理由

(1) 夏季のコンクリート施工については、骨材やセメント、水を冷やすことで、練りあがり温度を25度以下にする計画とした。
(2) 冬季のコンクリート施工については、寒風をさえぎり、養生温度を5℃以上に保つ計画を検討した。　——検討した項目及び検討内容

　以上の検討を行い、コンクリートの品質を確保することに努めた。

(3) 現場で実施した対応処置とその評価

　現場において、検討した計画に基づき、コンクリートの品質管理を行った。夏季は生コン工場と協議し骨材を冷やし、練りあがり温度を25度に設定した。冬季は型枠をシートで覆い練炭養生した。乾燥を防止するため、表面に養生マットをかけ湿潤養生を行い、コンクリートの品質を確保した。　——対応処置及び解決した結果

　評価点としては、材種や温度、養生方法を工夫して品質確保できたことである。　——評価点

河川工事

管理項目	工程管理
技術的な課題	ブロック積みの工期を短縮

設問1

(1) 工事名

工　事　名	○○川河川改修工事

(2) 工事の内容

①発注者名	○○県○○部○○課
②工事場所	○○県○○市○○町地内
③工　　期	令和○年○月○日～令和○年○月○日
④主な工種	擁壁工
⑤施　工　量	コンクリートブロック積み　1,250㎡ 基礎コンクリート工　38.5m

(3) 工事現場における施工管理上のあなたの立場

立　　場	現場代理人

設問2

(1) 特に留意した技術的課題

　本工事は、1級河川○○川の河川改修工事であり、河川の両岸に基礎コンクリートを設置し、コンクリートブロック積み護岸を行うものであった。 ── 工事の内容（概要）

　護岸施工区間の左岸側が水田地帯であり、3月の中旬には水田に水を入れ田植えの準備が始まることから、予定工期を30日短縮して3月上旬にブロック積み護岸を完成させる工期短縮が課題となった。 ── 具体的な現場状況及び技術的課題

(2) 技術的課題を解決するために検討した項目と検討理由及び検討内容

　コンクリートブロック積み工事の工期を短縮するために職員と職長で会議を行い、効率的な施工方法を検討した。 ── 検討の理由

(1) バーチャート工程表を基に左岸と右岸を同時に施工する方法を検討した。
(2) 左岸側は道路幅員が狭いため大型トラックが通行できないことから、コンクリートブロックの搬入やレディーミクストコンクリートの打設方法を検討した。 ── 検討した項目及び検討内容

　以上の検討で、工期を30日間短縮する工程管理を計画した。

(3) 現場で実施した対応処置とその評価

　上記計画に基づき、以下の事柄を実施し32日間工期を短縮した。 ── 前書き

　施工区分については、左岸側は施工効率が悪いことから2工区に分割し、右岸と同時に3班で施工した。ブロック材料と生コンクリートは右岸側からクローラークレーン50tで搬入し、施工効率を高め工期内に完成した。 ── 対応処置及び解決した結果

　評価点は、狭隘な搬入路の対策を講じ、3工区の同時施工により工期短縮したことである。 ── 評価点

作例 No.38	河川工事	管理項目	工程管理
		技術的な課題	構造物撤去の工程短縮

設問1

(1) 工事名

工 事 名	○○川河川改修工事

(2) 工事の内容

①発注者名	○○県○○部○○課
②工事場所	○○県○○市○○町地内
③工　　期	令和○年○月○日～令和○年○月○日
④主な工種	擁壁工
⑤施 工 量	コンクリートブロック積み　1,250㎡ 既設カルバート撤去工　50m

(3) 工事現場における施工管理上のあなたの立場

立　　場	現場監督

設問2

(1)特に留意した技術的課題

　本工事は、1級河川○○川の河川改修工事で、ブロック積み護岸を行う工事である。具体的には、右岸にある不要となったボックスカルバート2.5m×2.5mを撤去した後に築堤を行い、基礎コンクリートを設置しコンクリートブロック積み護岸を行うものであった。 ─ 工事の内容（概要）

　工事着工の遅れとボックスカルバート撤去工が年末年始に重なったことから、10日間の遅れが生じていたため、工事工程の短縮が課題となった。 ─ 具体的な現場状況及び技術的課題

(2)技術的課題を解決するために検討した項目と検討理由及び検討内容

　10日間の遅れを取り戻すため、以下の事項を検討し工程の短縮に勤めた。 ─ 検討の理由

(1) ボックスカルバートの撤去は正月前に掘削まで行い、新年を迎えてから取り壊しをコンクリートブレーカーで行う計画であったが、コンクリート取り壊しに2週間を要すため、取り壊し方法の再検討を行った。
(2) 当初、コンクリートガラの搬出はバックホーを2台設置して行う計画であったが、さらに効率化をアップする検討を行った。
(3) 毎日、職員と職長で工程会議を計画。 ─ 検討した項目及び検討内容

(3)現場で実施した対応処置とその評価

　上記検討に基づき、以下の事柄を実施した。 ─ 前書き

解体の効率化をはかるためにコンクリートを50cmピッチで削孔し、静的膨張剤を使用して正月休み中に破砕させた。ガラの搬出は、クレーン25tとバックホーで行い、日々工程会議で工程をチェックし、予定より11日間工期を短縮して工事を完成することができた。 ─ 対応処置及び解決した結果

　現場条件に最適な静的膨張剤を採用し、効率的に施工ができたことは評価点である。 ─ 評価点

89

河川工事

管理項目 **安全管理**
技術的な課題 **狭隘部への材料搬入方法**

設問1

（1）工事名

工　事　名	○○川河川改修工事

（2）工事の内容

①発注者名	○○県○○部○○課
②工事場所	○○県○○市○○町地内
③工　　期	令和○年○月○日〜令和○年○月○日
④主な工種	擁壁工
⑤施　工　量	コンクリートブロック積み　1,250㎡ 基礎コンクリート工　38.5m

（3）工事現場における施工管理上のあなたの立場

立　　場	現場代理人

設問2

（1）特に留意した技術的課題

　　本工事は、1級河川○○川の河川改修工事であり、河川の両岸に基礎コンクリートを設置し、コンクリートブロック積み護岸を行うものであった。 ─ 工事の内容（概要）

　　工事区間の左岸側は道路幅員が狭いため、ブロックの搬入や生コンクリートの打設を対岸からクレーンで施工する計画としたことにより、吊り荷の落下やクレーン転倒事故等の防止が安全管理の課題となった。 ─ 具体的な現場状況及び技術的課題

（2）技術的課題を解決するために検討した項目と検討理由及び検討内容

　　コンクリートブロック積みに使用するコンクリートブロック材料と、基礎コンクリートなどの生コンクリート材料を右岸の平場からクレーンで吊り込み運搬する計画である。安全な吊り荷の方法やクレーンの安定を目的として以下の検討を行った。 ─ 検討の理由

　（1）吊り荷の落下事故を防止するため、玉かけ作業主任者と合図人の配置計画。
　（2）クレーンを設置する基礎地盤の調査と補強方法。 ─ 検討した項目及び検討内容

　　検討の結果、安全管理計画を立案した。

（3）現場で実施した対応処置とその評価

　　計画に基づき、以下の事柄を実施し安全に工事を完了できた。 ─ 前書き及び解決した結果

　①玉かけ作業は有資格者から選任した作業責任者が指揮し、別に合図人を配置した。
　②クレーン設置箇所の地質と地耐力を測定し、軟弱な粘性土は礫質土で置き換え、鉄板（22mm）で養生を行い補強した。 ─ 対応処置

　　地耐力を改善し、作業の指揮者と合図者を分けて責任を明確にしたことが評価点である。 ─ 評価点

| 作例 No.40 | 河川工事 | 管理項目 | 施工計画 |
| | | 技術的な課題 | 狭隘部への材料搬入方法 |

設問1

(1) 工事名

| 工 事 名 | ○○川河川改修工事 |

(2) 工事の内容

①発注者名	○○県○○部○○課
②工事場所	○○県○○市○○町地内
③工　期	令和○年○月○日～令和○年○月○日
④主な工種	コンクリートブロック積み　基礎コンクリート工
⑤施 工 量	コンクリートブロック積み　1,250㎡ 基礎コンクリート工　38.5m

(3) 工事現場における施工管理上のあなたの立場

| 立　場 | 現場代理人 |

設問2

(1)特に留意した技術的課題

　本工事は、1級河川○○川の河川改修工事であり、河川の両岸に現場打ちの基礎コンクリートを設置し、コンクリートブロック積み護岸を行うものである。 —— 工事の内容（概要）

　施工区間の左岸側には一部道路幅が狭い区間があり、コンクリートブロックや生コンクリートの搬入車両が乗り入れ困難であった。 —— 具体的な現場状況

そこで、狭小な道路を使用しないで効率的に工事を進めるための施工計画立案が課題となった。 —— 技術的課題

(2)技術的課題を解決するために検討した項目と検討理由及び検討内容

　コンクリートブロック積みに使用するコンクリートブロック材料と、基礎コンクリートなどのレディーミクストコンクリート材料を運搬するため、以下の施行方法についてどれを採用するか検討を行った。 —— 検討の理由

(1) 対岸から乗り入れ桟橋を鋼材で構築する方法。
(2) 対岸から大型のクレーンで吊り込む方法。
(3) 河川を盛土して仮設道路を築造する方法。 —— 検討した項目及び検討内容

　上記の3つの方法に関して、経済性、安全性、確実性について検討し施工計画を立案した。

(3)現場で実施した対応処置とその評価

　検討を行い、以下の施工方法を採用した。 —— 前書き

　桟橋は経済面でコスト高となり、クレーンによる工法はコストと安全面が懸念された。一方、盛土案はコルゲート管（φ800mm）4列で流量を確保でき、低コストで安全性、確実性の観点から最適と判断し採用した。 —— 対応処置

その結果、安全で効率よく工事が遂行できた。 —— 解決した結果

　複数の工法をさまざまな観点で検討し、最適な工法を立案したことは評価できる。 —— 評価点

橋梁工事

管理項目	品質管理
技術的な課題	暑中コンクリートの品質管理

設問1

(1) 工事名

工 事 名	市道○○線道路改良工事

(2) 工事の内容

①発注者名	○○市○○部○○課
②工事場所	○○県○○市○○町地内
③工　期	令和○年○月○日～令和○年○月○日
④主な工種	橋梁工（コンクリート工）
⑤施 工 量	盛土工　1,250㎥ 橋梁下部橋台工　2基

(3) 工事現場における施工管理上のあなたの立場

立　場	現場代理人

設問2

(1) 特に留意した技術的課題

　本工事は、市道○○線を拡幅する道路改良工事で、区間内の既設橋梁を撤去し、新たに鉄筋コンクリート床板で架け替えるものであった。　── 工事の内容（概要）

　上部工の鉄筋コンクリート床版は、施工の時期が夏季に予定されていた。本地区では、夏季の気温が30℃を超えることが予想されたため、コンクリートのひび割れ防止と強度の確保など、コンクリートの品質管理が技術的な課題となった。　── 具体的な現場状況及び技術的課題

(2) 技術的課題を解決するために検討した項目と検討理由及び検討内容

　暑中に施工する鉄筋コンクリート床版の品質を確保するために、以下の検討を行った。　── 検討の理由

①水和熱の発生を低減するため、使用するセメントの種類を出荷工場の試験室と協議・検討して設定した。
②鉄筋が日射で高熱になることが予想されたため、温度低減策を検討した。
③コンクリートの表面積が広いため、打設後の乾燥を防止する養生方法を協力会社の職長と検討することにより、暑中コンクリートの品質管理手順を決め、施工を行った。　── 検討した項目及び検討内容

(3) 現場で実施した対応処置とその評価

　検討に基づき、以下の事柄を実施しコンクリートの品質を確保した。　── 前書き

　水和熱の少ない中庸熱セメントを採用し、鉄筋の温度上昇を低減するためにシートで覆った。打設前に散水し、鉄筋と型枠の温度を下げた。養生はマットで覆い、スプリンクラーで散水してコンクリートの品質を確保した。　── 対応処置及び解決した結果

　評価点は、セメント材料や養生方法の工夫により品質低下を防止できたことである。　── 評価点

橋梁工事

管理項目	施工計画
技術的な課題	夜間作業の効率化

設問1

(1) 工事名

工 事 名	市道○○線道路改良工事

(2) 工事の内容

①発注者名	○○市○○部○○課
②工事場所	○○県○○市○○町地内
③工　　期	令和○年○月○日～令和○年○月○日
④主な工種	橋梁撤去工
⑤施 工 量	盛土工　1,250㎥ 橋梁撤去工　1基

(3) 工事現場における施工管理上のあなたの立場

立　　場	現場代理人

設問2

(1) 特に留意した技術的課題

　本工事は、市道○○線を拡幅する道路改良工事で、工事区間内にある使用していない既設橋梁（ポストテンションT型、L＝15m、W＝3m）を撤去するものであった。 ― 工事の内容（概要）

　既設橋梁の撤去工事は、夜間の20時から朝5時の限られた時間内に完了しなければならなかった。よって、限られた夜間の時間内に効率よく既設橋梁の撤去作業を行うための施工計画が課題となった。 ― 具体的な現場状況及び技術的課題

(2) 技術的課題を解決するために検討した項目と検討理由及び検討内容

　作業時間が限られた夜間作業であるため実働8時間の間に、撤去から切断、積込み、運搬作業を効率よく確実に行うため、下の検討を行った。 ― 検討の理由

①撤去工事の作業フローを検討し、撤去日の前に事前に実施できる作業手順を定めた。
②撤去日当日の昼間に行える作業手順を検討・策定した。
③夜間作業を効率的に実施するためのクレーン配置と旧橋の切断方法を在来工法で比較検討して施工計画を立案した。 ― 検討した項目及び検討内容

(3) 現場で実施した対応処置とその評価

　上記検討に基づき、以下の事柄を実施した。 ― 前書き

①高蘭の解体は撤去日の前日に実施した。
②アンカーボルトの切断、吊り金具の取り付けを当日の昼間作業で実施した。
③夜間作業では100tクレーンを2台配置し、油圧ワイヤーソーで旧橋を2分割に切断して運搬することで、急速施工を可能とした。 ― 対応処置／解決した結果

　事前にできる作業を洗い出し、効率的な撤去計画を立案・実行できたことは評価できる。 ― 評価点

ダム工事

管理項目	工程管理
技術的な課題	積雪や路面凍結対策

設問1

(1) 工事名

工 事 名	○○川砂防ダム建設工事

(2) 工事の内容

①発注者名	○○県○○部○○課
②工事場所	○○県○○市○○町地内
③工　期	令和○年○月○日～令和○年○月○日
④主な工種	土工　コンクリート工
⑤施 工 量	掘削　950㎥　コンクリート工　1,085㎥

(3) 工事現場における施工管理上のあなたの立場

立　　場	現場主任

設問2

(1)特に留意した技術的課題

　本工事は、国有林内の○○川に砂防を目的としたコンクリートダム（堤長32m、高さ5m）を建設する工事であった。 —— 工事の内容（概要）

　ダム建設現場までの搬入路は幅3mの林道で、一部が勾配6％であった。工事を実施した1月は積雪や凍結で工事用車両が通行できないこともあり、予定の工程に10日間の遅れが生じた。そのため、工程を短縮する必要性が生じ、残作業の工程管理が課題となった。 —— 具体的な現場状況 / 技術的課題

(2)技術的課題を解決するために検討した項目と検討理由及び検討内容

　工程を10日間短縮するために、以下の施工方法を検討し工程の短縮に努めた。 —— 検討の理由

(1) 工事用の道路は積雪や凍結で滑りやすく工程に悪影響となったため、通行可能を維持する対策を検討した。
(2) 型枠内に雪が積もり、融かす作業に手間がかかったので雪対策を検討した。
(3) 夕方は4時から暗くなるため残業作業ができる設備を検討・計画した。 —— 検討した項目及び検討内容

　以上の検討を行い、工程の遅れを取り戻す工程管理方法を検討した。

(3)現場で実施した対応処置とその評価

　検討の結果、以下の事項を実施し工程の遅れを取り戻すことができた。 —— 前書き及び解決した結果

　道路は積雪後に直ちに除雪することを徹底し、滑り対策として牽引用のトラクターと砂を配置した。型枠は単管パイプとシートで屋根を作り、防雪対策を行い、照明設備で残業を可能にして、工程の短縮ができた。 —— 対応処置

　評価点は、除雪や融雪及び牽引の強化により雪でのロスのない工程管理ができたことである。 —— 評価点

作例 No.44	ダム工事	管理項目	施工計画
		技術的な課題	積雪や路面凍結対策

設問1

(1) 工事名

(2) 工事の内容

工　事　名	○○川砂防ダム建設工事
①発注者名	○○県○○部○○課
②工事場所	○○県○○市○○町地内
③工　　期	令和○年○月○日～令和○年○月○日
④主な工種	土工　コンクリート工
⑤施　工　量	掘削　950㎥　コンクリート工　1,085㎥

(3) 工事現場における施工管理上のあなたの立場

立　　場	現場主任

設問2

(1)特に留意した技術的課題

　本工事は、国有林内の○○川に砂防を目的としたコンクリートダム（堤長32m、高さ5m）を建設する工事であった。 ── 工事の内容（概要）

　ダム建設現場までの工事用道路は幅3mの林道で、一部が勾配6％であった。工事期間の1月～2月は毎年積雪が多いため、路面凍結による工事用車両の通行不能が懸念された。 ── 具体的な現場状況

このため、工事用道路の積雪対策に関する施工計画が課題となった。 ── 技術的課題

(2)技術的課題を解決するために検討した項目と検討理由及び検討内容

　工事用の道路は積雪や凍結で滑りやすく工程に悪影響を及ぼすため、積雪に対し工事用道路の通行を確保するために、以下の施工方法を検討した。 ── 検討の理由

(1) 除雪方法について機械と労務及び作業時間を検討・計画した。
(2) 凍結防止対策について機械と材料と労務を検討した。
(3) 滑りで走行できない車両を牽引する対策を検討した。 ── 検討した項目及び検討内容

以上の検討を行い、施工計画を立案した。

(3)現場で実施した対応処置とその評価

　現場で実施した対応を以下に示す。 ── 前書き

　除雪はショベルカー1台と労務4人で班編成し、工事用車両運行計画に基づき、工程会議で除雪作業を計画し実施した。滑り対策として牽引用のブルドーザと砂、塩化カルシウムを配置した。 ── 対応処置

以上を計画し実施した結果、工期内に工事を完成することができた。 ── 解決した結果

　除雪や凍結防止及び牽引方法を検討し、雪によるロスを低減できたことは評価できる。 ── 評価点

鉄道工事

管理項目	工程管理
技術的な課題	限られた時間内での線路交換作業

設問1

(1) 工事名	工 事 名	○○保線区管内軌道修繕工事
(2) 工事の内容	①発注者名	○○旅客鉄道株式会社
	②工事場所	○○線○○・○○区間
	③工　期	令和○年○月○日～令和○年○月○日
	④主な工種	軌道敷設工
	⑤施 工 量	軌道敷設　ロングレール　L＝310.2m

(3) 工事現場における施工管理上のあなたの立場

立　場	現場責任者

設問2

(1)特に留意した技術的課題	本工事は、ロングレールの頭部が磨耗した曲線区間の外軌道レールをL＝310.2m交換する工事であった。	工事の内容（概要）
	工事区間の施工開始は、客車の後続で最終貨車が通過した後の○○時以降に実施するものであった。このため、路線を閉鎖できる時間が130分と限られることとなり、時間内にロングレール310.2mを交換するための工程管理が課題となった。	具体的な現場状況 / 技術的課題
(2)技術的課題を解決するために検討した項目と検討理由及び検討内容	限られた線路閉鎖時間の中で磨耗したロングレールを交換するために、以下を調査・検討した。	検討の理由
	①ロングレール交換の工数を積算したところ、現場溶接の時間が確保できないことが判明した。②貨物列車の安全を確保し、かつ路線閉鎖前に実施できる作業があるかを検討するため、枕木と締結装置の構造を調査し検討した。以上の検討の結果、レールを路線閉鎖可能な短時間に交換する手順を検討し、工程管理を行った。	検討した項目及び検討内容
(3)現場で実施した対応処置とその評価	検討の結果、以下の施工を実施した。	前書き
	最終の客車が通過した後で、1本おきの間隔で締結ボルトを緩めた。その後に通過する貨物列車を時速30km以下の徐行走行に変更し、安全を確保した。以上、線路閉鎖前の作業を行うことで短時間にロングレールを交換する工程の管理ができた。	対応処置 / 解決した結果
	短時間の路線閉鎖条件下での効率的な作業計画を立案・実行できたことは評価できる。	評価点

作例 No.46	鉄道工事	管理項目	施工計画
		技術的な課題	短時間に線路を交換する施工計画

設問1

(1) 工事名

(2) 工事の内容

工　事　名	○○保線区管内軌道修繕工事
①発注者名	○○旅客鉄道株式会社
②工事場所	○○線○○・○○区間
③工　　期	令和○年○月○日〜令和○年○月○日
④主な工種	軌道敷設工
⑤施 工 量	軌道敷設　ロングレール　L＝310.2m

(3) 工事現場における施工管理上のあなたの立場

立　　場	現場責任者

設問2

(1)特に留意した技術的課題

　本工事は、ロングレールの頭部が磨耗した曲線区間の外軌道レールをL＝310.2m交換する工事であった。 —— 工事の内容（概要）

　工事区間の施工開始は、客車の後続で最終貨車が通過した後の○○時以降に実施するものであった。 —— 具体的な現場状況

このため、路線を閉鎖できる時間が110分と限られることとなり、短時間にロングレールを交換するための施工計画の立案が課題となった。 —— 技術的課題

(2)技術的課題を解決するために検討した項目と検討理由及び検討内容

　限られた線路閉鎖時間の中で磨耗したロングレールを交換するために、以下を調査・検討した。 —— 検討の理由

①工程の工数を積算したところ、現場溶接の時間が足りないことが判明した。
②ロングレール交換時間を短縮するために、枕木と締結装置の構造を調査し、取り替えに要する手順を整理して路線閉鎖前に準備できる作業を検討した。 —— 検討した項目及び検討内容

　以上の結果、レールを短時間に交換する施工計画を作成した。

(3)現場で実施した対応処置とその評価

　検討の結果、以下の施工を実施した。 —— 前書き

　最終の客車が通過した後で1本おきの間隔で締結ボルトを緩めた。その後で、通過する貨物列車を時速30km以下の徐行走行に変更してもらい、安全を確保した。 —— 対応処置

以上、線路閉鎖前の作業を行い、短時間でロングレールを交換することができた。 —— 解決した結果

　短時間の路線閉鎖条件下での効率的な施工計画を立案・実行できたことは評価できる。 —— 評価点

造成工事

設問1

(1) 工事名

(2) 工事の内容

工　事　名	造成工事(○○住宅)
①発注者名	○○住宅株式会社
②工事場所	○○県○○市○○町地内
③工　　期	令和○年○月○日～令和○年○月○日
④主な工種	コンクリート工
⑤施　工　量	擁壁工　70.0m　擁壁工　L＝150m 舗装工　800㎡　汚水槽　1基

(3) 工事現場における施工管理上のあなたの立場

立　　場	現場責任者

設問2

(1)特に留意した技術的課題

　本工事は、市街地において工場の移転跡地に50棟の宅地を造成する工事であった。 ── 工事の内容（概要）

　造成する地区の地質は、ボーリング調査等から概ね砂質土で構成されていることがわかっており、地下水位も地表から1mと高かった。造成地に建設する汚水槽は、現場打ち鉄筋コンクリート造で壁とスラブの水平部材の境界面の沈降ひび割れ等による漏水が懸念され、コンクリート打設の施工計画が課題となった。 ── 具体的な現場状況及び技術的課題

(2)技術的課題を解決するために検討した項目と検討理由及び検討内容

　漏水のない緻密な鉄筋コンクリート躯体を築造するために、鉄筋コンクリート工について以下の検討を行った。 ── 検討の理由

①コンクリートの分離や、ブリーディング水を減らす配合の計画を検討した。
②沈下ひび割れを防止するコンクリートの打設方法（手順）を検討した。
③コンクリート打設後の初期に乾燥させないための養生の施工法を検討した。
　以上を行い、漏水やひび割れを防止する施工計画を立案した。 ── 検討した項目及び検討内容

(3)現場で実施した対応処置とその評価

①AE減水剤を使用し水セメント比を50％に計画し、セメントは水密性の高いフライアッシュを使用した。②スラブ下で一時止め50分沈降を待ってスラブを打設し、ブリーディング水を取り除いた。③養生マットで覆い、散水により湿潤養生を行った。 ── 対応処置

上記の結果、漏水やクラックのないコンクリートが施工できた。 ── 解決した結果

　評価点は、セメント材料や養生を工夫し、漏水のない汚水槽を建設できたことである。 ── 評価点

作例 No.48	造成工事	管理項目	品質管理
		技術的な課題	防火水槽の漏水防止対策

設問1

(1) 工事名

(2) 工事の内容

工 事 名	造成工事（○○住宅）
①発注者名	○○住宅株式会社
②工事場所	○○県○○市○○町地内
③工　期	令和○年○月○日～令和○年○月○日
④主な工種	コンクリートエ
⑤施 工 量	擁壁工　70.0m　擁壁工　L=150m 舗装工　800㎡　防火水槽　１基

(3) 工事現場における施工管理上のあなたの立場

立　　場	現場責任者

設問2

(1) 特に留意した技術的課題

　本工事は、市街地において工場の移転跡地に50棟の宅地を造成する工事であった。 ── 工事の内容（概要）

　当地区は１級河川の氾濫原であり、地質はボーリング調査等から砂質土で構成されていることがわかっており、地下水位も地表から１mと高かった。 ── 具体的な現場状況

建設する防火水槽は、現場打ちで完成時に消防署立会い水張り検査を受けることから、漏水のない緻密なコンクリートの品質管理が課題となった。 ── 技術的課題

(2) 技術的課題を解決するために検討した項目と検討理由及び検討内容

　漏水のない緻密な鉄筋コンクリート躯体を築造するために使用するレディーミクストコンクリートについて、以下の検討を行った。 ── 検討の理由

①冬季の２月に施工する工程であったため、コンクリートの配合強度を検討した。
②水密製の高いコンクリートの品質が要求されたため、セメントの種類を検討した。
③コンクリート打設後の初期において、コンクリート表面の乾燥を防止するため、養生方法を検討した。 ── 検討した項目及び検討内容

　以上の結果、品質管理計画を立案した。

(3) 現場で実施した対応処置とその評価

　施工時期が冬季であったため、コンクリートの呼び強度を１ランクアップの24N/㎡とした。水密性を確保するために、セメントはフライアッシュセメントを使用し、コンクリートの養生は乾燥した冷風が当たらないようにシートで覆い、散水湿潤養生を行った。 ── 対応処置

上記の品質管理の結果、１回で検査合格できた。 ── 解決した結果

　評価点は、セメントや型枠材の選定及び養生を工夫し緻密な施工ができたことである。 ── 評価点

造成工事

管 理 項 目	品質管理
技術的な課題	盛土材の品質管理

設問1

(1) 工事名

(2) 工事の内容

工 事 名	○○造成工事
①発注者名	○○建設株式会社
②工事場所	○○県○○市○○町地内
③工 期	令和○年○月○日～令和○年○月○日
④主な工種	盛土工
⑤施 工 量	盛土工　10,000㎥　調整池　1式

(3) 工事現場における施工管理上のあなたの立場

立 場	現場責任者

設問2

(1)特に留意した技術的課題

　本工事は、林地開発工事であり、丘陵地の山林の沢を埋め立てる盛土工事であった。　　← 工事の内容（概要）

　林地開発を行う施工面積は1ヘクタールで、盛土量は10,000㎥であった。使用する盛土材料は、土取り場において監督員立会いのもと試料を採取し、土質試験を行い、基準に適した材料を採用することになっていたが、含水比は天候に左右されるため、盛土材料の品質確保が課題となった。　　← 具体的な現場状況及び技術的課題

(2)技術的課題を解決するために検討した項目と検討理由及び検討内容

　土取り場は、工事で発生した残土が山積みされていて天端の窪みに水がたまっていた。盛土材料の品質（含水比）を確保するために以下の検討を行った。　　← 検討の理由

①土取り場の盛土材料が、降雨によって含水比が高くならないように排水を良好にする方法を検討した。
②盛土材を乾燥させ、良質な状態で運搬できる方法を検討した。
　以上を行い、盛土材料の品質理計画を立案した。　　← 検討した項目及び検討内容

(3)現場で実施した対応処置とその評価

　現場において、土取り場の盛土材料が整形されていないため、天端を水はけがよくなるように傾斜をつけて整形した。運搬は天気のよい日に行い盛土を施工した。また、含水比の高い材料は、土取り場で敷きならし天日乾燥して含水比を下げ、シートで養生した。以上により、盛土材の品質を保つことができた。　　← 対応処置／解決した結果

　評価点は、盛土材料の適切な管理により、所定の品質を確保できたことである。　　← 評価点

作例 No.50	造成工事	管理項目	出来形管理
		技術的な課題	効率的な盛土の出来形管理

設問1

(1) 工事名

工 事 名	○○造成工事

(2) 工事の内容

①発注者名	○○建設株式会社
②工事場所	○○県○○市○○町地内
③工　期	令和○年○月○日〜令和○年○月○日
④主な工種	盛土工
⑤施 工 量	盛土工　150,000㎥　調整池　1式

(3) 工事現場における施工管理上のあなたの立場

立　　場	現場責任者

設問2

(1)特に留意した技術的課題

　本工事は、林地開発工事であり、丘陵地の山林の沢を埋め立てる盛土工事であった。 ── 工事の内容(概要)

　林地開発を行う面積は5ヘクタールで、盛土量は150,000㎥であった。盛土工事の進捗状況については、発注者○○建設株式会社と県の監理事務所に施工量を毎月報告することが義務付けられていたため、工事進捗状況を明確にするための測量と横断図、土量計算書作成の効率化が課題となった。 ── 具体的な現場状況及び技術的課題

(2)技術的課題を解決するために検討した項目と検討理由及び検討内容

　盛土の出来形を報告するため測量を行い、横断図と土量計算書作成を毎月行うことが必須事項であった。測量に4日と内業で土量計算報告書作成に2日を要した。このため以下の効率化の検討を行った。 ── 検討の理由

(1) 5ヘクタールの敷地に対して迅速に測量をする方法を検討した。
(2) 測量結果から効率的に横断図を作成する方法を検討した。
(3) 迅速な土量計算書作成を検討した。
　以上の結果、出来形管理計画を立案した。 ── 検討した項目及び検討内容

(3)現場で実施した対応処置とその評価

　最新の測量技術を調査して、短期間に5ヘクタールの敷地の盛土進捗状況が迅速に測量できるレーザースキャナー測量システムを採用した。自動計測のため測量作業が2人×1日で完了し、データ整理と報告書作成をフォーマット化し1人×2日で完了し、出来形管理の効率化をはかることができた。 ── 対応処置及び解決した結果

　評価点としては、最新の測量機器を採用して出来形管理の効率化を図ったことである。 ── 評価点

101

造成工事

管 理 項 目	出来形管理
技術的な課題	L型側溝の布設精度管理

設問1

(1) 工事名	工 事 名	造成工事（○○住宅）
(2) 工事の内容	①発注者名	○○住宅株式会社
	②工事場所	○○県○○市○○町地内
	③工 期	令和○年○月○日〜令和○年○月○日
	④主な工種	二次製品敷設工
	⑤施 工 量	舗装工　800.5㎡　L型側溝　L＝150.8m

(3) 工事現場における施工管理上のあなたの立場

立 場	現場代理人

設問2

(1) 特に留意した技術的課題

　本工事は、○○県○○市○○町の市街地において、古い工場の移転に伴い、その跡地に新たに50棟の宅地を造成する工事であった。 —— 工事の内容（概要）

　造成予定地内に計画する道路126mの両側にはL型側溝を設置する。このL型側溝は、敷地境界線に対して±10mm以内の精度で施工する条件を発注者から要求された。 —— 具体的な現場状況

よって、L型側溝の敷設精度を確保するための出来形管理が課題となった。 —— 技術的課題

(2) 技術的課題を解決するために検討した項目と検討理由及び検討内容

　L型側溝の敷設精度を確保するために、以下の検討を行った。 —— 検討の理由

(1) 既設の境界点の精度を確認・検討した。
(2) 精度よくL型側溝を敷設するために丁張りのかけ方を検討した。
(3) 路盤工と舗装施工時にL型側溝が転圧機械に押されて動くことが懸念されるため、転圧方法と敷設位置の確認方法を検討した。 —— 検討した項目及び検討内容

　上記に基づいて、要求されたL型側溝の精度を確保するための出来形管理の計画立案を行った。

(3) 現場で実施した対応処置とその評価

　境界座標を基に、基準点から既設境界点を再チェックし、この境界点に対して方向の控え点を設置し丁張りをかけた。舗装工の転圧はL型側溝付近50cmをサイドローラで丁寧に行い、施工中は法線をトランシットで監視した。 —— 対応処置

以上の出来形管理対策により、施工精度を±7mm以内に仕上げることができた。 —— 解決した結果

　評価点は、L型擁壁の据え付けを転圧の工夫や観測強化で高精度に仕上げた点である。 —— 評価点

造成工事

管理項目	工程管理
技術的な課題	防火水槽の漏水防止対策

設問1

(1) 工事名

工 事 名	造成工事（○○住宅）

(2) 工事の内容

①発注者名	○○住宅株式会社
②工事場所	○○県○○市○○町地内
③工　期	令和○年○月○日〜令和○年○月○日
④主な工種	コンクリート工
⑤施 工 量	舗装工　800㎡　防火水槽　1基

(3) 工事現場における施工管理上のあなたの立場

立　場	現場責任者

設問2

(1) 特に留意した技術的課題

　本工事は、○○県○○市○○町の市街地において、工場の移転跡地に50棟の宅地を造成する工事であった。 —— 工事の内容（概要）

　造成地内に設置する防火水槽は現場打ち鉄筋コンクリート造で、完成後、消防署立会いの水張り漏水検査に合格しないと埋め戻しができず、後工程の舗装工の工程に影響することがわかっていた。 —— 具体的な現場状況

このため、漏水のない防火水槽構築が工程管理の課題となった。 —— 技術的課題

(2) 技術的課題を解決するために検討した項目と検討理由及び検討内容

　本工事において、舗装工事に影響しないよう、工程どおりに施工させる必要があった。このため漏水のない躯体を築造し、検査を1回で合格するために以下の検討を行った。 —— 検討の理由

(1) 底盤と壁躯体との接続箇所の漏水防止策を検討した。
(2) 壁型枠に使用するセパレーターに関する漏水防止策を検討した。
(3) コンクリート打設後の養生対策を検討した。 —— 検討した項目及び検討内容

　以上の検討を行って、1回で検査合格できる計画を立案した。

(3) 現場で実施した対応処置とその評価

　底盤と躯体との接続箇所は、レイタンス処理を行い、膨張性の止水板を使用した。壁型枠は、鋼製セパレーターの中間にゴム製の止水円盤を使用した。養生は、躯体を養生マットで覆い、散水により湿潤状態を保った。 —— 対応処置

以上の結果、消防署の漏水検査に1回で合格し、舗装工に引き渡しができ、工期内に完成できた。 —— 解決した結果

　材料や施工法を工夫して漏水のない防火水槽を築造できた点は評価できる。 —— 評価点

造成工事

管理項目	安全管理
技術的な課題	近隣小学校生徒に対する安全管理

設問1

(1) 工事名

工　事　名	造成工事（○○住宅）

(2) 工事の内容

①発注者名	○○住宅株式会社
②工事場所	○○県○○市○○町地内
③工　　期	令和○年○月○日～令和○年○月○日
④主な工種	防火水槽工（40 t）土工（掘削）
⑤施　工　量	擁壁工　70.0 m　擁壁工L＝150 m 舗装工　800㎡　防火水槽　1 基

(3) 工事現場における施工管理上のあなたの立場

立　　場	現場責任者

設問2

(1) 特に留意した技術的課題

　本工事は、○○県○○市○○町の市街地において、古い工場の移転に伴い、その跡地に新たに50棟の宅地を造成する工事であった。 — 工事の内容（概要）

　造成予定地は、○○小学校に隣接しており、資材置き場の積荷の転倒や、防火水槽工事により掘削したH＝5 mの深い穴に小学生や近隣住民などの第三者が落ちる事故が懸念された。よって、第三者による事故を防止する安全管理が課題となった。 — 具体的な現場状況及び技術的課題

(2) 技術的課題を解決するために検討した項目と検討理由及び検討内容

　小学生や近隣住民などの第三者による事故を防止するために、以下の安全対策を検討した。 — 検討の理由

(1) 工事現場に、第三者が立ち入ることができない柵の計画を検討した。
(2) 工事現場に立ち入らないように、第三者に周知する方法を検討した。
(3) 万が一小学生などの第三者が現場へ立ち入った場合に、穴に落ちないための安全対策を検討した。

　以上の検討を行い、第三者への安全管理計画を立案した。 — 検討した項目及び検討内容

(3) 現場で実施した対応処置とその評価

　小学生などの第三者による事故を防止するために、以下の事項を実施した。工事現場の周囲をネットフェンス（H＝1.8 m）で囲い、立ち入り禁止の看板を設置した。資材は固定し、掘削箇所は灯光器で照明し、安全ネットを設置し、転落事故を防止した。以上の対策を実施し、無事故で竣工することができた。 — 対応処置 — 解決した結果

　評価点は、現場状況に基づく安全対策を講じて、第三者事故を防止できた点である。 — 評価点

造成工事

管理項目	環境管理
技術的な課題	騒音・振動に対する環境保全対策

設問1

(1) 工事名

工　事　名	造成工事（○○住宅）

(2) 工事の内容

①発注者名	○○住宅株式会社
②工事場所	○○県○○市○○町地内
③工　　期	令和○年○月○日～令和○年○月○日
④主な工種	防火水槽工（80 t）仮設工
⑤施 工 量	汚水管渠　L＝110m　防火水槽　1 基 舗装工　800㎡

(3) 工事現場における施工管理上のあなたの立場

立　　場	現場代理人

設問2

(1) 特に留意した技術的課題

本工事は、○○県○○市○○町の市街地において、古い工場の移転に伴い、その跡地に新たに50棟の宅地を造成する工事であった。 —— 工事の内容（概要）

宅地造成で行う主な工種は、上下水道、新設道路と防火水槽工事である。そのうちの防火水槽掘削時に、掘削地盤内の湧水処理のために水替えを行ったが、近隣の住民から発電機の音がうるさいと苦情があり、水替え時の騒音対策が課題となった。 —— 具体的な現場状況及び技術的課題

(2) 技術的課題を解決するために検討した項目と検討理由及び検討内容

防火水槽築造にあたり、水替え用発動発電機の騒音対策を行うために、以下の内容の検討を行った。 —— 検討の理由

(1) 敷地境界付近での騒音量の調査・検討
(2) 発動発電機の設置場所の検討
(3) 発動発電機の機種を調査し低騒音タイプの採用を検討
(4) 周辺に音が漏れない対策として防音壁の設置を検討 —— 検討した項目及び検討内容

上記を行い、騒音に対する環境保全対策を立案した。

(3) 現場で実施した対応処置とその評価

敷地境界線で騒音測定を実施したところ、83デシベルであった。騒音レベルを下げるために発電機を低騒音型に替え、設置場所を民家から離れた場所に移動し、発電機の周囲を短管パイプで組み、防音シートで覆った。 —— 対応処置

以上の対策を行い、騒音の苦情に対し環境保全ができた。 —— 解決した結果

評価点は、騒音低減策を検討し設置位置や消音設備で苦情に対応できたことである。 —— 評価点

地盤改良工事

管理項目	安全管理
技術的な課題	ヒービングに対する安全確保

設問1

(1) 工事名	工 事 名	○○排水機場工事	
(2) 工事の内容	①発注者名	○○県○○部○○課	
	②工事場所	○○県○○市○○町地内	
	③工 期	令和○年○月○日〜令和○年○月○日	
	④主な工種	地盤改良工	
	⑤施 工 量	鋼矢板Ⅲ型 310枚 掘削工 820㎡ 地盤改良工 130㎡	

(3) 工事現場における施工管理上のあなたの立場

立 場	現場責任者

設問2

(1) 特に留意した技術的課題

本工事は、1級河川○○川に排水する排水機場建設工事であり、鋼矢板Ⅲ型（L＝10.5m）を310枚打設し、切りばりと腹起こしを設置しながら掘削するものであった。 — 工事の内容（概要）

鋼矢板土留めで行う掘削深さは8.1mであり、床付け部の地盤は沖積層N値2〜3の軟弱地盤である。 — 具体的な現場状況

また、河川水の影響により地下水位が高いことからヒービングによる事故が懸念され、その安全対策が課題となった。 — 技術的課題

(2) 技術的課題を解決するために検討した項目と検討理由及び検討内容

掘削時のヒービング事故を防止するため、以下のような地盤改良の検討を行った。 — 検討の理由

(1) 掘削前に追加ボーリング調査を実施して地質をピンポイントで確認・検討した。
(2) ボーリング調査でサンプリングした試料の物理試験を行い、土質の性状を把握・検討した。
(3) 掘削底盤のヒービングに対する安全率を計算し、安全性を確認・検討した。
(4) ヒービング防止対策の検討を行った。 — 検討した項目及び検討内容

以上の検討を行い、軟弱地盤のヒービング事故防止対策を行った。

(3) 現場で実施した対応処置とその評価

調査の結果、N値2〜3、粘着力4kN/㎡の沖積粘土で、ヒービングに対する安全率は0.35であった。そこで安全率を1.5と定めて安定計算を行い、3種類の工法を比較検討した結果、DJM工法（改良厚1.5m）を採用し施工した。 — 対応処置

以上の対応により、ヒービングを防止して安全に掘削することができた。 — 解決した結果

現地の地質を把握し、最適な改良工法を採用してヒービングを防止したことは評価できる。 — 評価点

地盤改良工事

管 理 項 目	施工計画
技術的な課題	軟弱路床の改良対策

設問1

(1) 工事名

工　事　名	幹線1号道路工事

(2) 工事の内容

①発注者名	○○県○○部○○課
②工事場所	○○県○○市○○町地内
③工　　期	令和○年○月○日～令和○年○月○日
④主な工種	地盤改良工
⑤施 工 量	表層工　980㎡　上層路盤工　1,000㎡ 下層路盤工　1,100㎡

(3) 工事現場における施工管理上のあなたの立場

立　　場	現場代理人

設問2

(1) 特に留意した技術的課題

　　本工事は、○○市の幹線1号道路を道路改良する工事であり、下層路盤工1,100㎡（40-0 t ＝20cm）、上層路盤工1,000㎡（M30-0 t ＝15cm）、表層工980㎡（密粒度アスコン t ＝5 cm）を142 mにわたり施工するものであった。 ── 工事の内容（概要）

　　施工箇所は水田地帯で、全体的に粘性土の地盤が分布しており、工事に先立ち行った試掘調査の結果、路床地盤が軟弱化していることがわかり、軟弱地盤改良対策の計画が課題となった。 ── 具体的な現場状況及び技術的課題

(2) 技術的課題を解決するために検討した項目と検討理由及び検討内容

　　路床地盤の軟弱化対策について、以下の検討を行った。 ── 検討の理由

(1) 路床部の軟弱地盤の状況を試掘により調査・検討した。
(2) 施工区間において、20mおきに左側、右側、センターと3箇所の路床土を採取してCBR試験を検討・実施した。
(3) 上記の試料に、セメント系固化材による改良の設計を検討・実施した。 ── 検討した項目及び検討内容

　　以上を行って、軟弱路床の対策について計画した。

(3) 現場で実施した対応処置とその評価

　　検討の結果、以下の対策を行った。路床の設 ── 前書き

計CBRは8％であったが、平均CBR値は1.5、最小は0.5であった。棄却検定の後に改良設計を行い、改良厚さ70cm、現場散布量は測点別に設計し、最小56.42kg／㎡と最大191.10kg／㎡を計画した。以上の結果、舗装完了後はひび割れ ── 対応処置

もなく完成することができた。 ── 解決した結果

　　評価点としては、現場に合った改良方法を試験で決め、所定の品質を確保できたことである。 ── 評価点

地盤改良工事

管理項目	環境管理
技術的な課題	セメント改良材の飛散防止対策

設問1

(1) 工事名	工 事 名	幹線1号道路工事

(2) 工事の内容	①発注者名	○○県○○部○○課
	②工事場所	○○県○○市○○町地内
	③工　期	令和○年○月○日～令和○年○月○日
	④主な工種	地盤改良工
	⑤施 工 量	表層工　980㎡　地盤改良　1,100㎡ 上層・下層路盤工　1,100㎡

(3) 工事現場における施工管理上のあなたの立場

立　　場	現場代理人

設問2

(1) 特に留意した技術的課題

　本工事は、○○市の幹線1号道路を道路改良する工事であり、下層路盤工1,100㎡（40-0 t＝20cm）、上層路盤工1,000㎡（M30-0 t＝15cm）、表層工980㎡（密粒度アスコン t＝5cm）を142mにわたり施工するものであった。 — 工事の内容（概要）

　施工箇所は水田地帯の軟弱地盤であることから、路床地盤をセメント改良する計画であったが、地盤改良材の飛散による周辺の民家への環境保全対策が課題となった。 — 具体的な現場状況及び技術的課題

(2) 技術的課題を解決するために検討した項目と検討理由及び検討内容

　地盤改良時のセメントの飛散による環境悪化を防止するために、以下の検討を行った。 — 検討の理由

　(1) 施工現場の両側に、仮囲いによるセメントの飛散防止対策を検討した。
　(2) 天気予報によって、ポイント地区の風の向きと強さを調べ、施工日を決定する方法を検討した。
　(3) セメント改良材を路床に散布するタイミングについて、下請けの職長を交えて検討会を実施し、施工計画を検討・立案した。
　以上、セメント飛散防止の計画を行った。 — 検討した項目及び検討内容

(3) 現場で実施した対応処置とその評価

　検討の結果、以下の対策を行った。路側の短管パイプで柵を設置し、オレンジネットを1.8mの高さに設置した。 — 前書き

施工日の決定に当たっては、天気予報で高気圧の位置を調べ、風の弱い（1～2m/s）日を選んで施工した。散布は撹拌機の進捗に合わせ、飛散を最小限にし、周辺環境に配慮した施工ができた。 — 対応処置及び解決した結果

　今回の対応処置における評価点は、気象情報の活用と仮囲いで飛散を防止できたことである。 — 評価点

農業土木工事

管理項目	品質管理
技術的な課題	暑中コンクリートの品質管理

設問1

(1) 工事名
(2) 工事の内容

工 事 名	○○排水機場新設工事
①発注者名	○○県○○部○○課
②工事場所	○○県○○市○○町地内
③工　期	令和○年○月○日～令和○年○月○日
④主な工種	コンクリートエ
⑤施 工 量	ポンプ用吸水槽　1基 基礎コンクリートエ　350㎥

(3) 工事現場における施工管理上のあなたの立場

立　　場	現場責任者

設問2

(1) 特に留意した技術的課題

　本工事は、1級河川○○川に排水する排水機場建設工事であり、基礎部のコンクリートを350㎥打設するものであった。 ── 工事の内容（概要）

　コンクリート工事の施工は、8月の猛暑の時期で行う工程となっており、最高気温が38℃に達することが予想された。よって、暑中コンクリートに対する品質管理が重要なポイントとなり、 ── 具体的な現場状況

コンクリート打設時の温度管理等が課題となった。 ── 技術的課題

(2) 技術的課題を解決するために検討した項目と検討理由及び検討内容

　暑中コンクリートの品質を確保するために以下の計画を検討した。 ── 検討の理由

(1) レディーミクストコンクリートに使用するセメントの温度管理を検討した。
(2) 日射による型枠や鉄筋の高温化防止対策を検討した。
(3) コンクリート中の急激な水分の逸脱を防止する対策を検討した。
(4) 練りあがりから運搬、打設完了までの時間管理を検討した。 ── 検討した項目及び検討内容

　上記の事項より、コンクリートの品質低下を防止する計画を立案した。

(3) 現場で実施した対応処置とその評価

　施工当日の天気予報で最高気温が35℃の予想であった。出荷工場に練りあがり温度を25℃にする指示を行い、型枠を散水し温度を下げた。ポンプ車を2台配置し、練りあがりから打設完了までの時間を90分以内になるよう管理した。養生は散水によって湿潤状態を保ち、コンクリートの品質を確保した。 ── 対応処置及び解決した結果

　評価点は、出荷温度管理やポンプ施工方法、養生方法の工夫で品質確保できたことである。 ── 評価点

109

農業土木工事

管理項目	品質管理
技術的な課題	盛土材の含水比管理

設問1

(1) 工事名	工　事　名	○○災害復旧工事
(2) 工事の内容	①発注者名	○○県○○部○○課
	②工事場所	○○県○○市○○町地内
	③工　　期	令和○年○月○日～令和○年○月○日
	④主な工種	築堤盛土工
	⑤施 工 量	築堤盛土工　3,500㎥　階段工　3箇所

(3) 工事現場における施工管理上のあなたの立場

立　　場	現場責任者

設問2

(1)特に留意した技術的課題	本工事は、台風18号での降雨によって崩れて欠損した2級河川○○川の堤体に対して、段切りを行い、さらに腹付け盛土を行う災害復旧工事であった。	工事の内容（概要）
	腹付け盛土の施工は、降雨の少ない2月に行う予定であったが、盛土用に仮置きしていた土を試験したところ、含水比が平均105%と高く、仮置き土の含水比の低下方法と現場密度の品質管理が課題となった。	具体的な現場状況及び技術的課題
(2)技術的課題を解決するために検討した項目と検討理由及び検討内容	堤体盛土に関し、以下の事項を検討した。	検討の理由
	品質管理基準を定めるため試験盛土を実施し、土質試験を行い、最適含水比と現場密度を定める計画を検討した。 (1) 盛土試験を行い、現場における最適含水比を検討した。 (2) 盛土試験を行い、最適含水比による最大乾燥密度を検討した。 (3) 仮置土の含水比低下方法を検討した。 　上記の事項を検討し、築堤盛土の品質低下を防止する計画を立案した。	検討した項目及び検討内容
(3)現場で実施した対応処置とその評価	現場において次の処置を行った。仮置き土を天気のよい日に築堤場所付近に運搬し敷きならして、天日乾燥し含水比を下げ、盛土材をシートで養生した。試験盛土の結果、30cmの厚さに撒き出し、21tブルドーザで8回転圧し、所定の密度の品質を確保した。	対応処置
	結果、締固め度95%以上で盛土の品質を確保した。	解決した結果
	評価点は、盛土材の含水比を管理し、盛土の品質低下を防止できたことである。	評価点

作例 No.60	農業土木工事	管理項目	出来形管理
		技術的な課題	盛土の出来形管理

設問1

(1) 工事名

工 事 名	○○県○○災害復旧工事

(2) 工事の内容

①発注者名	○○県○○部○○課
②工事場所	○○県○○市○○町地内
③工　期	令和○年○月○日～令和○年○月○日
④主な工種	築堤盛土工
⑤施 工 量	築堤盛土工　3,500㎥　階段工　3箇所

(3) 工事現場における施工管理上のあなたの立場

立　　場	現場責任者

設問2

(1) 特に留意した技術的課題

　本工事は、台風18号での降雨によって崩れて欠損した2級河川○○川の堤体に対して、段切り及び腹付け盛土を行う災害復旧工事であった。 ── 工事の内容(概要)

　腹付け盛土の前に、堤内地の基礎地盤をボーリング調査したところ、上部の厚さ3mがN値2～3の軟弱な粘土層であることが判明し、盛土後の圧密沈下が懸念されたため、堤体の腹付け盛土に対する基礎地盤処理の出来形管理が課題となった。 ── 具体的な現場状況及び技術的課題

(2) 技術的課題を解決するために検討した項目と検討理由及び検討内容

　堤体盛土高さや幅、及び締固め度を出来形管理基準内に仕上げるため、基礎地盤対策と盛土の施工法を検討した。 ── 検討の理由

(1) 軟弱地場を良質土で置き換える方法を発注者と協議し、材料調達等を検討した。
(2) 締固め試験を行い、出来形管理基準を確保する施工方法を検討した。
(3) 出来形管理測点は、20m間隔に設定し、高さと幅の管理を検討した。 ── 検討した項目及び検討内容

　上記の事項を検討し、築堤盛土の出来形管理方法を立案し実施した。

(3) 現場で実施した対応処置とその評価

　検討の結果、以下の対策を実施した。 ── 前書き

①盛土の沈下を防止するため、基礎地盤を公共工事の良質な流用土で置き換えた。
②締固めは、15tブルドーザと8tタイヤローラで行い、95%以上の締固め度で仕上げ、盛土の沈下もなく、出来形管理基準内に築堤を完了することができた。 ── 対応処置及び解決した結果

　現場の地質分布を踏まえて転圧法を決定し、目標の出来形を確保したことは評価できる。 ── 評価点

111

農業土木工事

管理項目 工程管理
技術的な課題 掘削と土留支保工の工期短縮

設問1

(1) 工事名

工　事　名	○○県○○用水水門工事

(2) 工事の内容

①発注者名	○○県○○部○○課
②工事場所	○○県○○市○○町地内
③工　　期	令和○年○月○日〜令和○年○月○日
④主な工種	仮設工
⑤施 工 量	土留工（鋼矢板Ⅱ型　L＝8m）　320枚

(3) 工事現場における施工管理上のあなたの立場

立　　場	現場責任者

設問2

(1) 特に留意した技術的課題

　本工事は、取水水門、吸水槽等の土木施設と揚水ポンプの老朽化に伴い、農業用揚水施設を撤去、改修する工事である。掘削に先立ち土留工として鋼矢板Ⅱ型を打ち込み2段の切りばりと腹起こしを設置するものである。 — 工事の内容（概要）

　工程表を検討したところ、土留矢板の打設や支保工の設置にかかる日数が障害となり、掘削完了に20日の作業日数が必要で、工期内完成には5日の工程短縮が課題となった。 — 具体的な現場状況及び技術的課題

(2) 技術的課題を解決するために検討した項目と検討理由及び検討内容

　掘削及び土留工の作業工程を短縮するために以下の検討を行った。 — 検討の理由

①鋼矢板打ち込み完了後の掘削について、支保工に偏土圧が作用しないようなブロック割りの検討を行った。
②ブロック割によって複数のブロックが並行作業できる方法の検討を行った。
③掘削中に土留支保工に作用する土圧や変形を監視・測定する計画を検討した。 — 検討した項目及び検討内容

　以上の検討を行い、作業工程を短縮する計画を立案した。

(3) 現場で実施した対応処置とその評価

　上記の結果、次の対策を行った。 — 前書き

　ブロックを左右と中央の3ブロックに分割し、中央ブロックの支保工を設置後に左右のブロックの掘削を同時に開始した。中央部の土圧と支保工のひずみを測定し安全を確認し、左右の支保工を設置した。平行作業を可能としたため、 — 対応処置

工程を6日間短縮できた。 — 解決した結果

　3ブロックに分けて安全に掘削する方法により工程短縮できたことが評価できる。 — 評価点

作例 No.62 農業土木工事

管理項目	環境管理
技術的な課題	杭打ち工事の騒音・振動対策

設問1

(1) 工事名

工　事　名	○○県○○用水水門工事

(2) 工事の内容

①発注者名	○○県○○部○○課
②工事場所	○○県○○市○○町地内
③工　　期	令和○年○月○日～令和○年○月○日
④主な工種	杭基礎工
⑤施　工　量	水門躯体築造工　1基 PHC杭φ400　L＝12m　16本

(3) 工事現場における施工管理上のあなたの立場

立　　場	現場責任者

設問2

(1) 特に留意した技術的課題

　本工事は、老朽化した水門を撤去し、新しい鋼製スライドゲート水門（幅4.2m、高さ2.8m）を築造する工事で、既設水門を撤去し、新たに水門コンクリート工事、基礎工事、ゲート設置工事を行うものであった。 ― 工事の内容（概要）

　基礎工事として、PHC杭φ400mm、L＝12mを16本、ディーゼルハンマーで打設する計画であったが、近隣の住民の要望もあり、騒音や振動への生活環境保全対策が課題となった。 ― 具体的な現場状況及び技術的課題

(2) 技術的課題を解決するために検討した項目と検討理由及び検討内容

　PHC杭（φ400、L＝12m）の打設に関して近隣の生活環境を保全するために以下の検討を行った。 ― 検討の理由

①当該区域の市役所で環境基準を調べたところ、敷地境界で騒音規制値は85デシベル、振動の規制値は75デシベルであった。
②半径300m内の公共施設と住宅戸数を調査したところ、学校や病院はなかったが、公民館と8軒の住宅があり、その対策を検討した。
③騒音、振動の少ない杭打ち機を調査して採用機種を検討した。 ― 検討した項目及び検討内容

(3) 現場で実施した対応処置とその評価

　上記の結果、次の対策を行った。 ― 前書き

　騒音や振動を規制レベル以下にするため、杭打ち機械の機種を低騒音・低振動の油圧ハンマーを採用し、作業時間を午前8時30分から午後5時までとした。 ― 対応処置

施工中に騒音、振動レベルを測定した結果、いずれも規制値以下の結果であり、苦情もなく杭打ち作業ができた。 ― 解決した結果

　低騒音・低振動型の機械を使用し施工時間を限定して生活環境を保全できた点は評価できる。 ― 評価点

113

農業土木工事

管理項目	環境管理
技術的な課題	生物に対する環境保全対策

設問1

(1) 工事名	工 事 名	○○県○○ため池整備工事
(2) 工事の内容	①発注者名	○○県農林部○○課
	②工事場所	○○県○○市○○町地内
	③工　期	令和○年○月○日～令和○年○月○日
	④主な工種	浚渫工（空気圧送船）
	⑤施 工 量	浚渫工　8,000㎥

(3) 工事現場における施工管理上のあなたの立場

立　　場	主任管理者

設問2

(1) 特に留意した技術的課題

本工事は、○○湖の浚渫工事であり、湖底に堆積したヘドロをストックヤードに圧送し、天日乾燥させるものであった。 — 工事の内容（概要）

工事発注時は経済性を重視する計画であったが、発注者とは別の環境管理事務所から、○○湖に生息する生物に対して配慮した計画に変更するように要望があった。そこで、浚渫した湖底のヘドロを移送する際の生物への影響について環境保全対策が課題となった。 — 具体的な現場状況／技術的課題

(2) 技術的課題を解決するために検討した項目と検討理由及び検討内容

湖に生息する生物の環境を保全するため、以下の検討を実施した。 — 検討の理由

(1) 湖に生息している魚類や他の生物の種類を調査する。
(2) 水替えによって生物が絶滅しないように魚類などの生物を一時的に移設するための仮設池を設置する。
(3) 浚渫工事による濁水が下流河川に流出することを防止する水質汚濁防止対策。 — 検討した項目及び検討内容

上記の検討を行って、湖に生息する生物に対し環境保全対策を立案した。

(3) 現場で実施した対応処置とその評価

現場では以下のことを行った。 — 前書き

鯉やフナ及びエビ類を捕獲し、湖の上流に設置した仮設池に工事期間中移設した。湖の排水を濁りの少ない水と濁りのある排水に分け、湖の下流部に設置した沈殿ろ過池でろ過し排水した結果、湖に生息する生物や下流河川へ悪影響を与えずに竣工ができた。 — 対応処置及び解決した結果

生物の移設や排水の沈殿ろ過により、周辺の自然環境を保全できたことは評価できる。 — 評価点

トンネル工事

管理項目 品質管理
技術的な課題 寒中コンクリートの養生対策

設問1

(1) 工事名

工　事　名	○○県○○自動車道トンネル舗装工事

(2) 工事の内容

①発注者名	○○県○○部○○課
②工事場所	○○県○○市○○町地内
③工　　期	令和○年○月○日～令和○年○月○日
④主な工種	コンクリート舗装工
⑤施 工 量	コンクリート舗装工　8,000㎡ 側溝工　1,200m

(3) 工事現場における施工管理上のあなたの立場

立　　場	現場責任者

設問2

(1) 特に留意した技術的課題

　本工事は、県道○○号線において標高2,200mの山間部に位置するトンネル内で実施する舗装工事である。 ── 工事の内容（概要）

　工期が12月から翌年2月の冬季に設定されていて、山間部の坑口部は強風が吹く地形でもあったため、施工時の温度低下が懸念され、コンクリート打設時の寒中コンクリートとしての品質低下を防止するコンクリートの温度管理や養生方法が課題となった。 ── 具体的な現場状況及び技術的課題

(2) 技術的課題を解決するために検討した項目と検討理由及び検討内容

　寒中コンクリートの重要な品質管理であるコンクリート舗装の敷設方法や養生方法の温度管理について以下の検討を行った。 ── 検討の理由

(1) 気象情報の把握をどのようにするか検討した(坑口とトンネル内の気温を測定し記録する)。
(2) コンクリート打設時点の温度低下に対して保温方法や養生方法を検討した。
(3) 坑口の風の吹き込みを防止し、工事車両の通行が容易に行える仮設設備を検討した。 ── 検討した項目及び検討内容

　上記の事項を検討し、コンクリートの品質低下を防止する計画を立案した。

(3) 現場で実施した対応処置とその評価

　トンネルの坑口と内部の気温を測定した結果、夜間の気温は坑口で平均−11℃であったため、ジェットヒーターを使用し気温を5℃以上に保った。坑口に防風壁を設置した。コンクリート表面は乾燥を防止するために、被膜養生剤を散布しマットで覆った。以上の対策で舗装コンクリートの品質を確保した。 ── 対応処置 ── 解決した結果

　評価点は、養生温度を確保し、乾燥を防止して品質確保できたことである。 ── 評価点

トンネル工事

管理項目	品質管理
技術的な課題	高地下水位下でのグラウト管理

設問1

(1) 工事名

工　事　名	○○県○○道路トンネル補強工事

(2) 工事の内容

①発注者名	○○県○○部○○課
②工事場所	○○県○○市○○町地内
③工　　期	令和○年○月○日～令和○年○月○日
④主な工種	隧道補強工
⑤施 工 量	鋼板馬蹄型隧道補強工　1,500㎡

(3) 工事現場における施工管理上のあなたの立場

立　　場	現場責任者

設問2

(1) 特に留意した技術的課題

　本工事は、県道○○号線において老朽化したトンネルを補強する工事であり、既設トンネル内で生じている空洞、ひび割れ、漏水等に対して、鋼板馬蹄型枠を組み立てて内部に裏込めグラウト材を注入し、補強するものであった。 ── 工事の内容（概要）

　トンネルの最大土被りは22mと深く、地下水位も15mと高かった。このため、空洞部を充填 ── 具体的な現場状況

するグラウト材の材料分離の対策や圧力管理が課題となった。 ── 技術的課題

(2) 技術的課題を解決するために検討した項目と検討理由及び検討内容

　グラウト材の品質を確保するにあたって、以下の検討を行った。 ── 検討の理由

(1) 土被りが22m、地下水位も15mと高かったため、グラウト材の強度を設計値より10kg/㎠高く設定して70kg/㎠とする計画を検討した。
(2) 圧力をかけすぎて鋼材型枠が浮き上がらないようにするため、注入ホースに圧力計を設置する計画を検討した。 ── 検討した項目及び検討内容
(3) 材料分離を防止するため、凝結を早める配合を検討した。
　上記、品質確保の計画を立案した。

(3) 現場で実施した対応処置とその評価

　現場では以下の事項を実施した。 ── 前書き

　材料分離を防止するために、凝結促進剤を使用しゲルタイムを18秒に設定した。圧力が異常に高くなり、鋼板馬蹄型枠が変形しないように ── 対応処置
圧力計で0.8kg/㎠以下になるよう管理した。以上の対策で材料分離を防止し、裏込めグラウトの品質を確保した。 ── 解決した結果

　水場の薬液注入の配合を工夫して材料分離が防止できたことが評価できる点である。 ── 評価点

作例 No.66 トンネル工事

管理項目	品質管理
技術的な課題	厳寒期のコンクリート品質管理

設問1

(1) 工事名
(2) 工事の内容

工 事 名	一般国道○○○号○号トンネル建設工事
①発注者名	○○県○○部○○課
②工事場所	○○県○○市○○町地内
③工 期	令和○年○月○日～令和○年○月○日
④主な工種	トンネル掘削工（NATM工法）
⑤施 工 量	トンネル延長　L＝839.0m　幅員　W＝7.5m 内空断面　50.9㎡

(3) 工事現場における施工管理上のあなたの立場

立 場	工事主任

設問2

(1) 特に留意した技術的課題

　本工事は、山岳部で延長839mの一般国道○○号○号トンネルをNATM工法で掘進する工事であった。 ── 工事の内容（概要）

　掘削したずりを処理し、覆工コンクリートの施工を開始できる時期は、厳寒期の1月から2月に予定された。本山岳部の現場は、冬季に気温が－10～－15℃になることから、覆工コンクリート打設時の温度低下による品質管理が課題となった。 ── 具体的な現場状況及び技術的課題

(2) 技術的課題を解決するために検討した項目と検討理由及び検討内容

　厳寒期のコンクリートの品質を確保するため以下の検討を行った。 ── 検討の理由

①コンクリートの練りあがり温度。
②早期強度を促進させるためのコンクリートの配合設計。
③ダブル鉄筋区間はコンクリートが分離しやすくなるため充填確保の対策。
④コンクリートの強度とコンクリートの仕上がりの向上。
⑤養生方法と養生時間。
　以上、品質確保の検討を行った。 ── 検討した項目及び検討内容

(3) 現場で実施した対応処置とその評価

　品質管理の対策を以下に示す。 ── 前書き

①練りあがり温度は20℃以上としセメント量を360kg/㎡に増やし早期強度を促進。
②ダブル鉄筋区間は骨材を20mmに変更し流動化剤を使用した。
③シート養生をしてジェットファン4台と天端に投光器14台を配置し凍結を防止した。 ── 対応処置及び解決した結果

　配合や材料温度、養生温度確保を工夫し、品質を確保できたことは評価できる点である。 ── 評価点

トンネル工事

管理項目	工程管理
技術的な課題	補助工法の検討で工程短縮

設問1

(1) 工事名	工 事 名	一般国道○○○号○号トンネル建設工事

(2) 工事の内容

①発注者名	○○県○○部○○課
②工事場所	○○県○○市地内
③工　　期	令和○年○月○日～令和○年○月○日
④主な工種	トンネル掘削工（NATM工法）
⑤施 工 量	トンネル延長　L＝839.0m　幅員　W＝7.5m 内空断面　50.9㎡

(3) 工事現場における施工管理上のあなたの立場

立　　場	工事主任

設問2

(1) 特に留意した技術的課題

　本工事は、山岳部で延長839mの一般国道○○○号○号トンネルをNATM工法で掘進する工事であった。 — 工事の内容（概要）

　本工事前に施工を始めた橋梁工事が約2ヵ月遅れたため、工期内に完成させるには創意工夫を必要とした。出口側の約100m間は土被りが7m以下であるため、適切な補助工法を採用して確実に施工することが工程を確保するための課題であった。 — 具体的な現場状況及び技術的課題

(2) 技術的課題を解決するために検討した項目と検討理由及び検討内容

　出口側の約100m間は土被りが7m以下と浅いため、適切な補助工法を採用して確実で効率的な施工を実施することが、工程を短縮するためのキーポイントであった。 — 検討の理由

　工程短縮のため施工区間においてボーリング調査を追加することで地質を正確に把握し、施工方法の再検討を行った。その結果、地質が硬く良質と判断した箇所では、支保パターンを変え、一日当たりの進行を延ばす検討を行い、さらにインバートの必要性を検討して工程の短縮を行った。 — 検討した項目及び検討内容

(3) 現場で実施した対応処置とその評価

①補助工法の長尺先受け工を81mに変更したことによって約1カ月工期を短縮した。
②地質により支保パターンを変更し、インバートを減らして急速施工を実施した結果、約1カ月工期短縮した。 — 対応処置

　以上により、約2カ月の遅れを取り戻し契約工期の10日前に竣工することができた。 — 解決した結果

　評価点は、地質調査を強化し現状に合った工法を採用し、工期短縮できたことである。 — 評価点

トンネル工事

管理項目	安全管理
技術的な課題	土被りが少ないトンネル工事

設問1

(1) 工事名
(2) 工事の内容

工　事　名	○○県道○○号線○○トンネル工事
①発注者名	○○県○○部○○課
②工事場所	○○県○○市○○町地内
③工　　期	令和○年○月○日～令和○年○月○日
④主な工種	トンネル掘削工
⑤施 工 量	トンネル延長　480m

(3) 工事現場における施工管理上のあなたの立場

立　　場	現場責任者

設問2

　本工事は、県道○○号線における掘削断面132㎡の○○トンネルで、延長480mを掘削する工事であった。 — 工事の内容（概要）

(1)特に留意した技術的課題

　このトンネルは、市街地を掘削する工事であり、上部は車道や歩道、商店街が近接していた。地質は洪積シルト層で、トンネルの土被りは平均10mと薄いため上部の地盤沈下や地表面の変形による事項が懸念され、掘削時の周辺環境への安全管理が課題となった。 — 具体的な現場状況及び技術的課題

(2)技術的課題を解決するために検討した項目と検討理由及び検討内容

　トンネルを安全に掘削するために次のような事項の検討を行った。 — 検討の理由

(1) トンネルの掘削を開始するにあたり、事前に上部地表面に沈下計と傾斜計を設置し、自動計測を行い、変状を把握する。
(2) 掘削中は上面の車道付近に見張り員を配置し、周辺の異常を監視する。
(3) ずり出しのダンプトラックの運搬ルートを検討し、トンネルの上部を避ける。
　上記の検討により、トンネル掘削の地表面への変状事故を防止する計画を立案した。 — 検討した項目及び検討内容

(3)現場で実施した対応処置とその評価

　地表面の計測は10測点で行い、日々管理した。土被りが8mと少ない測点で沈下が32㎜発生したため、薬液注入による補強対策を実施した。 — 前書き

　見張り員を配置し常時路面等を監視した。異常なクラックなど発生することなく、土被りが少ない箇所において、安全にトンネル掘削工事を竣工することができた。 — 対応処置及び解決した結果

　評価点としては、土被りの少ない地盤への監視や点検などを工夫したことである。 — 評価点

トンネル工事

管理項目	安全管理
技術的な課題	肌落ち災害の防止対策

設問1

(1) 工事名

(2) 工事の内容

工　事　名	一般国道○○○号○号トンネル建設工事
①発注者名	○○県○○部○○課
②工事場所	○○県○○市地内
③工　　期	令和○年○月○日～令和○年○月○日
④主な工種	トンネル掘削工（NATM工法）
⑤施　工　量	トンネル延長　L＝839.0m　幅員　W＝7.5m 内空断面　50.9㎡

(3) 工事現場における施工管理上のあなたの立場

立　　場	工事主任

設問2

(1) 特に留意した技術的課題

　　本工事は、山岳部で延長839mの一般国道○○○号○号トンネルをNATM工法で掘進する工事であった。 ── 工事の内容（概要）

　　トンネルの災害で一番多いのは切羽の肌落ち災害であり、本現場においても発破後の浮石を落とすコソクに重点が置かれていたが、その対策だけでは安全確保が不十分と考えられ、肌落ち災害を防止するためのハード面とソフト面の対策が課題であった。 ── 具体的な現場状況及び技術的課題

(2) 技術的課題を解決するために検討した項目と検討理由及び検討内容

　　トンネルの災害で一番多いのは切羽における肌落ち災害で、次に多いのが重機車両災害である。 ── 前書き

後者はずり出し中の立入り禁止や安全通路の徹底により減少したが、切羽の肌落ち事故は発生率が高いため、作業所の重点事項として対策の検討を行った。 ── 検討の理由

①コソクの作業方法と手順
②鏡吹付けコンクリートの施工手順
③切羽の点検方法
　ハード面とソフト面での抜本的な対策を職員と下請で検討した。 ── 検討した項目及び検討内容

(3) 現場で実施した対応処置とその評価

　　現場で実施した対策・処置を以下に示す。 ── 前書き

①発破後のコソクを重機で徹底して行った。
②地質のよし悪しにかかわらず、鏡吹付けコンクリートをすべての切羽に施工した。
③削孔後の切羽の変状の有無を点検し、職員、下請、作業員で共有し周知徹底した。 ── 対応処置

　　以上を実施し、無事故で完成できた。 ── 解決した結果

　　評価点としては、ハードとソフトの両面から安全対策を講じたことである。 ── 評価点

トンネル工事

管理項目 施工計画
技術的な課題 浅い土被り箇所の施工計画

設問1

(1) 工事名

工 事 名	県道○○○号○号トンネル建設工事

(2) 工事の内容

①発注者名	○○県○○部○○課
②工事場所	○○県○○市地内
③工　　期	令和○年○月○日〜令和○年○月○日
④主な工種	トンネル掘削工（NATM工法）
⑤施 工 量	トンネル延長　L＝839.0m　幅員　W＝7.5m 内空断面　50.9㎡

(3) 工事現場における施工管理上のあなたの立場

立　　場	工事主任

設問2

本工事は、山岳部で延長839mの一般国道○○号○号トンネルをNATM工法で掘進する工事であった。 ── 工事の内容（概要）

(1) 特に留意した技術的課題

本現場の坑口から約100m間は土被りが7m以下と浅く、補助工法として注入式フォアパイリングと長尺先受け工が計画されていた。坑口付近は地すべり地形で、15m先は橋梁下部工工事と競合するため、適切な補助工法の選定とが課題となった。 ── 具体的な現場状況及び技術的課題

(2) 技術的課題を解決するために検討した項目と検討理由及び検討内容

坑口から約100m間は土被りが7m以下であり、補助工法は当初、注入式フォアパイリングが68m、長尺先受け工が36mに計画されていた。実績調査から長尺の先受け工は土被りが浅く周辺に構造物がある場合に有効であり、安全性や確実性から最適な工法と判断した。そこで土被りを調査して長尺の先受け工と注入式フォアパイリング（土被り3〜5m）の施工範囲を再検討した。また、坑口は崩れやすい地すべり地形であったことから、法面を保護するための補助工法を検討し、施工計画を立案した。 ── 検討した項目及び検討内容

(3) 現場で実施した対応処置とその評価

土被りが浅く周辺に構造物がある坑口付近は、安全面から注入式フォアパイリングを23mに減らし、長尺先受け工を81mに増やした。また、坑口は事前に掘削し法面に吹付けコンクリートを施工したので、貫通後の崩落もなく地表沈下も30㎜以下に収まり、周辺構造物に影響を与えることなく掘削を無事完了した。 ── 対応処置及び解決した結果

適切な補助工法を安全性、確実性及び経済性などを踏まえて選定したことは評価できる。 ── 評価点

1級土木施工管理技士の必要性と魅力

　毎日、私たちは土木技術によって作られたインフラストラクチャーの恩恵を受け便利で安全に暮らしています。

　人間が生きていくためには食料（農業・漁業）や飲料水（上水道）の確保が欠かせません。衛生的に暮らすためには汚れた水をきれいにして川に戻す下水道施設の恩恵を受けています。

　電気やガスといったエネルギーは、暮らしを快適にしてくれます。電車やバス、飛行機や船などの乗り物は燃料を燃やしてできるエネルギーによって人や物を遠くに運びます。これらの乗り物は、道路や線路を走り、飛行場や港をターミナルとして利用します。燃料貯蔵や交通施設は、どれも土木の技術で造られています。

　また、私たちの国は地震や台風、火山噴火など自然災害が多い国です。災害から生命と財産を守るための防災施設は土木技術で整備されています。

　しかしながら、このようにして築造されてきた多くのインフラストラクチャーは、経年劣化が進行し更新の時期を迎えています。

　そこで重要な役割を担い活躍するのが1級土木施工管理技士です。高度経済成長期に活躍した技術者は高齢化によって引退してしまいます。活力に満ちた若者の土木技術者が足りないのです。このままでは災害に強い安全で快適な国土が維持できなくなります。

　そうした事情から、1級土木施工管理技士のニーズはますます高まっています。規模の大きな工事では監理技術者として1級土木施工管理技士が常駐し、プロジェクトの施工計画を作成し、工事現場で工事の品質管理や工程管理、安全管理及び原価管理などの重要な役割を担います。どの分野でも、プロフェッショナルとなって活躍することは人生の大きな喜びにつながります。工事現場においてもそれは例外ではありません。

　国家資格である1級土木施工管理技術検定試験は難易度が年々上がっており、第2次検定は合格率が20%程度となることもあります。過去問題をきちんと理解し、多くの経験記述例文を読むことで、この難関を突破することは十分に可能です。

　1級土木施工管理技士となって工事現場を統括・指揮している自分の姿を想像しながら、つらい勉強を楽しみに変えましょう。

第2部

学 科 記 述

1 土 工

学習のポイント

- ●土量計算は繰り返し数値を変えて行ってみる。
- ●土の状態と土量変化率を整理し、運搬土量の計算を行ってみる。
- ●土工作業の内容と建設機械の作業能力計算を行ってみる。
- ●軟弱地盤対策工法の種類と対策及び効果をしっかりと整理する。
- ●法面保護工の工種と目的及び法面排水工の種類、特徴を学習しておく。
- ●盛土の施工における種類、材料、締固めに関する留意点を整理する。
- ●土留め壁の種類、特徴とともに、ヒービング、パイピングの内容を理解する。
- ●構造物との取り付け部や埋め戻しにおける留意点を整理しておく。
- ●重力排水と強制排水の種類、特徴を整理しておく。

1 土量計算

出題頻度 △

【平均断面法による土量計算表】

　平均断面法では、距離及び土工横断図による断面積が与えられ、下記の計算方法により土量を求める。

 計算式

$$平均断面積 = \frac{断面積（前測点）+ 断面積（現測点）}{2}$$

$$土量 = 距離 \times \overline{平均断面積}$$

上記計算を繰り返すことにより、全土量を求める。

土量計算例

測点	距離(m)	切土			盛土		
		断面積(m²)	平均断面積(m²)	土量(m²)	断面積(m²)	平均断面積(m²)	土量(m²)
0	0	0			0		
1	20	10	5	100	20	10	200
2	20	36	23	460	22	21	420
3	20	40	38	760	34	28	560
4	20	24	32	640	50	42	840
5	20	18	21	420	42	46	920
6	20	0	9	180	0	21	420
合計				2560			3360

 Check!

- ●多くの計算例について何度も計算を行ってみましょう。
- ●計算のチェックは必ず行いましょう。

【土の状態と土量変化率】

●土の状態

　土の状態は3通りで表される。地山が掘削によりほぐされた状態となり、再びこれを締固めた場合には、それぞれの土量には変化が生じる。

地山の土量(地山でのそのままの状態)	掘削土量
ほぐした土量(掘削によりほぐされた状態)	運搬土量
締固めた土量(盛土により締固められた状態)	盛土土量

●土量換算係数

　土量の変化率は、地山土量を基準にして**ほぐし率L**、**締固め率C**で表すことができる。

 計算式　$\text{ほぐし率 L} = \dfrac{\text{ほぐした土量(m}^3\text{)}}{\text{地山の土量(m}^3\text{)}}$

 計算式　$\text{締固め率 C} = \dfrac{\text{締固めた土量(m}^3\text{)}}{\text{地山の土量(m}^3\text{)}}$

地山の土量
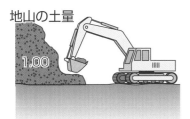
1.00

ほぐした土量

ほぐし率L

締固めた土量

締固め率C

 **Check!**　土量変化率は常に地山を1とした場合の関係を理解しておきましょう。

土量換算係数表

	地山の土量	ほぐした土量	締固めた土量
地山の土量	1	L	C
ほぐした土量	1／L	1	C／L
締固めた土量	1／C	L／C	1

＊ LはLoose、CはCompactの略。

【土工量の計算】

土量計算表の結果により、土量変化率L及びCを用いて下記の計算を行う。

※土量変化率　L＝1.20　C＝0.80

（イ）盛土量を地山の土量に換算する。

地山換算土量＝盛土量÷C＝3,360÷0.80＝4,200 ㎥

不足土量＝地山換算土量－切土（地山土量）＝4,200－2,560＝1,640 ㎥

（ロ）不足土の運搬土量（ほぐし土量）＝不足土量×L＝1,640×1.20＝1,968 ㎥

【建設機械の作業能力計算】

●ショベル系掘削機の作業能力

ショベル系掘削機の作業能力は次の計算で求めることができる。

 計算式

$$Q = \frac{3,600 \times q_0 \times K \times f \times E}{Cm}$$

Q　：1時間当たり作業量(㎥/h)
Cm：サイクルタイム(sec)
q_0　：バケット容量(㎥)
K　：バケット係数
f　：土量換算係数（＝1/L）
E　：作業効率（現場条件により決まる）

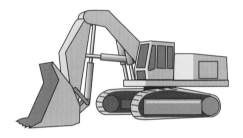

●ダンプトラックの作業能力

ダンプトラックの作業能力は次の計算で求めることができる。

 計算式

$$Q = \frac{60 \times C \times f \times E}{Cm}$$

Q　：1時間当たり作業量(㎥/h)
Cm：サイクルタイム(min)
C　：積載土量(㎥)
f　：土量換算係数（＝1/L）
E　：作業効率（現場条件により決まる）

 **Check!** 建設機械の種類による公式をしっかりと把握し、単位を間違わずに計算しましょう。

2 軟弱地盤対策

出題頻度 ○

【軟弱地盤対策工法】

軟弱地盤対策工法とその特徴・効果を下表にまとめた。

軟弱地盤対策工法と特徴等（道路土工—軟弱地盤対策工指針）

区　分	対策工法	工法の概要と特徴	工法の効果
表層処理工法	敷設材工法 表層混合処理工法 表層排水工法 サンドマット工法	◎基礎地盤の表面を石灰やセメントで処理する。 ◎表層に排水溝を設けて改良する。 ◎軟弱地盤処理工や盛土工の機械施工を容易にする。	せん断変形抑制 強度低下抑制 すべり抵抗付与
置換工法	掘削置換工法 強制置換工法	◎軟弱層の一部または全部を除去し、良質材で置き換える。 ◎置換えによりせん断抵抗が付与され、安全率が増加する。 ◎沈下も置き換えた分だけ小さくなる。	すべり抵抗付与 全沈下量減少 せん断変形抑制 液状化防止
押さえ盛土工法	押さえ盛土工法 緩斜面工法	◎盛土の側方に押さえ盛土をしたり、法面勾配を緩くする。 ◎すべりに抵抗するモーメントを増加させて、盛土のすべり破壊を防止する。	すべり抵抗付与 側方流動抵抗付与 せん断変形抑制
盛土補強工法	盛土補強工法	◎盛土中に鋼製ネット、ジオテキスタイル等を設置する。 ◎地盤の側方流動及びすべり破壊を抑止する。	すべり抵抗付与 せん断変形抑制
載荷重工法	盛土荷重載荷工法 大気圧載荷工法 地下水低下工法	◎盛土や構造物の計画されている地盤にあらかじめ荷重をかけて沈下を促進する。 ◎あらためて計画された構造物を造り、構造物の沈下を軽減させる。	圧密沈下促進 強度増加促進
バーチカルドレーン工法	サンドドレーン工法 カードボードドレーン工法	◎地盤中に適当な間隔で鉛直方向に砂柱などを設置する。 ◎水平方向の圧密排水距離を短縮し、圧密沈下を促進し、併せて強度増加を図る。	圧密沈下促進 せん断変形抑制 強度増加促進
サンドコンパクション工法	サンドコンパクションパイル工法	◎地盤に締固めた砂杭を造り、軟弱層を締固める。 ◎砂杭の支持力によって安定性を増し、沈下量を減ずる。	全沈下量減少 すべり抵抗付与 液状化防止 圧密沈下促進 せん断変形抑制
振動締固め工法	バイブロフローテーション工法 ロッドコンパクション工法	◎バイブロフローテーション工法は、棒状の振動機を入れ、振動と注水の効果で地盤を締固める。 ◎ロッドコンパクション工法は、棒状の振動体に上下振動を与え、締固めを行いながら引き抜く。	液状化防止 全沈下量減少 強度増加促進
固結工法	石灰パイル工法 深層混合処理工法 薬液注入工法	◎吸水による脱水や化学的結合によって地盤を固結させる。 ◎地盤の強度を上げることによって、安定を増すと同時に沈下を減少させる。	全沈下量減少 すべり抵抗付与

●工法区分ごとの工法種類、概要・特徴及び効果の組み合わせを整理しましょう。
●工法効果のうち 　　　　　 が主効果を表すものであり、重要項目です。

【切土法面の施工】

切土法面の安定については、法面勾配が最も基本的な要素であり、下表に標準的な切土法面勾配を示す。

切土に対する標準法面勾配（道路土工施工指針）

地 山 の 土 質		切土高	勾 配	摘　　　要
硬　岩			1:0.3〜1:0.8	切土高と勾配
軟　岩			1:0.5〜1:1.2	
砂	密実でない粒度分布の悪いもの		1:1.5〜	
砂質土	密実なもの	5m以下	1:0.8〜1:1.0	ha……a 法面に対する切土高 hb……b 法面に対する切土高
		5〜10m	1:1.0〜1:1.2	
	密実でないもの	5m以下	1:1.0〜1:1.2	地山の土質及び法面の形状の例
		5〜10m	1:1.2〜1:1.5	
	密実でないもの、または粒度分布の悪いもの	10m以下	1:1.0〜1:1.2	砂質土 / 軟岩 / 硬岩
		10〜15m	1:1.2〜1:1.5	
粘 性 土		10m以下	1:0.8〜1:1.2	

【盛土法面の施工】

盛土法面勾配は盛土材料の種類、盛土高に応じて、一般には経験的に下表のような標準値を用いる。

盛土材料に対する標準法面勾配（道路土工施工指針）

地 山 の 土 質	盛土高	勾 配	摘　　要
粒度の良い砂（SW）、礫及び細粒分混じり礫（GM）（GC）（GW）（GP）	5m以下	1:1.5〜1:1.8	基礎地盤の支持力が十分にあり、浸水の影響のない盛土に適用する。 （ ）の統一分類は代表的なものを参考に示す。
	5〜15m	1:1.8〜1:2.0	
粒度の悪い砂（SP）	10m以下	1:1.8〜1:2.0	
岩塊（ずりを含む）	10m以下	1:1.5〜1:1.8	
	10〜20m	1:1.8〜1:2.0	
砂質土（SM）（SC）、硬い粘質土、硬い粘土（洪積層の硬い粘質土、粘土、関東ロームなど）	5m以下	1:1.5〜1:1.8	
	5〜10m	1:1.8〜1:2.0	
火山灰質粘性土（VH₂）	5m以下	1:1.8〜1:2.0	

※盛土高とは、法肩と法尻の高低差をいう。

【法面保護工】

法面保護工は法面の浸食や風化を防止するために排水工や土留め構造物で法面の安定を図るために行うもので、標準的な工種を下表に示す。

法面保護工の工種と目的(道路土工施工指針)

分類		工　種	目　的・特　徴
植生工		種子散布工、客土吹付工、張芝工、植生マット工	浸食防止、全面植生(緑化)
		植生筋工、筋芝工	盛土法面浸食防止、部分植生
		土のう工、植生穴工	不良土法面浸食防止
		樹木植栽工	環境保全、景観
保護工	構造物による	モルタル・コンクリート吹付工、ブロック張工、プレキャスト枠工	風化、浸食防止
		コンクリート張工、吹付枠工、現場打コンクリート枠工、アンカー工	法面表層部崩落防止
		編柵工、蛇籠工	法面表層部浸食、流失抑制
		落石防止網工	落石防止
		石積擁壁、ブロック積擁壁、ふとん籠工、井桁組擁壁、補強土工	土圧に対抗(抑止工)

 **Check!** 植生工と構造物による保護工の分類ごとの工種、目的、特徴の組み合わせを整理しましょう。

【法面排水工】

法面排水は排水の目的と機能により工種が決まってくる。

①法肩排水溝：**自然斜面**からの流水が**法面**に流れ込まないようにする。

②小段排水溝：上部法面からの流水が下部法面に流れ込まないようにし、**縦排水溝**へ導く。

③縦排水溝：法肩排水溝、小段排水溝の流水を集水し流下させ、**法尻排水溝**へ導く。

④水平排水孔：湧水による**法面崩壊**を防ぐために、**地下水の水抜き**を行う。

⑤法尻排水溝：法面からの流水及び縦排水溝からの流水を集水し流下させる。

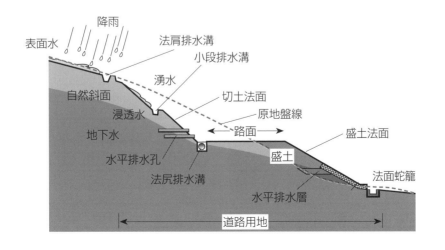

129

盛土の施工においては、盛土の種類、締固め及び敷均し厚さ、盛土材料及び締固め機械が重要な要素となる。

【盛土の種類別の締固め及び敷均し厚さ】

盛土の種類により**締固め厚さ**及び**敷均し厚さ**は「道路土工施工指針」により、下表に定められている。

締固め厚さ及び敷均し厚さ（道路土工施工指針）

盛土の種類	締固め厚さ（1層）	敷均し厚さ
路体・堤体	30cm以下	35〜45cm以下
路床	20cm以下	25〜30cm以下

【盛土材料の選定条件】

盛土材料としては、下記の材料を使用することが望ましい。

①施工が容易で**締固めた後**の強さが大きい。

②**圧縮性**が少ない。

③**雨水など**の浸食に対して強い。

④**吸水**による膨潤性が低い。

【締固め機械の種類と特徴による適用土質】

締固め機械の特徴と適用土質を下表に整理する。

締固め機械の特徴と適用土質

締固め機械	特徴	適用土質
ロードローラ	静的圧力により締固める。	粒調砕石、切込砂利、礫混じり砂
タイヤローラ	空気圧の調整により各種土質に対応する。	砂質土、礫混じり砂、山砂利、細粒土、普通土一般
振動ローラ	起振機の振動により締固める。	岩砕、切込砂利、砂質土
タンピングローラ	突起(フート)の圧力により締固める。	風化岩、土丹、礫混じり粘性土
振動コンパクタ	平板上に取り付けた起振機により締固める。	鋭敏な粘性土を除くほとんどの土

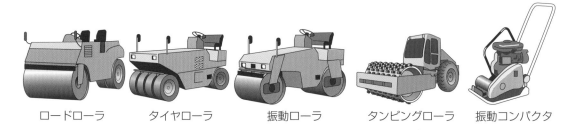

ロードローラ　　タイヤローラ　　振動ローラ　　タンピングローラ　　振動コンパクタ

⑤ 土留め壁

出題頻度 △

【土留め工法の形式と特徴】

　土質に見合った勾配を確保できる場合を除いて、掘削深さが**1.5m**を超える場合には、土留め工法が必要となる。代表的な土留め工法を下表に示す。

土留め工法

形式	特徴	図
自立式	掘削側の地盤の抵抗により土留壁を支持する。	土留め壁
切りばり式	切りばり、腹起こし等の支保工と掘削側の地盤の抵抗によって土留め壁を支持する。	切りばり　腹起こし　土留め壁
アンカー式	土留め壁アンカーと掘削側の地盤抵抗によって土留め壁を支持する。	腹起こし　土留め壁アンカー　定着層　土留め壁
控え杭タイロッド式	控え杭と土留め壁をタイロッドでつなぎ、これと地盤の抵抗により土留め壁を支持する。	腹起こし　控え杭　タイロッド　土留め壁

【根入れ長】

　土留め壁の根入れ長は、次の４点から定まるもののうち最も長い根入れ長とする。

①**土圧と水圧による安定計算**による根入れ長
②**許容鉛直支持力計算**による根入れ長
③**ボイリング・ヒービングの計算**による根入れ長
④**土留め壁タイプ**による最小根入れ長

●4種類の土留め壁の特徴及び根入れ長の決定方法を理解しておきましょう。

【ボイリング・ヒービング】

　土留め工施工の土工事において、掘削の進行に伴い地盤状況により掘削底面の安定が損なわれる次のページのような破壊現象が発生する。

主な破壊現象

破壊現象	地盤の状態と現象	
ボイリング	地下水位の高い砂質土地盤の掘削の場合、掘削面と背面側の水位差により、掘削面側の砂が噴き上がる状態となり、土留めの崩壊のおそれがある現象。	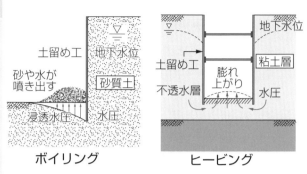
ヒービング	掘削底面付近が軟弱な粘性土の場合、土留め背面土砂や上載荷重等により、掘削底面の隆起、土留め壁のはらみ、周辺地盤の沈下により、土留めの崩壊のおそれがある現象。	ボイリング　　ヒービング

 ●ボイリングとヒービングにおける、地盤状況と現象の区分について整理しましょう。

6 構造物関連土工

出題頻度

【構造物取付け部の盛土】

橋台、カルバートなどの構造物と盛土との接続部分には不同沈下による段差が発生しやすい。原因と対策を下表に示す。

盛土と構造物の接続部の沈下の原因と防止対策

沈 下 の 原 因	防 止 対 策
①基礎地盤の沈下及び盛土自体の圧密沈下 ②構造物背面の盛土による構造物の変位 ③盛土材料の品質が悪くなりやすい ④裏込め部分の排水が不良になりやすい ⑤締固めが不十分になりやすい	◎裏込め材料として締固めが容易で、非圧縮性、透水性のよい安定した材料を選定する。 ◎締固め不足とならぬよう、大型締固め機械を用いた入念な施工を行う。 ◎施工中の排水勾配の確保、地下排水溝の設置等の十分な排水対策を行う。 ◎必要に応じ、構造物と盛土との接続部において踏掛版を設置する。

【盛土における構造物の裏込め、切土における構造物の埋戻し】

盛土での構造物の裏込め及び切土での構造物の埋戻しでは、材料、構造機械、施工において下表の内容に留意する。

盛土における構造物の裏込め、切土における構造物の埋戻しの留意点

区分	内　　　　　容
材料	◎構造物との間に段差が生じないよう、圧縮性の小さい材料を用いる。 ◎雨水などの浸透による土圧増加を防ぐために透水性のよい材料を用いる。 ◎一般的に裏込め及び埋戻しの材料には粒度分布のよい粗粒土を用いる。
構造機械	◎大型の締固め機械が使用できる構造が望ましい。 ◎基礎掘削及び切土部の埋戻しは、良質の裏込め材を中、小型の締固め機械で十分締固める。 ◎構造物壁面に沿って裏面排水工を設置し、集水したものを盛土外に排出する。

| | 施工 | ◎裏込め、埋戻しの敷均しは仕上がり厚20cm以下とし、締固めは路床と同程度に行う。
◎裏込め材は、小型ブルドーザ、人力などにより平坦に敷均し、ダンプトラックやブルドーザによる高まきは避ける。
◎締固めはできるだけ大型の締固め機械を使用し、構造物縁部及び翼壁部などについても小型締固め機械により入念に締固める。
◎雨水の流入を極力防止し、浸透水に対しては、地下排水溝を設けて処理する。
◎裏込め材料に構造物掘削土を使用できない場合は、掘削土が裏込め材料に混ざらないように注意する。
◎急速な盛土により、偏土圧を与えない。 |

> **Check!** ●材料、機械、施工方法に区分して留意点を整理しましょう。

7 排水処理工法　　　　　　　　　　出題頻度 △

【排水処理工法】

　土工における排水処理は、地下水位を所定の深さまで低下させることにより、ドライの状態での掘削を可能にするためのもので、**重力排水**と**強制排水**の2種類に分けられる。

排水処理工法

区分	工法	適用地盤	概要及び特徴	
重力排水工法	釜場排水工法	砂質・シルト地盤	構造物基礎の掘削底面に湧水や雨水を1か所に集めるための釜場を設置し、水中ポンプにより排水処理し、地下水位を低下させる。	
	深井戸工法	砂質地盤	掘削底面以下まで井戸を掘り下げ、水中ポンプにより地下水を汲み上げ、地下水位を低下させる。	
強制排水工法	ウェルポイント工法	砂質地盤	地盤中に有孔管（ウェルポイント）をジェット水により地中に挿入し、真空ポンプで地下水を強制的に汲み上げ、地下水位を低下させる。	
	真空深井戸工法	シルト地盤	深井戸工法と同様に井戸を掘り下げ、真空ポンプにより強制的に地下水を汲み上げ、地下水位を低下させる。	

釜場排水工法　　深井戸工法

ウェルポイント工法　　真空深井戸工法

> **Check!** ●重力排水工法、強制排水工法のそれぞれの種類、特徴の組み合わせを整理しましょう。

設問1

出題頻度 △

■ 土質改良方法 ■

□□□

建設発生土の有効利用に関する次の文章の □□□□ の（イ）～（ホ）に当てはまる適切な語句を解答欄に記述しなさい。

(1) 高含水比の材料は、なるべく薄く敷き均した後、十分な放置期間をとり、ばっ気乾燥を行い使用するか、処理材を　（イ）　調整し使用する。

(2) 安定が懸念される材料は、盛土法面　（ロ）　の変更、ジオテキスタイル補強盛土やサンドイッチ工法の適用や排水処理などの対策を講じるか、あるいはセメントや石灰による安定処理を行う。

(3) 有用な現場発生土は、可能な限り　（ハ）　を行い、土羽土として有効利用する。

(4) 　（ニ）　のよい砂質土や礫質土は、排水材料への使用をはかる。

(5) やむを得ずスレーキングしやすい材料を盛土の路体に用いる場合には、施工後の圧縮　（ホ）　を軽減するために、空気間隙率が所定の基準内となるように締め固めることが望ましい。

〈解答欄〉

(1)	（イ）

(2)	（ロ）

(3)	（ハ）

(4)	（ニ）

(5)	（ホ）

令和2年度　実地試験　問題2

設問1 建設発生土の有効利用に関する問題

解答

(1) （イ）**混合**　(2) （ロ）**勾配**　(3) （ハ）**仮置き**
(4) （ニ）**透水性**　(5) （ホ）**沈下**

解説

建設発生土の有効利用に関する問題に関しては、主に「建設発生土利用技術マニュアル（国土交通省）」他において示されている。

- 例題演習として過去に出題された問題を掲載しました。実際に自分で解答欄に記述してみてください。
- 出題の傾向については、別冊「1級土木施工管理技術検定試験 第2次検定問題」で表にまとめていますので参照してください。

設問2

出題頻度 ○

■ 盛土施工 ■ □□□

　　盛土の施工に関する次の文章の　　　　　の（イ）～（ホ）に当てはまる適切な語句又は数値を解答欄に記述しなさい。

(1)　盛土の基礎地盤は、盛土の施工に先立って適切な処理を行わなければならない。特に、沢部や湧水の多い箇所での盛土の施工においては、適切な　（イ）　を行うものとする。

(2)　盛土に用いる材料は、敷均し・締固めが容易で締固め後の　（ロ）　が高く、圧縮性が小さく、雨水などの侵食に強いとともに、吸水による　（ハ）　が低いことが望ましい。粒度配合のよい礫質土や砂質土がこれにあたる。

(3)　敷均し厚さは、盛土材料の粒度や土質、締固め機械、施工方法などの条件に左右されるが、一般的に路体では1層の締固め後の仕上り厚さを　（ニ）　cm以下とする。

(4)　原則として締固め時に規定される施工含水比が得られるように、敷均し時には　（ホ）　を行うものとする。　（ホ）　には、ばっ気と散水がある。

〈解答欄〉

(1)　（イ）

(2)　（ロ）　　　　　　　　　　　（ハ）

(3)　（ニ）

(4)　（ホ）

平成30年度　実地試験　問題2

設問2　盛土の施工に関する問題

解答

(1)　（イ）**排水処理**　　(2)　（ロ）**せん断強度**　　（ハ）**膨潤性**

(3)　（ニ）**30**　　(4)　（ホ）**含水量の調節**

解説

　　盛土の施工上の留意点に関しては、主に「道路土工－盛土工指針」において示されている。

■ 土質改良方法 ■

盛土材料の改良に用いる固化材に関する次の2項目について、それぞれ1つずつ特徴又は施工上の留意事項を解答欄に記述しなさい。

ただし、(1)と(2)の解答はそれぞれ異なるものとする。

(1) 石灰・石灰系固化材

(2) セメント・セメント系固化材

〈解答欄〉

固化材の名称	特徴または施工上の留意事項
(1) 石灰・石灰系 固化材	<特徴> <施工上の留意事項>
(2) セメント・ セメント系固化材	<特徴> <施工上の留意事項>

平成30年度　実地試験　問題7

設問3　盛土材料に関する問題

解答

下記のうちそれぞれ1つずつを選び記述する。

固化材の名称	特徴または施工上の留意事項
(1) **石灰・石灰系** **固化材**	<特徴> ・土に石灰を添加して土の耐久性と安定性を増大させる。 ・土の種類、石灰の種類により対象範囲が広い。 ・土自体を対象として化学反応をさせる。 <施工上の留意事項> ・石灰と粘性土の混合の割合が重要である。 ・十分な養生期間が必要となる。 ・作業者はマスク、防塵めがねを使用する。 ・風速、風向に注意し、粉じんの発生を極力抑える。
(2) **セメント・** **セメント系固化材**	<特徴> ・山砂や細砂の多い砂に適応される。 ・セメントの接着硬化能力により改良する。 <施工上の留意事項> ・含水量を最適に調整して締固める。 ・表面が乾燥しないように散水する。 ・排水に十分留意し、降雨時にはシートで被覆する。

解説

盛土材料の改良に用いる固化材に関しては、主に「道路土工－盛土工指針」により定められている。

土質改良方法 □□□

建設発生土の現場利用に関する次の文章の 〔　　〕 の（イ）～（ホ）に当てはまる適切な語句を解答欄に記述しなさい。

(1) 高含水比状態にある材料あるいは強度の不足するおそれのある材料を盛土材料として利用する場合、一般に天日乾燥などによる （イ） 処理が行われる。

天日乾燥などによる （イ） 処理が困難な場合、できるだけ場内で有効活用をするために、固化材による安定処理が行われている。

(2) 一般に安定処理に用いられる固化材は、 （ロ） 固化材や石灰・石灰系固化材であり、石灰・石灰系固化材は改良対象土質の範囲が広く、粘性土で特にトラフィカビリティーの改良目的とするときには、改良効果が早期に期待できる （ハ） による安定処理が望ましい。

(3) 安定処理の施工上の留意点として、石灰・石灰系固化材の場合、白色粉末の石灰は作業中に粉じんが発生すると、作業者のみならず近隣にも影響を与えるので、作業の際は風速、 （ニ） に注意し、粉じんの発生を極力抑えるようにして、作業者はマスク、防じんメガネを使用する。

石灰・石灰系固化材と土との反応はかなり緩慢なため、十分な （ホ） 期間が必要である。

〈解答欄〉

(1) （イ）

(2) （ロ）　　　　　　　　　　　　　　　（ハ）

(3) （ニ）　　　　　　　　　　　　　　　（ホ）

平成28年度　実地試験　問題2

設問4 　土工（建設発生土の現場利用）に関する問題

解答

(1) （イ） 脱水・乾燥　　(2) （ロ） セメント系　　（ハ） 石灰系固化材　　(3) （ニ） 風向き　　（ホ） 養生

解説

土工に関して、建設発生土の現場利用に関する留意点は、主に「建設発生土利用技術マニュアル（国土交通省）」他において示されている。

■ 盛土施工 ■

設問5

出題頻度 ○

　盛土施工中に行う仮排水に関する、下記の(1)、(2)の項目について、それぞれ1つずつ解答欄に記述しなさい。

(1)　仮排水の目的
(2)　仮排水処理の施工上の留意点

〈解答欄〉

(1)

仮排水の目的

(2)

仮排水処理の施工上の留意点

平成28年度　実地試験　問題7

設問5　盛土施工中の仮排水に関する問題

解答

下記項目についてそれぞれ1つずつ選んで記述する。

(1)
仮排水の目的
降雨によって法面の表面が浸食されないようにする。
雨水が盛土内へ浸透しないようにし、含水比が上がらないようにする。
切土、盛土の接続区間で、切土側から盛土側へ雨水が流入しないようにする。

(2)
仮排水処理の施工上の留意点
法面表面を排水するために、法肩、小段、法尻に仮排水路を設置する。
湧水により法面が崩壊しないために、水抜き用の水平排水孔を設置する。
切土、盛土の接続区間では、境界付近に仮排水溝を設置する。

解説

　盛土施工中の仮排水に関する留意点は、主に「道路土工－盛土工指針」により定められている。

設問6
出題頻度
△

■ 土留め壁 ■

□□□

　右図のような山留工法を用いて掘削を行った場合に地盤の状況に応じて発生する掘削底面の破壊現象名を2つあげ、それぞれの現象の内容または対策方法のいずれかを解答欄に記述しなさい。

山留工概略図

〈解答欄〉

破壊現象名	現象の内容または対策方法

平成26年度　実地試験　問題2　設問2

設問6　**山留工法における掘削底面の破壊現象に関する問題**

解答

下記より破壊現象名を2つ選択し、現象の内容または対策方法のいずれかを記述する。

破壊現象名	現象の内容または対策方法
ヒービング	●現象の内容 掘削底面付近が軟らかい粘性土の場合、土留め背面の土や上載荷重により、掘削底面が隆起したり、土留め壁がはらんだり、周辺地盤の沈下により、土留め壁が崩壊するおそれが生じる現象である。 ●対策方法 ・土留め壁背面側の地盤を掘削し、背面土圧を減少させる。 ・土留め壁付近を地盤改良し、土のせん断強度を大きくする。
ボイリング	●現象の内容 地下水位が高い砂質土地盤を掘削する場合、掘削面と背面側の水位差により、掘削面側の砂が湧きたつ状態となり、土留め壁が崩壊するおそれが生じる現象である。 ●対策方法 ・土留め壁の根入れを長くし、浸透流を遮断する。 ・地下水低下工法により、土留め壁背面の地下水を低下させる。
盤ぶくれ	●現象の内容 地下水位が高い箇所で地盤を掘削した場合、掘削底面より下の上向きの水圧をもった地下水により、掘削底面の不透水性地盤が隆起する現象である。 ●対策方法 ・地下水低下工法により、土留め壁背面の地下水を低下させる。 ・土留め壁付近の地盤改良を行い、浸透流を遮断する。

解説

　ヒービング、ボイリング、盤ぶくれは、掘削底面の代表的な破壊現象である。

設問7

出題頻度 ○

■ 軟弱地盤対策 ■

　軟弱地盤に盛土を行う場合、下記の5つの対策工法の中から2つ選び、工法の説明と主として期待される効果を記述しなさい。

- ・掘削置換工法
- ・盛土補強工法
- ・サンドドレーン工法
- ・深層混合処理工法
- ・ウェルポイント工法

〈解答欄〉

対策工法	工法の説明	期待される効果

平成25年度　実地試験　問題2　設問2

設問7　軟弱地盤対策工法に関する問題

解答

下記の対策工法の説明と期待される効果を2つ選択し記述する。

対策工法	工法の説明	期待される効果
掘削置換工法	軟弱層の一部または全部を除去し、良質材で置き換える。	・すべり抵抗付与 ・全沈下量減少
盛土補強工法	盛土中に鋼製ネット、ジオテキスタイル等の補強材を設置する。	・側方流動抵抗付与 ・すべり抵抗付与
サンドドレーン工法	地盤中に適当な間隔で鉛直方向に砂柱を設置し、軟弱地盤中の間隙水を排水する。	・圧密沈下促進 ・せん断変形抑制
深層混合処理工法	深い層までセメント、石灰等の安定材と原地盤の土と混合し、柱状または全面的に地盤改良する。	・全沈下量減少 ・すべり抵抗付与
ウェルポイント工法	有孔管を地中に挿入し、真空ポンプで地下水をくみ上げ、地下水位を低下させる。	・地下水位低下 ・沈下促進

解説

　軟弱地盤対策工法については、主に「道路土工　軟弱地盤対策工指針」において示されており、設問はそれらの内容を記述するものである。

Check!　類似の工法が多くあるので、工法の説明と効果の組み合わせをしっかりと整理しましょう。

設問8
出題頻度
〇

■ 法面工 ■

□ □ □

切土法面の施工に関して、施工中において常に崩壊や落石の前兆を見逃さないようにしなければならないが、そのための施工時の法面のチェック項目について2つ解答欄に記述しなさい。

〈解答欄〉

チェック項目

平成24年度　実地試験　問題2　設問2

設問8　切土法面の施工におけるチェック項目

解答

下記のうち2つを選び記述する。

チェック項目
法面や底面からの湧水、浸透水の有無をチェックする。
法面における雨水浸食の有無をチェックする。
周辺地山からの浮石、転石、落石等の状況をチェックする。
地山や法面における亀裂、割れ目等の状況をチェックする。
計測管理を行い、間隙水圧、変位量の状況をチェックする。

解説

切土法面の施工時におけるチェック項目は、法面表面状況、雨水等の水に関する項目を記述する。

Check!　「湧水」「雨水」「浸透水」「落石」「転石」「亀裂」「割れ目」等の主要なキーワードは理解しておきましょう。

141

■ 構造物関連土工 ■

橋台、カルバートなどの構造物と盛土との接続部分では、不同沈下による段差が生じやすく、平坦性が損なわれることがある。

その接続部の段差をなくすための対策に関する次の文章の　　　　に当てはまる適切な語句を解答欄に記入しなさい。

(1) 橋台やカルバートなどの裏込め材料としては、締固めが容易で、圧縮性の　(イ)　材料を用い、透水性がよく、かつ、水の浸入によっても強度の低下が少ないような粒度分布のよい粗粒土を用いる。

(2) 盛土と橋台との取り付け部に設置する　(ロ)　は、その境界に生じる段差の影響を緩和するものである。

(3) 河川構造物の樋門などの取り付け部の裏込め材料は、　(ハ)　効果がある程度期待でき、締固めが容易で、かつ、水の浸入によっても強度の低下が少ないような安定した材料を用いる。

(4) 裏込め部の施工は、層の厚さの　(ニ)　を避け、小型ブルドーザ、人力などにより平坦に敷均しをする。

(5) 構造物が十分強度を発揮した後に裏込め材料で盛土をする場合でも、構造物に　(ホ)　を加えないよう両側から均等に施工する。

〈解答欄〉

(1)	(イ)	(2)	(ロ)
(3)	(ハ)	(4)	(ニ)
(5)	(ホ)		

平成22年度　実地試験　問題2　設問1

■設問9 盛土と構造物の接続部の施工に関する問題

解答

(1) （イ）**小さい**
(2) （ロ）**踏掛版**
(3) （ハ）**遮水**
(4) （ニ）**高まき**
(5) （ホ）**偏土圧**

Check!

「圧縮性が小さい」「透過性のよい」をキーワードとして理解しましょう。

解説

　盛土と構造物の接続部の施工に関する留意点は、主に「道路土工　施工指針」から下記事項があげられる。

(1) 構造物の裏込め部や埋戻し部では、圧縮性が**小さく**、透水性のある材料を用いて構造物との間に段差をなくす対策としている。

(2) 構造物と盛土との接続部には、境界に生じる沈下、段差の影響を緩和させるために**踏掛版**を設ける。

(3) 裏込め材料は、**遮水**効果があり、締固めが容易で、水の浸入によっても強度の低下が少ない安定した材料を選ぶ。

(4) 裏込め材は、小型ブルドーザ、人力などにより平坦に敷均し、ダンプトラックあるいはブルドーザによる**高まき**は避けなければならない。

(5) 締固めは、構造物の両側から均等に薄層で行い、片方に不均一な荷重が加わらないようにする。また、構造物が十分な強度を発揮した後でも、構造物に**偏土圧**を加えてはならない。

●橋台の裏込め構造の例

①盛土部先行例

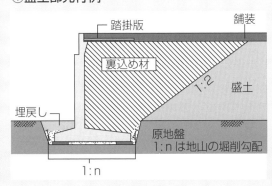

②構造物先行例

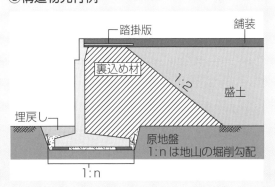

■ 法面工・盛土施工 ■

　　土工事における切土・盛土の施工に関し、下記の(1)、(2)について、各々1つ解答欄に記述しなさい。

(1)　切土法面の施工時における仮排水に関して、排水処理を必要とする理由と、それに対する具体的な対応策

(2)　盛土に高含水比の粘性土を利用して施工する場合の留意点

〈解答欄〉

(1)

排水処理を必要とする理由	具体的な対応策

(2)

施工する場合の留意点

平成22年度　実地試験　問題1　設問2

設問10 　土工事における切土・盛土の施工に関する問題

解答

(1)

排水処理を必要とする理由	具体的な対応策
雨水、湧水が地表面を流れることにより、法面の表土が浸食される。	切土法面の法肩や小段に仮排水溝を設け、法面へ雨水、湧水が流入しないように排水する。

(2)

施工する場合の留意点
盛土内に一定の高さごとに透水性のよい山砂などで排水層を設け、含水比を低下させる。

解説

(1) 切土法面の施工時における仮排水に関して、排水処理を必要とする理由と、それに対する具体的な対応策は、主に「道路土工　施工指針」において示されており、解答のポイントは下記である。

●**記述文のキーワード**

【排水処理を必要とする理由】　　　　　　　　【具体的な対策】

・雨水等、流水による**法面の侵食**……………………**仮排水溝**で排水

・湧水等による**せん断強度低下、すべり破壊**………**水平排水孔**で浸透水の排除

●**解答以外の記述例**

排水処理を必要とする理由	具体的な対応策
地下水の上昇や湧水が、地山へ浸入することにより、せん断強度の低下や、すべり破壊が発生しやすくなる。	地山部分に、水平排水孔を設け、地盤中の湧水や浸透水を排除する。

 この設問では「施工時における仮排水」が問われており、「永久工作物としての排水設備」ではないことに注意しましょう。

(2) 盛土に高含水比の粘性土を利用して施工する場合の留意点は主に「道路土工　施工指針」において示されており、解答のポイントは下記である。

●**記述文のキーワード**

・**地盤の改良**

・**含水比の低下**

・**施工機械の選定**

 この設問では「高含水比の粘性土を利用した盛土」の留意点が問われています。主に対策工法の説明から記述するとよいでしょう。

●**解答以外の記述例**

例文①

施工する場合の留意点
高含水比の粘性土に、セメントや石灰などを混合し安定処理工法を行う。

例文②

施工する場合の留意点
湿地ブルドーザ等の土質に適応した機械で敷均し、締固めを施工する。

■ 土留め壁 ■

開削工法により掘削を行う下図の仮設構造物について、次の問(1)、(2)に答えなさい。

(1) 土留め壁及び支保工についての目視点検項目とその確認内容について1つ解答欄に記述しなさい。

ただし、墜落等による危険防止の手すり、親綱等の保安施設に関するものは除く。

(2) 掘削が進んだ段階で行った計測管理に関し、以下の計測1、計測2の測定結果に対応する対策工の概要を各々1つ解答欄に簡潔に記述しなさい。

ただし、安定対策としての掘削底面下の地盤改良工法は除く。

計測：土留め壁又は支保工の応力度、変形が許容値を超えると予測された。

計測：ボイリングに対する安定性が不足すると予測された。

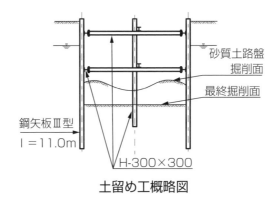

土留め工概略図

〈解答欄〉

(1)

目視点検項目	確認内容

(2)

測定結果	対策工法の概要
計測1	
計測2	

平成21年度　実地試験　問題2　設問1

■設問11　開削工法により掘削を行う場合に設ける仮設構造物に関する問題

解答

(1)

目視点検項目	確認内容
部材本体の形状、劣化等の状況を点検項目とする。	矢板、腹起こし、切りばりについて、損傷、変形、腐食、変位、脱落の有無等の確認する。

(2)

測定結果	対策工法の概要
計測1	地山地盤の地表面を掘削することにより、主動土圧を軽減する。
計測2	ウェルポイント工法等により地下水位の低下を図る。

解説

(1)　土留め壁及び支保工についての目視点検項目であり、計測によるものではない点に注意をして整理する。解答のポイントは下記である。

●記述文のキーワード

【目視点検項目】　　　　　　　　　【確認内容】

・部材の形状と劣化状況…………………部材の損傷、変形、腐食、変位

・部材の接続、緊結、緩み……………接続部、交差部、継手部の緩み

●解答以外の記述例

目視点検項目	確認内容
部材の接続部、取り付け部、交差部の緊結の状況を点検項目とする。	支保工部材間の接続部、交差部、継手部分の緊結、緩みの状況を確認する。

(2)　掘削工事においての計測結果による対策工の記述ポイントは下記である。

●記述文のキーワード

　計測1：応力度、変形が許容値を超えることが予想された。

【対　策】　土圧の軽減、支保工の抵抗力を増加させる。

　計測2：ボイリングに対する安定性が不足すると予想された。

【対　策】　地下水位を低下させる。土留め壁の浸透流路長を長くする。

●解答以外の記述例

測定結果	確認内容
計測1	切梁を追加し間隔を小さくすることにより、抵抗力を増大させる。
計測2	土留め壁の根入れ長を増加させる。

設問12 ■ 法面工 ■

以下に示す植生工と構造物による法面保護工の中から工法を各々1つ選び、その工法の目的と施工上の留意点を解答欄に簡潔に記述しなさい。

（施工区分）　　　　　　　　　（工法）
(1)　植生工……………………………種子散布工、植生基材吹付工
(2)　構造物による法面保護工…………現場打ちコンクリート枠工、吹付枠工

〈解答欄〉
(1)　植生工

工法	工法の目的	施工上の留意点

(2)　構造物よる法面保護工

工法	工法の目的	施工上の留意点

平成21年度　実地試験　問題2　設問2

設問12 植性工と構造物による法面保護工法の目的と施工に関する問題

解答

(1)　植生工

工法	工法の目的	施工上の留意点
種子散布工	浸食防止 凍上崩壊抑制 全面植生	・植生可能な地山法面の管理に留意する。 ・緩勾配で、すべりが生じない安定な法面に適する。

(2)　構造物による法面保護工

工法	工法の目的	施工上の留意点
現場打ちコンクリート枠工	法面表層部崩落防止 岩盤はく落防止 多少の土圧発生箇所の土留め	・斜面に型枠を設置し、コンクリートを打設する工法で、小断面の枠の施工が困難であり、基礎工が必要となる。 ・高所作業となるので、転落防止等の安全管理、コンクリート打設の品質管理に留意する。

解説

(1) 植生工の工種と目的及び施工上の留意点は主に「道路土工 施工指針」において示されており、解答のポイントは下記である。

●記述文のキーワード

【種子散布工】

目　　　　　　的：**凍上崩壊抑制、浸食防止、全面植生等**

施工上の留意点：**緩勾配に適している、植生する地山の管理が必要**

【植生基材吹付工】

目　　　　　　的：**浸食防止、凍上崩壊抑制、全面植生等**

施工上の留意点：**急勾配に適している、高所作業の安全管理が必要**

●解答以外の記述例

工法	工法の目的	確認内容
植生基材吹付工	浸食防止 凍上崩壊抑制 全面植生	・下地工としてラス金網張り工を併用し、ポンプ吹付で施工するので高所作業の安全性に留意する。 ・硬質土、軟岩、硬岩等の根の伸長が期待できない法面に適する。

(2) 構造物による法面保護工の工種と目的及び施工上の留意点は主に「道路土工 施工指針」において示されており、解答のポイントは下記である。

●記述文のキーワード

【現場打ちコンクリート枠工】

目　　　　　　的：**法面表層部崩落防止、岩盤はく落防止**

施工上の留意点：**高所作業の安全管理、コンクリート打設の品質管理**

【吹付枠工】

目　　　　　　的：**法面表層部崩落防止、岩盤はく落防止**

施工上の留意点：**高所作業の安全管理、コンクリート打設の品質管理**

●解答以外の記述例

工法	工法の目的	確認内容
吹付枠工	法面表層部崩落防止 岩盤はく落防止 多少の土圧発生箇所の土留め	・亀裂の多い岩盤法面や、早期に保護が必要な法面に適する。 ・法面形状に合わせ地山と一体となった枠が構成され施工性がよい。高所作業となるので、転落防止等の安全管理、コンクリート打設の品質管理に留意する。

 **Check!**　設問は「植生工」と「構造物による法面保護工」と指定されているので、同一の施工区分を記述しないように注意しましょう。

■ 土留め壁 ■

開削工法により掘削を行う場合に設ける土留め壁に関する、次の文章の□に当てはまる適切な語句を解答欄に記入しなさい。

(1) 土留め壁の根入れ長を慣用法によって求める場合は、一般に、根入れ長は、次の4つの長さのうち最も長いものとする。

①根入れ部の土圧及び　(イ)　に対する安定から必要となる根入れ長
②土留め壁の許容鉛直支持力から定まる根入れ長
③掘削底面の安定から必要となる根入れ長
④土留め壁タイプごとに決められている最小根入れ長

(2) 土留め壁内部の掘削の進行に伴い、掘削底面の安定が損なわれる変状現象としては、地下水が高く緩い砂質土の場合には　(ロ)　、軟らかい粘性土の場合には　(ハ)　、掘削底面付近に難透水層、その下に被圧透水層が形成される場合には盤ぶくれの各現象があり、それぞれの地質や状況に適合する現象について検討を行う必要がある。

(3) 土留め壁を設ける地盤が特に軟弱で、地下水位が高く、土留め壁や掘削底面の安定が確保できない場合には、適切な補助工法などを採用するのがよい。一般に、土留め工に用いられる補助工法としては、地下水位を下げる地下水位低下工法（　(ニ)　、ディープウェル）、地盤の止水性や強度の増加をはかる　(ホ)　工法（溶液形、懸濁液形）、深層混合処理工法、生石灰杭工法等がある。

〈解答欄〉

(1) | (イ) | |

(2) | (ロ) | | (ハ) | |

(3) | (ニ) | | (ホ) | |

平成20年度　実地試験　問題2　設問1

設問13 開削工法により掘削を行う場合に設ける土留め壁に関する問題

解答

(1) (イ) **水圧**

(2) (ロ) **ボイリング**　　(ハ) **ヒービング**

(3) (ニ) **ウェルポイント**　　(ホ) **薬液注入工法**

解説

⑴　土留め壁の根入れ長に関する留意点は主に「道路土工―仮設構造物工指針」において示されており、解答のポイントは下記である。

●記述文のキーワード

　土留め壁の根入れ長を慣用法によって求める場合は、一般に、根入れ長は、次の4つの長さのうち長いものとする。

- **土圧と水圧の安定**から必要となる根入れ長
- **許容鉛直支持力**から必要となる根入れ長
- **掘削底面の安定**から必要となる根入れ長
- **土留め壁タイプ**ごとに決められている最小根入れ長

⑵　土留め壁内部の掘削の進行に伴い、掘削底面の安定が損なわれる変状現象としては、下記事項があげられる。

●記述文のキーワード

- **ボイリング**

　　現　　象：掘削底面の砂が水といっしょに吹き上がる現象

　　発生条件：砂質地盤、地下水が高い

　　原　　因：掘削底面との水頭差により、掘削内で上向きの浸透流が生じる

　　対　　策：地下水低下、矢板根入れ長の増

- **ヒービング**

　　現　　象：背面の粘性土が矢板の下から回り込み掘削底面が隆起する現象

　　発生条件：粘性土地盤、地下水が高い

　　原　　因：掘削背面の土塊重量が掘削面下の地盤支持力より大きい

　　対　　策：地下水低下、掘削底面の地盤改良、矢板根入れ長の増

- **盤ぶくれ**

　　現　　象：掘削底面が「じわっと」ふくれ上がる現象

　　発生条件：粘性土地盤、被圧地下水

　　原　　因：掘削により上載圧が減少し、掘削底面が被圧地下水に耐えられなくなる

　　対　　策：掘削底面の地盤改良、地下水低下

⑶　土留め壁を設ける地盤が特に軟弱で、地下水位が高く、土留め壁や掘削底面の安定が確保できない場合の補助工法は下記である。

●記述文のキーワード

- 地下水低下工法

　　釜場工法、**ウェルポイント工法、ディープウェル工法**等

- 地盤の止水性、強度増加工法

　　薬液注入工法（溶解形、懸濁液形）、深層混合処理工法、生石灰杭工法等

■ 土量計算 ■

　下記の土量計算表は、現場内で発生する切土を盛土に流用して盛土工事を行う場合のものである。この土量計算表を利用して（イ）、（ロ）、（ハ）を求め、それぞれ解答欄に記入しなさい。ただし、この現場における条件は、次の①〜③に示すとおりである。

① 土量変化率は、L＝1.20　C＝0.80
② ダンプトラック積載容積（V）＝6.0（㎥）（ほぐし土量）
③ 現場発生土を運搬する場合の土量のロスはないものとする。

（イ）残土量（地山土量）
（ロ）残土を他工区に運搬する場合の運搬土量（ほぐし土量）
（ハ）残土をダンプトラックで運搬する場合に必要な延べ台数

[土量計算表]

測点	距離（m）	切土			盛土		
		断面積（㎡）	平均断面積（㎡）	土量（㎥）	断面積（㎡）	平均断面積（㎡）	土量（㎥）
0	0	0			0		
1	20	0			40		
2	20	0			12		
3	20	50			0		
4	20	60			0		
5	20	0			0		
合計							

〈解答欄〉

（イ）　残土量　｜　　　　　　　　　　｜

（ロ）　運搬土量　｜　　　　　　　　　　｜

（ハ）　必要な延べ台数　｜　　　　　　　　　　｜

計算問題は必ずチェックするとともに、単位の確認を行いましょう。

平成19年度　実地試験　問題2　設問1

設問14 土量計算表から残土量を求めてダンプトラックの運搬台数を計算

解答

(イ)	残土量	900㎥
(ロ)	運搬土量	1080㎥
(ハ)	必要な延べ台数	180台

解説

土量計算方法、土量計算表を用いた解答方法は下記となる。

●土量計算方法

・計算方法

 **計算式**

$$平均断面積 = \frac{断面積（前測点）＋断面積（現測点）}{2}$$

土量＝距離×平均断面積

上記計算を繰り返し、全土量を求める。

・土工量の計算

土量変化率を用いて下記の計算で求める。（学習のポイント参照）

 **計算式**

（イ）切土換算（地山土量）＝盛土量÷C

残土量＝切土（地山土量）－切土換算（地山土量）

（ロ）残土の運搬土量（ほぐし土量）＝残土量×L

（ハ）運搬台数＝運搬土量（ほぐし土量）÷ダンプトラック積載容量

●土量計算表を用いた解答例

測点	距離（m）	切土			盛土		
		断面積（㎡）	平均断面積（㎡）	土量（㎥）	断面積（㎡）	平均断面積（㎡）	土量（㎥）
0	0	0			0		
1	20	0			40	20	400
2	20	0			12	26	520
3	20	50	25	500	0	6	120
4	20	60	55	1100	0		
5	20	0	30	600	0		
合計				2200			1040

（イ）残土量（地山土量）＝2200－1040／C＝2200－1040／0.8＝2200－1300＝**900㎥**

（ロ）残土の運搬土量（ほぐし土量）＝900×L＝900×1.2＝**1080㎥**

（ハ）運搬に必要な延べ台数＝1080÷6＝**180台**

■ 法面工 ■

□□□

右図のような切土法面の安定のために設ける排水工の種類を3つあげ、その機能（目的）を解答欄に簡潔に記述しなさい。

ただし、切土面の土質は、よく締まった砂質土とする。

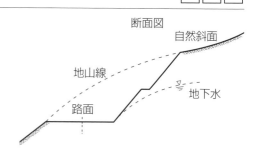

断面図
自然斜面
地山線
地下水
路面

〈解答欄〉

排水工の種類	排水工の機能（目的）

平成18年度　実地試験　問題2　設問1

設問15　切土法面安定のために設ける排水工の種類と機能（目的）

解答

排水工の種類	排水工の機能（目的）
法肩排水溝	自然斜面からの流水が法面に流れ込まないようにする。
縦排水溝	法肩排水溝、小段排水溝の流水を集水し流下させ、法尻排水溝へ導く。
法尻排水溝	法面からの流水及び縦排水溝からの流水を集水し流下させる。

解説

切土法面に設ける排水工については、「道路土工―施工指針」において示されており、解答のポイントは下記である。

●記述文のキーワード

切土法面に設ける排水工の主な目的

- 雨水が法面へ流れるのを防止する。
- 法面を流れる表面水を排水する。
- 浸透水を排除する。

●解答以外の記述例

排水工の種類	排水工の機能（目的）
小段排水溝	上部法面からの流水が下部法面に流れ込まないようにし、縦排水溝へ導く。
水平排水孔	湧水による法面崩壊を防ぐために、地下水の水抜きを行う。

設問16
出題頻度
○

■ 軟弱地盤対策 ■

□ □ □

次に示す軟弱地盤対策工法のうちから圧密沈下の促進を目的とする工法を2つ選びなさい。また、その工法の概要及び圧密沈下が促進される原理を解答欄に簡潔に記述しなさい。

- サンドドレーン工法
- 深層混合処理工法
- プレローディング工法
- 盛土補強工法
- 押さえ盛土工法

〈解答欄〉

工法	工法の概要とその原理

平成18年度　実地試験　問題2　設問2

設問16　軟弱地盤における圧密沈下促進工法の概要及び原理

解答

工法	工法の概要とその原理
プレローディング工法	盛土や構造物の施工前にあらかじめ荷重をかけて、沈下を促進させる。構造物が設置された後の沈下を軽減させる。
サンドドレーン工法	軟弱地盤中に、砂柱、カードボード等を適当な間隔で鉛直方向に設置する。水平方向の圧密排水距離を短縮させ、圧密沈下を促進させて、強度の増加も図る。

解説

圧密沈下を促進する工法については、「道路土工―軟弱地盤対策工」において示されており、解答のポイントは下記である。

●記述文のキーワード

工法	工法の概要とその原理		
載荷重工法	プレローディング工法	サーチャージ工法	大気圧載荷工法
バーチカルドレーン工法	サンドドレーン工法	カードボードドレーン工法	

●解答以外の記述例

工法	工法の概要とその原理
大気圧載荷工法	盛土の代わりに地表を密封シートで被覆し、真空ポンプで負圧を生じさせ大気圧を圧密荷重とする。構造物の施工前にあらかじめ荷重をかけて、沈下を促進させ、構造物が設置された後の沈下を軽減させる。
サーチャージ工法	盛土を計画高以上に施工、計画以上の載荷を加え、沈下を促進させる。放置期間後に余分な盛土を除去する余盛り工法。

■ 土量計算 ■

次に示す土量計算表のとおり、A工区（切土）においてバックホウを用いて掘削し、B工区（盛土）にダンプトラックで運搬し、盛土工事を行う場合、下記に示す条件により次の(1)、(2)、(3)を求め、それぞれ解答欄に記入しなさい。

ただし、B工区の不足土量は他工事から流用するものとし、土量変化率はA工区と同一とする。

[土量計算表]

A工区（切土）

測点	距離（m）	切　土		
		断面積（㎡）	平　均断面積（㎡）	土量（㎡）
0	0	0		
1	20	12	6	120
2	20	48	30	600
3	20	24	36	720
4	20	0	12	240
5	20	32	16	320
6	20	20	26	520
7	20	26	23	460
8	20	0	13	260
計	160			3,240

B工区（盛土）

測点	距離（m）	盛　土		
		断面積（㎡）	平　均断面積（㎡）	土量（㎡）
0	0	0		
1	20	0	0	0
2	20	40	20	400
3	20	32	36	720
4	20	32	32	640
5	20	24	28	560
6	20	0	12	240
7	20	40	20	400
8	20	0	20	400
計	160			3,360

＜条件＞

- バックホウの算定式　$(Q) = \dfrac{q_0 \times K \times f \times E}{Cm} \times 3,600 \ (\text{㎥}／h)$
- バケット平積容量（q_0）＝ 0.6（㎥）
- バケット係数（K）＝ 0.75
- 土量換算係数（f）
- 土量変化率（L）＝ 1.25　（C）＝ 0.80
- 作業効率（E）＝ 0.75
- サイクルタイム（Cm）＝ 30（sec）
- ダンプトラック積載容量（v）＝ 7.5（㎥）（ほぐし土量）

(1) A工区（切土）におけるバックホウの延べ掘削作業時間を求めなさい。

(2) A工区（切土）からB工区（盛土）への運搬に使用するダンプトラックの延べ台数を求めなさい。

(3) B工区の不足土量（地山土量）を求めなさい。

〈解答欄〉

(1)	延べ掘削作業時間	
(2)	延べ台数	
(3)	不足土量	

平成17年度　実地試験　問題2　設問1

設問17 土量計算表から不足土量、バックホウ作業時間、ダンプトラックの台数を算出

解答

(1)	延べ掘削作業時間	**100時間**
(2)	延べ台数	**540台**
(3)	不足土量	**960㎥**

解説

(1) バックホウの延べ掘削作業時間の解答方法は下記である。

計算式
- 1台の時間当たり作業量

$$Q = \frac{q_0 \cdot K \cdot f \times E}{Cm} \times 3,600 \ (\text{㎥}/\text{h})$$

$$= \frac{0.6 \times 0.75 \times 1.0/1.25 \times 0.75}{30} \times 3,600 \ (\text{㎥}/\text{h})$$

$$= 32.4 \ (\text{㎥}/\text{h})$$

計算式
- 延べ掘削作業時間＝切土量（㎥）／1台の時間当たり作業量（㎥／h）

$$= 3,240 / 32.4 = \textbf{100時間}$$

(2) ダンプトラックの延べ台数の解答方法は下記である。

計算式
- 運搬土量（ほぐし土量）＝切土量（地山）× L ＝ 3,240 × 1.25 ＝ 4,050㎥
- 延べ台数＝運搬土量（㎥）／積載容量（㎥/台）

$$= 4,050 / 7.5 = \textbf{540台}$$

(3) B工区の不足土量（地山土量）の計算方法は下記である。

計算式
- 盛土に必要な掘削地山土量（切土）＝盛土量÷C ＝ 3,360 ÷ 0.8 ＝ 4,200㎥
- 不足土量＝必要な掘削地山土量－切土量（地山）

$$= 4,200 - 3,240 = \textbf{960㎥}$$

■ 構造物関連土工 ■

□□□

盛土における構造物の裏込め部、あるいは切土における構造物の埋戻し部の施工にあたっての留意点を2つ解答欄に簡潔に記述しなさい。

〈解答欄〉

構造物の裏込め部、構造物の埋戻し部の施工にあたっての留意点

平成17年度　実地試験　問題2　設問2

設問18　**盛土における構造物の裏込め部、切土における埋戻し部の施工留意点**

解答

構造物の裏込め部、構造物の埋戻し部の施工にあたっての留意点

構造物の裏込め部、構造物の埋戻し部の施工にあたっての留意点
埋め戻しには圧縮性が小さく、透水性のよい良質な材料を用いる。
構造物等の掘削時に発生した適切でない盛土材料は用いない。

解説

盛土と構造物の接続部の施工に関する留意点は、主に「道路土工　施工指針」において示されており、解答のポイントは下記である。

●記述文のキーワード

盛土における構造物の裏込め部、あるいは切土における構造物の埋戻し部の施工にあたっては、下記事項に留意して記述する。

- 盛土に用いる土質材料
- 対象となる構造・機械
- 施工機械の規格

●解答以外の記述例

構造物の裏込め部、構造物の埋戻し部の施工にあたっての留意点
急速な盛土や締固めによって、大きな土圧を与えない。
構造物の両側へ均等に薄く締固めながら埋め戻す。
タンパ・振動コンパクタ・ランマ等の小型締固め機械により薄く締固める。
一時的に地下排水溝などを設けて排水を良好にする。

■ 土量計算 ■

　次の(1)～(3)の記述の ▢ の中のイ、ロ、ハを求め、それぞれ解答欄に記入しなさい。ただし、(1)～(3)の共通条件として、基礎地盤の沈下等による土量のロスはないものとし、土量変化率は現場内の切土及び発生土ともにL＝1.20、C＝0.80とする。

⑴　50,000㎥の盛土の施工にあたり、現場内での切土5,000㎥（地山土量）を流用し、不足土を土取場から補うものとすれば、土取場から掘削すべき土量（地山土量）は （イ） ㎥となる。

⑵　50,000㎥の盛土の施工にあたり、現場内での発生土12,000㎥（ほぐし土量）を流用し、不足土を土取場から補うものとすれば、土取場から運搬すべき土量（ほぐし土量）は （ロ） ㎥となる。

⑶　50,000㎥の盛土の施工にあたり、現場内での発生土24,000㎥（ほぐし土量）を流用して行うものとすれば、不足盛土量（締固め後）は （ハ） ㎥となる。

〈解答欄〉

(1) | （イ）
(2) | （ロ）
(3) | （ハ）

平成16年度　実地試験　問題2　設問1

設問19　**盛土に切土を流用した場合の土取場からの掘削、運搬及び不足土量の計算**

解答

(1) **（イ） 57,500**　　(2) **（ロ） 63,000**　　(3) **（ハ） 34,000**

解説

(1)　土取場から掘削すべき土量（地山土量）の計算は下記となる

 **計算式**

　　　　　・切土（地山土量）5,000 ㎥を盛土（締固め土量）に換算する
　　　　　　　5,000×C＝5,000×0.8＝4,000㎥
　　　　　・不足土＝50,000－4,000＝46,000 ㎥
　　　　　・不足盛土（締固め土量）46,000 ㎥を地山土量に換算する
　　　　　　　46,000÷C＝46,000÷0.8＝ **（イ） 57,500** ㎥

(2) 土取場から運搬すべき土量（ほぐし土量）の計算は下記となる

- ほぐし土量12,000 m³を盛土（締固め土量）に換算する

  12,000×C／L＝12,000×0.8／1.2＝8,000 m³

- 不足盛土＝50,000－8,000＝42,000 m³

- 不足盛土（締固め土量）42,000 m³を運搬土量（ほぐし土量）に換算する

  42,000×L／C＝42,000×1.2／0.8＝ （ロ） **63,000** m³

(3) 不足盛土量（締固め土量）の計算は下記となる

- ほぐし土量24,000 m³を盛土（締固め土量）に換算

  24,000×C／L＝24,000×0.8／1.2＝16,000 m³

- 不足盛土量（締固め土量）＝50,000－16,000＝ （ハ） **34,000** m³

 **Check!**

再度、地山を1とした場合の関係を理解しておきましょう。

	地山の土量	ほぐした土量	締固めた土量
地山の土量	1	L	C
ほぐした土量	1／L	1	C／L
締固めた土量	1／C	L／C	1

$$ほぐし率 L ＝ \frac{ほぐした土量（m^3）}{地山の土量（m^3）}$$

$$締固め率 C ＝ \frac{締固めた土量（m^3）}{地山の土量（m^3）}$$

地山の土量　　　　　　ほぐした土量　　　　　締固めた土量

1.00

ほぐし率L

締固め率C

160

設問20

出題頻度
○

■ **法面工** ■

　切土法面勾配は、土質条件、切土高等の現地状況を十分考慮し、経験的に求められた標準法面勾配とあわせて判断するが、この標準法面勾配を適用できないことがある地盤条件を２つ解答欄に簡潔に記述しなさい。

〈解答欄〉

標準法面勾配を適用できないことがある地盤条件

平成16年度　実地試験　問題２　設問２

設問20　切土法面において、標準法面勾配を適用できない地盤条件

解答

標準法面勾配を適用できないことがある地盤条件
崩積土、風化が著しい地盤
シラス、マサ、山砂等の砂質土からなる土で、浸食に弱い地盤

解説

　切土法面の標準法面勾配は、地盤条件により適用される土質が主に定められているが、該当しないような地盤条件の場合には、法面保護工により保全する必要があり、解答のポイントは下記である。

●**記述文のキーワード**

　盛土における構造物の裏込め部、あるいは切土における構造物の埋戻し部の施工にあたっては、下記事項に留意して記述する。

・切土法面で標準法面勾配が適用できる地盤

　硬岩、軟岩、砂、砂質土、砂利、岩塊まじり砂質土、粘土、岩塊、玉石まじり粘質土

　上記以外の地盤条件は、標準法勾配を適用できない。

●**解答以外の記述例**

標準法面勾配を適用できないことがある地盤条件
泥岩、頁岩、蛇紋岩等、風化が速い岩からなる地盤
割目の多い岩、あるいは割目が流れ盤となる場合の地盤
地下水が多い地盤
長大法面からなる地盤
地滑りや地震の被害を受けやすい地盤

■ 土量計算 ■

次の①〜③の記述の［　　　　　］の中の（イ）、（ロ）、（ハ）を求め、それぞれ解答欄に記入しなさい。

① 下図は、ある土工工事の標準横断面図である。

施工延長が500mであるこの工事では、盛土に切土を流用した場合の残土量（地山土量）は［　（イ）　］㎥となる。

〔条件〕

・断面形状は、全区間にわたり変化しないものとする。

・土量変化率 L = 1.20

　　　　　C = 0.80

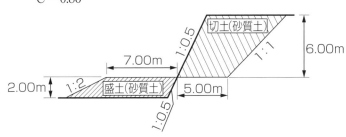

② 12,000㎥の盛土の施工にあたって、現場内で発生する2,400㎥（ほぐし土量）と切土3,200㎥（地山土量）を盛土に流用するとともに、不足する盛土材料は他の土取場から補うものとすると、土取場から運搬する土量（ほぐし土量）は［　（ロ）　］㎥となる。

ただし、盛土する現場の基礎地盤は沈下せず、盛土に流用する現場内の発生土、切土及び採取土の土量変化率はL = 1.20、C = 0.80とする。

③ バケット容量1.0㎥のバックホウを用いて掘削する場合、下記算定式を用いて運転1時間当たりの作業量（地山土量）を求めると［　（ハ）　］㎥／hとなる。

〔算定式〕 $Q = \dfrac{q_0 \times K \times f \times E}{Cm} \times 3,600$ 〔㎥／h〕

ただし、q_0：バケットの平積み容量1.0㎥　　K：バケット係数0.75

　　　　　f：土量換算係数　　L：土量変化率1.25

　　　　　E：作業効率0.80　　Cm：サイクルタイム36secとする。

〈解答欄〉

① ［（イ）　　　　　　　　　　　　　　］

② ［（ロ）　　　　　　　　　　　　　　］

③ ［（ハ）　　　　　　　　　　　　　　］

設問21 土量変化率による土工量計算及び掘削機械の作業能力

解答

① （イ）**8,875**
② （ロ）**11,760**
③ （ハ）**48**

土工量計算や掘削機械の作業能力の計算は、計算の順序をしっかりと確認しておきましょう。

解説

① 盛土に切土を流用した場合の残土量の計算

図より切土体積及び盛土体積を計算する。

**計算式**
- 台形面積＝（上底＋下底）×高さ÷2　で求める。
- 法勾配　1：○○は縦を1で表した場合、横○○の値となる。

以上より

**計算式**
- 切土体積 V_1 ＝（8.00＋5.00）／2×6.00×500＝19,500㎥
- 盛土体積 V_2 ＝（7.00＋10.00）／2×2.00×500＝8,500㎥
- 残土量（地山土量）＝19,500－8,500／C＝19,500－8,500／0.8

$$= \boxed{（イ）\textbf{8,875㎥}}$$

② 運搬する土量（ほぐし量）の計算

土量変化率を用いて計算する。

**計算式**
- 流用盛土量　（2,400×C／L）＋（3,200×C）＝2,400×0.8／1.2+3,200×0.8
  ＝4,160㎥
- 土取場からの補充盛土量　12,000－4,160＝7,840 ㎥
- 土取場からの運搬土量（ほぐし土量）　7,840×L／C＝7,840×1.2／0.8

$$= \boxed{（ロ）\textbf{11,760㎥}}$$

③ 運転1時間当たりの作業量（地山土量）の計算

下記算定式による。

**計算式**
$$Q = \frac{q_0 \times K \times f \times E}{Cm} \times 3,600 \ [㎥／h]$$

（ここで、 $f = 1／L = 1／1.25$）

$$= \frac{1 \times 0.75 \times 1／1.25 \times 0.8}{36} \times 3,600 = \boxed{（ハ）\textbf{48㎥/h}}$$

**Check!** 計算問題は必ずチェックを行うとともに、単位の確認をしましょう。

■ 軟弱地盤対策 ■

次に示す軟弱地盤対策工法の概要または特徴を解答欄に簡潔に記述しなさい。

① サンドマット工法　② 深層混合処理工法

〈解答欄〉

① サンドマット工法の概要または特徴

② 深層混合処理工法の概要または特徴

平成15年度　実地試験　問題2　設問2

設問22 軟弱地盤対策工法の概要・特徴

解答

① サンドマット工法の概要または特徴
・軟弱地盤上に厚さ50〜120cmの透水性の高い砂層を施工し、排水効果の向上を図ってコーン支持力を増大させる。

② 深層混合処理工法の概要または特徴
・深層混合処理工法には、機械撹拌工法や高圧噴射工法等があり、土質改良用添加剤により、軟弱地盤の土質性状を安定させ、地盤の強度を高める。

解説

軟弱地盤対策工法は「道路土工—軟弱地盤対策工」において示されており、解答のポイントは下記である。

●**記述文のキーワード**

- ・工法の概要では、軟弱地盤対策として施工する工法の要点や工法の内容、使用機械等を記述する。
- ・工法の特徴では、軟弱地盤対策として施工する工法の目的や効果等を記述する。

●**解答以外の記述例**

① サンドマット工法の特徴
・圧密による地盤中からの排水性の向上と、施工機械のトラフィカビリティの確保に利用される。

② 深層混合処理工法の特徴
・軟弱地盤への土質改良用添加剤により、地盤の強度を高め、すべり防止、沈下の低減及びヒービング防止効果がある。

設問23
出題頻度
△

■ 土量計算 ■

□□□

次の①～③に記述された土量（イ）、（ロ）、（ハ）を求め、それぞれ解答欄に記入しなさい。ただし、①～③の共通条件として、盛土する現場の基礎地盤は沈下せず、盛土する現場内の発生土、切土及び土取場の土量の変化率はL＝1.20、C＝0.80とする。

① 10,000㎥の盛土の施工にあたって、現場内で発生する3,600㎥（ほぐし土量）を流用するとともに、不足土を土取場から補うものとすると、土取場で掘削する地山土量は 　　（イ）　　 ㎥となる。

② 10,000㎥の盛土の施工にあたって、現場内の切土5,000㎥（地山土量）を流用するとともに、不足土を土取場から補うものとすると、土取場で掘削する地山土量は 　　（ロ）　　 ㎥となる。

③ 10,000㎥の盛土の施工にあたって、現場内で発生する2,400㎥（ほぐし土量）と切土2,000㎥（地山土量）を流用するとともに、不足土を土取場から補うものとすると、土取場で掘削する地山土量は 　　（ハ）　　 ㎥となる。

〈解答欄〉

① | （イ） |
② | （ロ） |
③ | （ハ） |

平成14年度　実地試験　問題2　設問1

設問23 **盛土施工での不足土量を変化率を用いた計算**

解答 ① （イ）**9500** ② （ロ）**7500** ③ （ハ）**8500**

解説

① 土取場で掘削する地山土量の計算

計算式

必要盛土量＝10000㎥
流用盛土量＝ほぐし土量×C／L＝3600×0.8／1.2＝2400㎥
不足盛土量＝必要盛土量－流用盛土量＝10000－2400＝7600㎥
不足地山土量＝必要盛土量÷C＝7600÷0.8＝ （イ）**9500㎥**

② 土取場で掘削する地山土量の計算

計算式

必要盛土量＝10000㎥　　流用盛土量＝地山土量×C＝5000×0.8＝4000㎥
不足盛土量＝必要盛土量－流用盛土量＝10000－4000＝6000㎥
不足地山土量＝必要盛土量÷C＝6000÷0.8＝ （ロ）**7500㎥**

③ 土取場で掘削する地山土量の計算

計算式

必要盛土量＝10000㎥　　流用盛土量＝（ほぐし土量×C／L）＋（地山土量×C）
　　　　　　　　　　　　　　　＝2400×0.80／1.2＋2000×0.8＝3200㎥
不足盛土量＝必要盛土量－流用盛土量＝10000－3200＝6800㎥
不足地山土量＝必要盛土量÷C＝6800÷0.8＝ （ハ）**8500㎥**

設問24

出題頻度

△

■ 排水処理工法 ■

□ □ □

次の２つの排水工法の概要または特徴を解答欄に簡潔に記述しなさい。

① 釜場排水工法
② ウェルポイント工法

〈解答欄〉

① 釜場排水工法

② ウェルポイント工法

平成14年度 実地試験 問題２ 設問２

■設問24 釜場排水、ウェルポイント工法の概要・特徴

解答

① 釜場排水工法
重力式排水工法として、構造物の基礎掘削の際、掘削底面に湧水や雨水を１か所に集めるための釜場を設け、水中ポンプで排水し、地下水位を低下させる。

② ウェルポイント工法
強制排水工法として、地盤中にウェルポイントという穴あき管をウオータージェットで地中に挿入し、真空ポンプにより地下水を強制的に吸出し地下水位を低下させる。

解説

仮設時の排水方法は主に「道路土工―仮設構造物工指針」において示されており、解答のポイントは下記である。

●記述文のキーワード

重力排水と強制排水の２種類の代表的なものとして、釜場排水工法とウェルポイント工法がある。

Check!

重力式排水工法と強制排水工法を強調して記述しましょう。

設問25 出題頻度 △

■ 土工工事と環境 ■

土工工事の施工により、工事現場周辺の生活環境へ影響を及ぼす可能性のある事項を3つ示し、その取るべき技術上の具体的な対応策を簡潔に記述しなさい。

〈解答欄〉

影響を及ぼす可能性のある事項	対　応　策

平成13年度　実地試験　問題2　設問1

設問25　**土工工事が生活環境へ影響を及ぼす可能性のある事項と対応策**

解答

影響を及ぼす可能性のある事項	対　応　策
騒音・振動	低騒音・低振動の建設機械を選定し、低公害対策工法により施工する。
交通障害	一般車両と建設機械との接触事故防止や、工事区間の渋滞軽減のために、交通誘導員の配置や案内板の設置を行う。
大気汚染	ダンプトラックの土砂の飛散を防止するために散水処置を行う。低公害車の使用により、建設機械の排気ガス低減を図る。

解説

土工工事の施工による、工事現場周辺の生活環境へ影響を及ぼす可能性について、記述のポイントは下記である。

●**記述文のキーワード**

土工事の施工により生活環境へ与える事項としては下記のものがあげられる。

- 騒音・振動：低騒音・低振動建設機械の選定
- 交通障害：建設機械との接触事故防止及び工事渋滞の軽減
- 大気汚染：土砂の飛散防止及び建設機械の排気ガス低減
- 地盤沈下：掘削による地盤変形の防止
- 廃棄物処理：分別収集、再生資源利用及び促進、廃棄物の適正処理

●**解答以外の記述例**

影響を及ぼす可能性のある事項	対　応　策
地盤沈下	鋼矢板等の十分な根入れ深さ確保により、ヒービング、ボイリングによる地盤変形を防止する。
廃棄物処理	分別収集、再生資源利用及び促進を図り、マニフェストによる廃棄物の適正処理を行う。

■ 土量計算 ■

　下記の土量計算表から測点No.8の累加土量（不足土量）（イ）を求め解答欄に記入するとともに、表の不足土量を土取場から運搬する場合の運搬土量（ロ）及びダンプトラックの延べ台数（ハ）を求め解答欄に記入しなさい。

　　ただし、①土取場の土の変化率は、L＝1.30、C＝0.90とする。

　　　　　　②ダンプトラック1台の積載土量（ほぐし土量）は、5.0㎥とする。

　　　　　　③作業中の土星の損失は考慮しない。

　　　　　　④数値は、小数点以下第1位を四捨五入する。

| 測点 | 距離（m） | 切土 | | | 盛土 | | | | 差引土量（㎡） | 累加土量（㎡） |
		断面積（㎡）	平均断面積（㎡）	土量（㎡）	断面積（㎡）	平均断面積（㎡）	土量（㎡）	変化率		
0		0								
1	20	40	20	400						
2	20	0	20	400	0	0				
3	20	0			72	36	720	0.9		
4	20	0			0	36	720	0.9		
5	20	30	15	300	0	0	0			
6	20	0	15	300	54	27	540	0.9		
7	20	0			36	45	900	0.9		
8	20	0			0	18	360	0.9		（イ）

〈解答欄〉

（イ）	累加土量	
（ロ）	運搬土量	
（ハ）	延べ台数	

平成12年度　実地試験　問題2　設問1

設問26 土量計算表から不足土量を求めてダンプトラックの運搬台数を計算

解答

（イ）	累加土量	**2,200㎥**
（ロ）	運搬土量	**2,860㎥**
（ハ）	延べ台数	**572台**

解説

（イ）下記の土量計算表の空欄を計算する。

 **計算式**

- 切土土量は地山土量として、そのままの数値を使用する。
- 盛土土量は**地山土量への換算**を行うものとし、下式より求める。

  地山土量への換算＝盛土土量÷C（変化率0.9）

- 差引土量＝切土土量－換算地山土量
- 累加土量は、切土が＋、盛土（換算地山土量）を－として累加していく。

測点	距離 （m）	切 土			盛 土					差引 土量 （㎥）	累加 土量 （㎥）
		断面積 （㎡）	平 均 断面積 （㎡）	土量 （㎥）	断面積 （㎡）	平 均 断面積 （㎡）	土量 （㎥）	変化率	地山へ の換算 （㎥）		
0		0								0	0
1	20	40	20	400						+400	+400
2	20	0	20	400	0	0				+400	+800
3	20	0			72	36	720	0.9	800	-800	0
4	20	0			0	36	720	0.9	800	-800	-800
5	20	30	15	300	0	0	0			+300	-500
6	20	0	15	300	54	27	540	0.9	600	-300	-800
7	20	0			36	45	900	0.9	1000	-1000	-1800
8	20	0			0	18	360	0.9	400	-400	-2200

土工計算表より、最終累加土量として

累加土量（不足土量）＝**2,200㎥**

（ロ）運搬土量（ほぐし土量）＝累加土量（不足土量）×L

$$= 2,200 \times 1.3 = \textbf{2,860㎥}$$

（ハ）ダンプトラック延べ台数＝運搬土量（ほぐし土量）÷積載量

$$= 2,860 \div 5 = \textbf{572台}$$

2 コンクリート

学習のポイント

- コンクリート（構造物）の施工に関しては、最重要課題として、運搬、打込み、締固め、型枠・支保工、養生の各項目に区分してしっかりと整理する。
- コンクリートの品質について、規定項目及び規定値を整理する。
- コンクリート構造物の劣化・ひび割れについて、原因及び対策を理解する。
- 鉄筋の施工に関する留意点を整理する。
- 打ち継目の施工に関する留意点を整理する。
- 特殊コンクリート（暑中・寒中コンクリート）の施工についても、学習しておく。
- コンクリートをつくる材料について、種類ごとに学習しておく。

1 コンクリート（構造物）の施工

出題頻度

コンクリート（構造物）の施工における留意点を、各項目別に整理する（「コンクリート標準示方書・施工編」を参照する）。

【運搬】

①練混ぜから打終わりまでの時間については、一般の場合には、外気温25℃以下のときは**2時間以内**、25℃を超えるときは**1.5時間以内**を標準とする。

②現場までの運搬については、運搬距離が長い場合や、スランプの大きいコンクリートの場合は、**トラックミキサ**や**トラックアジテータ**を使用する。また、レディーミクストコンクリートは、練混ぜを開始してから荷卸しまでの時間を**1.5時間以内**とする。

トラックアジテータ

③現場内での運搬については下記の点に留意する。

- コンクリートポンプの輸送管の径は、各種条件を考慮し**圧送性**に余裕のあるものを選定する。

- コンクリートポンプの配管経路はできるだけ**短く**、**曲がりの数**を少なくする。

- 圧送に先立ち、コンクリートの水セメント比より小さい水セメント比の先送りモルタルを圧送し配管内面の潤滑性を確保する。

コンクリートポンプ

- バケットは材料分離の起こしにくく、コンクリートの排出が容易なものとする。

バケット

- シュートは縦シュートの使用を標準とし、コンクリートが1か

所に集まらないようにし、やむを得ず斜めシュートを用いる場合、傾きは水平2に対し鉛直1程度を標準とする。

- ベルトコンベアを使用する場合、終端には**バッフルプレート**及び**漏斗管**を設ける。

- 手押し車やトロッコを用いる場合は、運搬路は平らで、運搬距離は**50〜100m以下**とする。

シュート

【打込み】

①コンクリートの打込み前には、鉄筋や型枠の配置を確認し、型枠内にたまった水は除いておく。

②打込み作業においては、鉄筋や型枠の配置を乱さない。

③打込み位置は、目的の位置に近いところにおろし、型枠内では**横移動**させない。

④一区画内では完了するまで連続で打込み、ほぼ**水平**に打込む。

⑤2層以上に分けて打込む場合は、各層のコンクリートが一体となるように施工し、許容打重ね時間の間隔は、外気温25℃以下の場合は**2.5時間**、25℃を超える場合は**2.0時間**とする。

⑥打上り面は水平になるように打込み、1層当たりの打込み高さは**40〜50cm以下**を標準とする。

⑦吐出し口と打込み面までの高さは**1.5m以下**を標準とする。

⑧表面にブリーディング水がある場合は、これを取り除く。

⑨打上り速度は、30分当たり**1.0〜1.5m以下**を標準とする。

⑩沈下ひび割れ防止のために、打込み順序としては、壁または柱のコンクリートの沈下がほぼ終了してからスラブまたは梁のコンクリートを打込む。

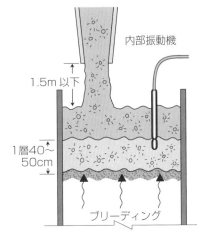

内部振動機

1.5m以下

1層40〜50cm

ブリーディング

コンクリートの打込み

【締固め】

①締固めは原則として**内部振動機**を使用するが、困難な場合は**型枠振動機**を使用してもよい。

②内部振動機は、下層のコンクリート中に**10cm程度**挿入する。

③内部振動機は、鉛直で一様な間隔で差し込み、一般に間隔は**50cm以下**とする。

④締固め時間の目安は**5〜15秒程度**とし、引き抜くときは徐々に引き抜き、後に穴が残らないようにする。

⑤締固め終了後のコンクリートの表面は、しみ出た水がなくなるかまたは上面の水を取り除くまでは仕上げてはならない。

⑥仕上げ作業後、コンクリートが固まりはじめるまでの間に発生したひび割れは、タンピングまたは再仕上げによって修復する。

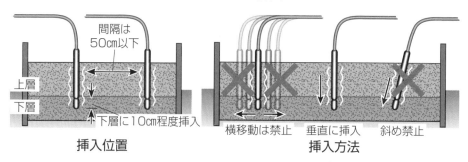

コンクリートの締固め

【型枠・支保工】

①型枠（せき板）またはパネルの継目は部材軸に**直角**または**平行**とし、モルタルが漏出しない構造とする。

②型枠（せき板）は、転用して使用が前提となり、一般に転用回数は、合板の場合**5回程度**、プラスチック型枠の場合**20回程度**、鋼製型枠の場合**30回程度**を目安とする。

③せき板内面にははく離剤材を塗布する。

④支保工は受ける荷重を確実に基礎に伝える形式とする。

⑤支保工の基礎は沈下や不等沈下を生じないようにする。

⑥型枠を取り外してよい時期のコンクリートの圧縮強度の参考値は、下表のとおりである。

型枠を取り外してよい時期のコンクリート圧縮強度の参考値

部材面の種類	例	コンクリートの圧縮強度（N/㎜）
厚い部材の鉛直に近い面、傾いた上面、小さいアーチの外面	フーチングの側面	3.5
薄い部材の鉛直に近い面、45度より急な傾きの下面、小さいアーチの内面	柱、壁、梁の側面	5.0
スラブ及び梁、45度より緩い傾きの下面	スラブ、梁の底面、アーチの内面	14.0

【養生】

①表面を荒らさないで作業ができる程度に硬化したら、下表に示す養生期間を保たなければならない。

必要な養生期間

日平均気温	普通ポルトランドセメント	混合セメントB種	早強ポルトランドセメント
15℃以上	5日	7日	3日
10℃以上	7日	9日	4日
5℃以上	9日	12日	5日

②せき板は、乾燥するおそれのあるときは、これに散水し湿潤状態にしなければならない。

③膜養生は、コンクリート表面の**水光りが消えた直後**に行い、散布が遅れるときは、膜養生剤を散布するまではコンクリートの表面を湿潤状態に保ち、膜養生剤を散布する場合には、鉄筋や打継目等に付着しないようにする必要がある。

④寒中コンクリートの場合、保温養生あるいは給熱養生が終わった後、温度の高いコンクリートを急に**寒気**にさらすと、コンクリートの表面にひび割れが生じるおそれがあるので、適当な方法で保護し表面が徐々に冷えるようにする。

⑤暑中コンクリートの場合、**直射日光**や**風**にさらされると急激に乾燥してひび割れを生じやすい。打込み後は速やかに養生する必要がある。

散水

むしろ

湿潤養生

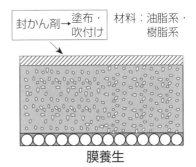

封かん剤 → 塗布・吹付け　材料：油脂系・樹脂系

膜養生

✋ **Check!**　●コンクリートの施工に関しては、「運搬」、「打込み」、「締固め」、「型枠・支保工」、「養生」の項目ごとに整理しましょう。

---

2 ## コンクリートの品質・耐久性・劣化　　　出題頻度 △

【コンクリートの品質規定】

コンクリートは一般には下記のとおり、主な品質の規定がされている（コンクリート標準示方書参照）。

①スランプ

スランプとは、コンクリートの硬軟を判定するもので、スランプ試験でのコーンの中心位置におけるコンクリートの下がった量をcmで表示する値である。

（単位：cm）

スランプ	2.5	5及び6.5	8～18	21
スランプの誤差	±1	±1.5	±2.5	±1.5

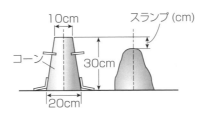

10cm

スランプ (cm)

コーン

30cm

20cm

②空気量

コンクリートの全体積に占める気泡の全体積の割合を百分率で表した値で、コンクリートに適正な空気量を確保することは耐凍害性を向上させ、ワーカビリティの改善に有効である。

(単位：%)

コンクリートの種類	空気量	空気量の許容差
普通コンクリート	4.5	
軽量コンクリート	5.0	±1.5
舗装コンクリート	4.5	

③塩化物含有量

コンクリート中に含まれる**塩化物イオン**は、鋼材を腐食させ、その腐食生成物の体積膨張が、ひび割れやはく離・はく落を引き起こしたり、鋼材の断面減少を伴うことで構造物の性能を低下させる塩害を引き起こす。

塩化物イオン量として**0.30kg/㎥以下**とする（承認を受けた場合は**0.60kg/㎥以下**）。

④圧縮強度

- 強度は材齢28日における標準養生供試体の試験値で表し、1回の試験結果は、呼び強度の強度値の**85%以上**とする。
- かつ3回の試験結果の平均値は、呼び強度の強度値以上とする。

⑤アルカリ骨材反応の防止・抑制対策

- アルカリシリカ反応性試験（化学法及びモルタルバー法）で無害と判定された骨材を使用して防止する。
- コンクリート中のアルカリ総量をNa_2O換算で**3.0kg/㎥以下**に抑制する。
- 混合セメント ｛高炉セメント（B種、C種）、フライアッシュセメント（B種、C種)｝ を使用して抑制する。

 **Check!** ●コンクリートの**品質規定**としては、「スランプ」「空気量」「塩化物含有量」「圧縮強度」「アルカリ骨材反応」について**5点セット**として理解しておきましょう。

【ひび割れ現象】

ひび割れの種類、原因及び対策を下記のように整理する。

ひび割れの種類	原　　　因	対　　　策
温度ひび割れ	施工時と硬化後における気温差によりコンクリートの収縮が生じる。	◎打設時のコンクリート温度を低くする。 ◎石灰石等の気温の影響の少ない骨材を使用する。
鉄筋の腐食によるひび割れ	コンクリートの中性化が、鉄筋に到達したときに生じる。	◎十分なかぶりを確保する。 ◎水セメント比を50％以下とする。
アルカリ骨材反応によるひび割れ	アルカリ反応性骨材とコンクリート中のアルカリ成分が化学反応してシリカ分が異常膨張する。	◎アルカリシリカ反応で無害の骨材を使用する。 ◎アルカリ総量を3.0kg/㎥以下に抑制する。 ◎混合セメント（B種、C種）を使用して抑制する。

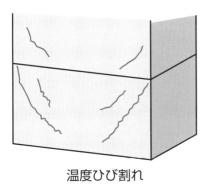

温度ひび割れ

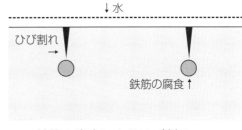

鉄筋の腐食によるひび割れ

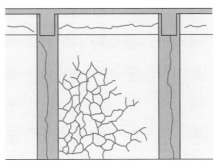

アルカリ骨材反応によるひび割れ

【劣化現象】

コンクリート構造物の耐久性を阻害する主な劣化現象を下記に整理する。

劣化現象	劣化要因	劣化現象の概要
中性化	二酸化炭素	◎大気中の二酸化炭素がコンクリート内に浸入し、セメント水和物と炭酸化反応を起こしpHを低下させる現象である。 ◎中性化が鉄筋などの鋼材に到達すると、鋼材の腐食が促進され、コンクリートのひび割れやはく離、鋼材の断面減少を引き起こす。
塩害	塩化物イオン	◎塩化物イオンによりコンクリート中の鋼材の腐食が促進され、コンクリートのひび割れやはく離、鋼材の断面減少を引き起こす。
凍害	凍結融解作用	◎コンクリート中の水分が凍結融解を繰り返すことによって、コンクリート表面からスケーリング、微細ひび割れ及びポップアウトなどの形で劣化が増加する。
アルカリシリカ反応	反応性骨材	◎骨材中に含まれる反応性シリカ鉱物や炭酸塩岩を有する骨材とコンクリート中のアルカリ成分が反応して、コンクリートの異常膨張によりひび割れが発生する。

●「劣化現象」と「ひび割れ」の原因と対策は異なることに注意しましょう。

【鉄筋の施工】

鉄筋の施工における留意点を下記に整理する。

① 曲げ加工した鉄筋の**曲げ戻し**は原則として行わない。

② 加工は**常温**で行うのを原則とする。

③ 鉄筋は、原則として**溶接**してはならない。やむを得ず溶接し、溶接した鉄筋を曲げ加工する場合には溶接した部分を避けて曲げ加工しなければならない（鉄筋径の10倍以上離れた箇所で行う）。

④ 鉄筋の交点の要所は、直径**0.8mm以上**の焼なまし鉄線または適切なクリップで緊結する。

⑤ 組立用鋼材は、鉄筋の位置を固定するとともに、組み立てを容易にする点からも有効である。

⑥ **かぶり**とは、鋼材（鉄筋）の表面からコンクリート表面までの最短距離で計測した厚さである。

⑦ 型枠に接するスペーサーは**モルタル製**あるいは**コンクリート製**を原則として使用する。

⑧ 継手位置はできるだけ応力の大きい断面を避け、同一断面に集めないことを標準とする。

⑨ 重ね合せの長さは、鉄筋径の**20倍以上**とする。

⑩ 重ね継手は、直径**0.8mm以上**の焼なまし鉄線で数箇所緊結する。

⑪ 継手の方法は重ね継手、ガス圧接継手、溶接継手、機械式継手から適切な方法を選定する。

⑫ ガス圧接継手の場合は、圧接面は面取りし、鉄筋径**1.4倍以上**のふくらみを要する。

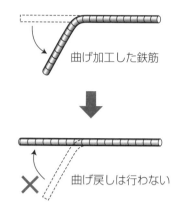

曲げ加工した鉄筋

曲げ戻しは行わない

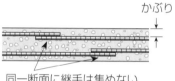

かぶり

同一断面に継手は集めない

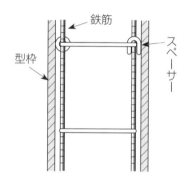

鉄筋
スペーサー
型枠

継手の長さL
（鉄筋径の20倍以上）

重ね継手

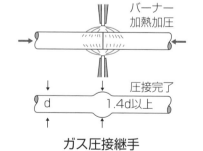

バーナー
加熱加圧

圧接完了
d　1.4d以上

ガス圧接継手

 ● 「継手の位置」と「種類」を整理しておきましょう。
● 鉄筋の加工、組み立てに関しては、「曲げ加工」と「スペーサー」が重要項目です。

4 打継目

【継目の施工】

継目の施工における留意点を下記に整理する（コンクリート標準示方書参照）。

①打継目は、できるだけ**せん断力の小さい位置**に設け、打継面を部材の圧縮力の作用方向と直交させる。

②打継目の計画にあたっては、温度応力、乾燥収縮等によるひび割れの発生について考慮する。

③水密性を要するコンクリートは適切な間隔で打継目を設ける。

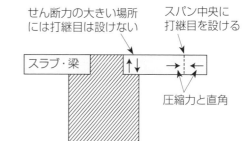

④水平打継目において、美観が求められる場合は、型枠に接する線は、できるだけ**水平**な直線となるようにする。

⑤水平打継目において、コンクリートを打継ぐ場合、既に打込まれたコンクリート表面のレイタンス、品質の悪いコンクリート等を完全に取り除き、十分に吸水させる。

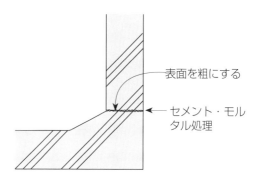

⑥鉛直打継目の施工においては、型枠を確実に締め直し、既設コンクリートと打設コンクリートが密着するように強固に締固める。

⑦鉛直打継目の施工においては、旧コンクリート面をワイヤブラシ、チッピング等により粗にして、セメントペースト、モルタル、エポキシ樹脂等を塗り、一体性を高める。

レイタンスとは、コンクリート表面中に浮かび出た異物質です。

●「水平打継目」と「鉛直打継目」の違いを理解しておきましょう。

【寒中コンクリート】

①日平均気温が**4℃以下**になることが予想されるときは、寒中コンクリートとして施工する。

②セメントは**ポルトランドセメント**及び**混合セメントB種**を用いる。

③配合は**AEコンクリート**とする。

④打込み時のコンクリート温度は**5〜20℃**の範囲とする。

⑤打込みは、練混ぜはじめてから打終わるまでの時間をできるだけ短くする。

【暑中コンクリート】

①日平均気温が**25℃**を超えることが予想されるときは、暑中コンクリートとして施工する。

②打込みは練混ぜ開始から打ち終わるまでの時間が**1.5時間以内**を原則とする。

③打込み時のコンクリートの温度は**35℃以下**とする。

 ●寒中コンクリート及び暑中コンクリートにおける日平均気温、コンクリート温度、打設時間を整理しておきましょう。

6 **コンクリート材料**　　　出題頻度

【セメント】

①ポルトランドセメントは、普通・早強・超早強・中庸熱・低熱・耐硫酸塩ポルトランドセメントの**6種類**が規定されている。

②混合セメントは、JISにおいて以下の**4種類**が規定されている。

● **高炉セメント**：A種・B種・C種の**3種類**

● **フライアッシュセメント**：A種・B種・C種の**3種類**

● **シリカセメント**：A種・B種・C種の**3種類**

● **エコセメント**：普通エコセメント、速硬エコセメントの**2種類**

【練混ぜ水】

一般に**上水道水**、河川水、湖沼水、地下水、工業用水（ただし、鋼材を腐食させる有害物質を含まない水）を使用し、**海水**は使用しない。

【骨材】

①細骨材とは、**10mm網ふるい**を全部通り、**5mm網ふるい**を質量で**85%以上**通るものをいう。

②細骨材の種類としては、砕砂、高炉スラグ細骨材、フェロニッケルスラグ細骨材、銅スラグ細骨材、電気炉酸化スラグ細骨材、再生細骨材がある。

③粗骨材とは、**5mm網ふるい**に質量で**85%以上**留まるものをいう。

④粗骨材の種類としては、砕石、高炉スラグ粗骨材、電気炉酸化スラグ粗骨材、再生粗骨材がある。

⑤骨材の含水状態による呼び名は、「**絶対乾燥状態**」「**空気中乾燥状態**」「**表面乾燥飽水状態**」「**湿潤状態**」の4つで表す。示方配合では、「**表面乾燥飽水状態**」を吸水率や表面水率を表すときの基準とする。

【混和材料】

①混和材は、コンクリートの**ワーカビリティ**を改善し、**単位水量**を減らし、**水和熱**による温度上昇を小さくするもので、主な混和材としてフライアッシュ、シリカフューム、高炉スラグ微粉末等がある。

②混和剤は、**ワーカビリティ**、**凍霜害性**を改善するものとしてＡＥ剤、ＡＥ減水剤等があり、**単位水量**及び**単位セメント量**を減少させるものとしては、減水剤やＡＥ減水剤等、その他高性能減水剤、流動化剤、硬化促進剤等がある。

コンクリート材料			
セメント	水	砂利	混和材料
ポルトランドセメント、特殊セメント、混合セメント	一般に上水道水を使用、海水は不可	細骨材、粗骨材	混和材、混和剤

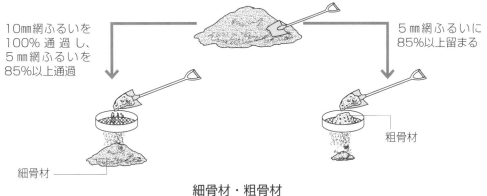

10mm網ふるいを100％通過し、5mm網ふるいを85％以上通過

5mm網ふるいに85％以上留まる

粗骨材

細骨材

細骨材・粗骨材

 ●コンクリート材料に関しては、セメント及び混和材料が重要項目です。

設問1
出題頻度

■ コンクリートの施工 ■ □□□

　コンクリートの施工に関する次の①～④の記述のすべてについて、適切でない語句が文中に含まれている。①～④のうちから2つ選び、番号、適切でない語句及び適切な語句をそれぞれ解答欄に記述しなさい。

① コンクリート中にできた空隙や余剰水を少なくするための再振動を行う適切な時期は、締固めによって再び流動性が戻る状態の範囲でできるだけ早い時期がよい。

② 仕上げ作業後、コンクリートが固まり始めるまでの間に発生したひび割れは、棒状バイブレータと再仕上げによって修復しなければならない。

③ コンクリートを打ち継ぐ場合には、既に打ち込まれたコンクリートの表面のレイタンス等を完全に取り除き、コンクリート表面を粗にした後、十分に乾燥させなければならない。

④ 型枠底面に設置するスペーサは、鉄筋の荷重を直接支える必要があるので、鉄製を使用する。

〈解答欄〉

番号	適切でない語句	適切な語句

令和3年度　第2次検定　問題9

設問1　コンクリートの施工に関する問題

　下記のうち2つを選んで記述する。

番号	適切でない語句	適切な語句
①	早い時期	遅い時期
②	棒状バイブレータ	タンピング
③	乾燥	吸水
④	鉄製	コンクリート製あるいはモルタル製

解説

　コンクリートの施工に関しては、主に「コンクリート標準示方書（土木学会）」等において示されている。

- 例題演習として過去に出題された問題を掲載しました。実際に自分で解答欄に記述してみてください。
- 出題の傾向については、別冊「1級土木施工管理技術検定試験　第2次検定問題」で表にまとめていますので参照してください。

設問2
出題頻度

■ コンクリートの施工 ■ □□□

　コンクリート構造物の施工に関する次の文章の [　　　] の（イ）～（ホ）に当てはまる適切な語句を解答欄に記述しなさい。

(1) 継目は設計図書に示されている所定の位置に設けなければならないが、施工条件から打継目を設ける場合は、打継目はできるだけせん断力の [（イ）] 位置に設けることを原則とする。

(2) [（ロ）] は鉄筋を適切な位置に保持し、所要のかぶりを確保するために、使用箇所に適した材質のものを、適切に配置することが重要である。

(3) 組み立てた鉄筋の一部が長時間大気にさらされる場合には、鉄筋の [（ハ）] 処理を行うか、シートなどによる保護を行う。

(4) コンクリート打込み時に型枠に作用するコンクリートの側圧は、一般に打上がり速度が速いほど、また、コンクリート温度が低いほど [（ニ）] なる。

(5) コンクリートの打込み後の一定期間は、十分な [（ホ）] 状態と適当な温度に保ち、かつ有害な作用の影響を受けないように養生をしなければならない。

〈解答欄〉

(1)	（イ）	(2)	（ロ）
(3)	（ハ）	(4)	（ニ）
(5)	（ホ）		

令和1年度　実地試験　問題3

設問2　**コンクリート構造物の施工に関する問題**

解答

(1)　（イ）**小さい**　　(2)　（ロ）**スペーサ**
(3)　（ハ）**防せい**　　(4)　（ニ）**大きく**
(5)　（ホ）**湿潤**

解説

　コンクリート構造物の施工に関しては、主に「コンクリート標準示方書・施工編：施工標準」において示されている。

■ 暑中コンクリート ■

　暑中コンクリートの施工に関する下記の（1）、（2）の項目について配慮すべき事項をそれぞれ解答欄に記述しなさい。

　(1)　暑中コンクリートの打込みについて配慮すべき事項
　(2)　暑中コンクリートの養生について配慮すべき事項

〈解答欄〉

項目	配慮すべき事項
(1) 打込み	
(2) 養生	

平成29年度　実地試験　問題8

設問3　暑中コンクリートの施工に関する問題

解答

下記で挙げている内容がそれぞれまとめられていればよい。

(1) 暑中コンクリートの打込みについて配慮すべき事項
・打込み時のコンクリートの温度は、35℃以下とする。 ・練混ぜ開始から打ち終わるまでの時間は1.5時間以内とする。 ・直射日光により型枠、鉄筋が高温にならないよう、散水や覆い等により防止する。 ・コンクリート打込み前には地盤や型枠等は散水や覆い等により湿潤状態に保つ。
(2) 暑中コンクリートの養生について配慮すべき事項
・養生期間中は露出面を湿潤状態に保つ。 ・散水、覆い等により表面の乾燥を抑える。 ・打込み終了後、速やかに養生を開始し、コンクリート表面を乾燥から保護する。 ・膜養生の実施により水分の逸散を防止する。

解説

　暑中コンクリートの施工に関しては、主に「コンクリート標準示方書・施工編：施工標準　13章　暑中コンクリート」において示されている。

設問4

出題頻度

○

■ 暑中コンクリート ■

日平均気温が25℃を超えることが予想されるときには、暑中コンクリートとしての施工を行うことが標準となっている。暑中コンクリートを打込みする際の留意すべき事項を2つ解答欄に記述しなさい。

ただし、通常コンクリートの打込みに関する事項は除くとともに、また暑中コンクリートの配合及び養生に関する事項も除く。

〈解答欄〉

暑中コンクリートを打込みする際の留意すべき事項

平成27年度　実地試験　問題8

設問4　暑中コンクリートの打込みに関する問題

解答

下記のうち2つを選び記述する。

暑中コンクリートを打込みする際の留意すべき事項
練混ぜ開始から打ち終わるまでの時間は、1.5時間以内とする。
打込み時のコンクリートの温度は、35℃以下とする。
コンクリート打込み前には地盤や型枠等は散水や覆い等により湿潤状態に保つ。
直射日光により型枠や鉄筋が高温にならないように散水や覆い等により防止する。

解説

暑中コンクリートの打込みに関しては、主に「コンクリート標準示方書」において示されている。

・気温、コンクリート温度、打設時間について、それぞれを区分して記述しましょう。

■ コンクリートの施工 ■ □□□

マスコンクリートの温度ひび割れ対策として、打込み及び養生に関する留意点を各々1つ解答欄に記述しなさい。

〈解答欄〉

項　目	留　意　点
打込み	
養　生	

平成25年度　実地試験　問題3　設問2

設問5　マスコンクリートの温度ひび割れ対策に関する問題

解答

下記よりそれぞれ1つ選び記述する。

項　目	留　意　点
打込み	・骨材や水を冷却し、コンクリート温度を下げて打設する。 ・打込み温度が事前に計画された温度を超えないようにする。 ・打込み区画をできるだけ小さくする。
養　生	・型枠の存置期間を長くし、表面の急激な温度低下と乾燥を防止する。 ・コンクリート表面を断熱性のよい材料で覆い、温度低下を緩やかにする。 ・パイプクーリングやプレクーリングによる冷却を行う。

解説

マスコンクリートの温度ひび割れ対策として、打込み及び養生に関する留意点は、主に「コンクリート標準示方書」により定められている。

 設問が「打込み」及び「養生」となっているので、「配合」や「材料」等についての記述はしないようにしましょう。

■ 暑中・寒中コンクリート ■

設問6

コンクリートの用語及び施工に関する下記の (1)(2) について解答欄に記述しなさい。

(1) コールドジョイントの用語の説明と、暑中コンクリートの施工においてコールドジョイントの発生を防止するための施工上の対策を1つ解答欄に記述しなさい。

(2) 初期凍害の用語の説明と、寒中コンクリートの施工において初期凍害の発生を防止するための施工上の対策を1つ解答欄に記述しなさい。

〈解答欄〉

用語	用語の説明	防止するための施工上の対策
(1) コールドジョイント		
(2) 初期凍害		

平成23年度 実地試験 問題3 設問2

設問6 **コンクリート中の鉄筋を保護する有効な対策に関する記述**

解答

用語	用語の説明	防止するための施工上の対策
(1) コールドジョイント	前に打ち込まれたコンクリートの上に後から打ち込まれたコンクリートが一体化しない状態となって、打ち重ねた部分に不連続な面が生じること。	打ち重ね時にコンクリートの打設の間隔をできる限り短くすること（打ち重ね時間を2時間以内とする）。
(2) 初期凍害	コンクリートの凝結・硬化過程で1～数回の凍結融解作用を受けて強度低下や破損を起こす現象。	打込み時のコンクリートの温度を5～20℃程度に保つ。

解説

（1）「コールドジョイント」を防ぐための対策としては以下の点が挙げられる。

①打ち重ね時にコンクリートの打設の間隔をできる限り短くすること（打ち重ね時間を2時間以内とする）。

②打ち重ね時にバイブレーダー等を使い、新旧のコンクリートの一体化を図るようにすること（下層のコンクリートに10cm程度挿入して締固める）。

（2）「初期凍害」を防ぐための対策としては以下の点が挙げられる。

①打込み時のコンクリートの温度を5～20℃程度に保つ。

②養生温度を5℃以上とし、表面温度は20℃を超えないようにする。

■ コンクリートの施工 ■

コンクリートの打込み、締固め及び仕上げに関する記述として適切でないものを次の①～⑩から3つ抽出し、その番号をあげ、適切でない箇所を訂正して解答欄に記入しなさい。

① 打込んだコンクリートの水分が型枠に吸われると、よい仕上がり面が得られないことが多いため、吸水するおそれのある部分は、あらかじめ湿らせておく。

② シュートを用いる場合には、材料分離を防ぐために縦シュートを使用することを標準とし、斜めシュートを用いる場合には、シュートの傾きを水平0.5に対して鉛直1程度を標準とする。

③ コンクリートは、打上り面がほぼ水平になるように打込むことを原則とし、コンクリートの1層の高さは、使用する内部振動機の性能などを考慮して40～50cm以下を標準とする。

④ コンクリートを2層以上に分けて打込む場合、各層相互が一体となるよう許容打重ね時間の間隔の標準が決められており、外気温が25℃以下の場合には2.5時間、25℃を超える場合は2.0時間以内とされている。

⑤ コンクリートの打上り速度は、一般の場合には30分当たり1.0～1.5m程度を標準とする。

⑥ スラブまたは梁のコンクリートが壁または柱のコンクリートと連続している場合には、沈下ひび割れを防止するために、連続してなるべく速やかにコンクリートを打込むことを標準とする。

⑦ 締固めにあたっては、上下層が一体となるように、内部振動機を下層のコンクリート中に5cm程度挿入する。

⑧ 1か所当たりの締固め時間の目安は一般には5～15秒程度であり、表面に光沢が現れてコンクリート全体が均一に溶けあったように見えることを確認したら、内部振動機をなるべくすばやく引き抜く。

⑨ 仕上げ作業後、コンクリートが固まりはじめるまでの間に発生したひび割れは、こてによるタンピングまたは再仕上げによって修復する。

⑩ 滑らかで密実な表面を必要とする場合には、作業が可能な範囲内で、できるだけ遅い時期に、金ごてで強い力を加えてコンクリート表面を仕上げる。

〈解答欄〉

番号	適切でない箇所	訂正部分

平成22年度　実地試験　問題3　設問1

設問7　コンクリートの打込み、締固め及び仕上げに関する記述

解答

番号	適切でない箇所	訂正部分
②	水平0.5に対して鉛直1	水平2に対して鉛直1
⑥	連続してなるべく速やかにコンクリートを打込む	壁または柱のコンクリートの沈下が終了してからスラブまたは梁のコンクリートを打込む
⑦	5cm程度	10cm程度
⑧	すばやく引き抜く	徐々に垂直に引き抜く

以上より適切でないもの4つのうち、3つを記述する。

解説

「コンクリート標準示方書・施工編」を参照して、有効な対策を検討する。

 数字に関する記述に注意しましょう。

187

▣ 鉄筋 ▣

コンクリート中の鉄筋を保護する性能を確保するための有効な対策を5つ解答欄に記述しなさい。

〈解答欄〉

有　　効　　な　　対　　策

平成22年度　実地試験　問題3　設問2

設問8　コンクリート中の鉄筋を保護する有効な対策に関する記述

解答

有　　効　　な　　対　　策
鉄筋とコンクリートの付着を確保するために、鉄筋は組み立てる前に清掃し、浮き錆などは取り除く。
鉄筋とコンクリートのかぶりや有効高さ、鉄筋相互のあきを確保する。
型枠に接するスペーサーはモルタル製またはコンクリート製の使用を原則とする。
鉄筋の錆を防止するため、組み立てた鉄筋が長時間大気にさらされる場合は防錆処理を行う。
鉄筋は組み立てる前に清掃し、鉄筋を組み立ててから長時間が経過した場合は、コンクリートを打込む前に再度鉄筋の清掃を行う。
鉄筋を樹脂塗装等で被覆し、防錆処理を行う。
コンクリート中の塩化物含有量を0.3kg／㎥以下にする。
粗骨材最大寸法を大きくすることにより、単位水量の少ない配合のコンクリートとする。

以上より5つを選び記述する。

解説

コンクリートの施工はコンクリート標準示方書・施工編を参照して、有効な対策を検討する。

 鉄筋自体の対策以外のみにこだわらず、コンクリートの施工においても対策が可能であることに留意しましょう。

設問9

出題頻度

■ コンクリートの施工 ■

□□□

コンクリート構造物の施工（鉄筋工、型枠工及び支保工）に関する内容の記述として適切でないものを次の①～⑩から3つ抽出し、その番号をあげ、適切でない箇所を訂正して解答欄に記入しなさい。

① 鉄筋のかぶりを正しく確保するためのスペーサの選定と配置にあたっては、使用箇所の条件、固定方法及び鉄筋の質量、作業荷重等を考慮し、必要な間隔に配置する。

② 型枠の締付けにはボルトまたは棒鋼を用いるのを標準とし、これらの締付け材は、型枠を取り外した後、コンクリート表面に残しておいてはならない。

③ 型枠及び支保工の組み立ては、要求される精度が満足されているか、コンクリートの打込み後に組み立て精度を確認しなければならない。

④ 型枠及び支保工の鉛直方向荷重の計算に用いる普通コンクリートの単位容積質量は、1800kg／㎥として計算することを標準とする。

⑤ 鉄筋の継手に、重ね継手、ガス圧接継手、溶接継手、機械式継手を用いる場合は、「鉄筋定着・継手指針」に従うことを原則とする。

⑥ 継ぎ足しのために、構造物から露出させておく鉄筋は、損傷、腐食等を受けないよう防せい材を塗布したり、高分子材料の皮膜で包んで保護する方法がある。

⑦ エポキシ樹脂塗装鉄筋の加工及び組み立てにあたっては、塗膜の材質を害さないよう特性に応じた適切な方法で実施する。

⑧ やむを得ず溶接した鉄筋を曲げ加工する場合は、加工性及び信頼性を考慮し、溶接した部分より鉄筋直径の5倍以上離れたところで加工する。

⑨ 鉄筋の加工は、機械加工により太い鉄筋でも常温における曲げ加工が可能であるので、常温加工を原則とする。

⑩ 型枠を取り外す順序は、柱、壁等の鉛直部材については、スラブ、梁等の水平部材の型枠よりも遅く取り外すのが原則である。

〈解答欄〉

番号	適切でない箇所	訂正部分

解答

番号	適切でない箇所	訂正部分
③	打込み後に	打込み前に
④	1800kg／㎥	2400kg／㎥
⑧	5倍以上	10倍以上
⑩	遅く	早く

以上より適切でないもの4つのうち、3つを記述する。

解説

コンクリートの施工は「コンクリート標準示方書・施工編」を参考にする。

 **Check!** 数字に関する記述に注意しましょう。

●参考図

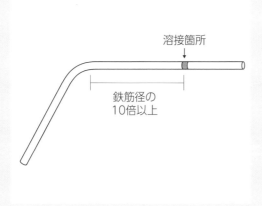

溶接箇所

鉄筋径の
10倍以上

溶接した鉄筋を曲げ加工する場合、溶接箇所から鉄筋径の10倍以上離れたところで加工する。

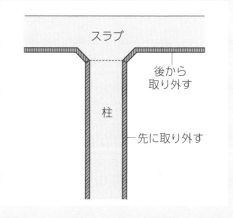

スラブ

後から
取り外す

柱

先に取り外す

型枠を取り外す際は、スラブや梁等の水平部材よりも柱や壁などの鉛直部材を先に取り外す。

■ 品質・耐久性・劣化 ■

コンクリート構造物の耐久性を阻害する下記の劣化機構の中から2つ選び、各々の劣化要因とその劣化現象の概要を解答欄に簡潔に記述しなさい。

ただし、劣化防止対策に関するものは除く。

「劣化機構」

　・中性化　　　・塩害　　　・凍害　　　・アルカリシリカ反応

〈解答欄〉

劣化機構	劣化要因	劣化現象の概要

平成21年度　実地試験　問題3　設問2

設問10　コンクリート構造物の耐久性を阻害する劣化機構に関する問題

解答

劣化機構	劣化要因	劣化現象の概要
中性化	二酸化炭素	大気中の二酸化炭素がセメント水和物と炭酸化反応を起こしpHを低下させる。コンクリートが中性になると鋼材の不動体被膜が破壊され、鋼材が腐食し、コンクリートのひび割れやはく離、鋼材の断面減少を引き起こす。
塩害	塩化物イオン	塩化物イオンがコンクリート中に侵入し、鋼材の腐食が促進され、コンクリートのひび割れやはく離、鋼材の断面減少を引き起こす。
凍害	凍結融解作用	コンクリート中の水分が凍結と融解を繰り返すことによって、コンクリート表面からスケーリング、微細ひび割れ及びポップアウトなどの形で劣化する。
アルカリシリカ反応	反応性骨材	骨材中に含まれる反応性シリカ鉱物や炭酸塩岩を有する骨材がコンクリート中のアルカリ性水溶液と反応して、コンクリートに異常膨張やひび割れを発生させる。

以上より、2つを選定し記述する。

解説

コンクリート標準示方書・維持管理編を参考にコンクリート構造物の耐久性を阻害する主な劣化機構として、代表的な「中性化」、「塩害」、「凍害」、「アルカリシリカ反応」について記述する。

■ コンクリートの施工 ■

コンクリートの施工に関する記述として適切でないものを次の①～⑩から3つ抽出し、その番号と適切でない箇所をあげ、その箇所を訂正して解答欄に記入しなさい。

① 凝結硬化の初期に凍結を受けたコンクリートは、その後適切な養生を行っても強度は回復しない。

② 水中コンクリートは、空気中で施工するコンクリートの場合よりも配合強度を高くするか、もしくは設計基準強度を小さく設定する。

③ 暑中コンクリートの施工では、打込み時のコンクリートの温度は35℃以下でなければならない。

④ 場所打ち杭及び地下連続壁のコンクリート打込み前のスライム処理は、掘削終了後とコンクリート打込み直前の2回行うのがよい。

⑤ 海水の作用を受けるコンクリートの水セメント比は、一般のコンクリートに比べて大きくすることが必要である。

⑥ 高強度コンクリートは、ブリーディングが極めて少ないので、表面仕上げがしやすい。

⑦ マスコンクリートの養生では、脱型後もコンクリート表面の急冷を防止するため、シート等によりコンクリート表面の保温を継続して行うことが必要である。

⑧ 型枠に作用するコンクリートの側圧は、気温が高いほど、コンクリートの凝結時間が速いものほど、スランプ値が大きいものほど、小さくなる。

⑨ コンクリートのひび割れにシール剤を注入し、水の浸入を止める工法には有機系と無機系注入工法があり、有機系の注入剤では、一般に常温硬化型のエポキシ樹脂が多く用いられる。

⑩ コンクリートの非破壊検査に用いる反発硬度法（シュミットハンマ法）では、鉄筋位置が検査できる。

〈解答欄〉

番号	適切でない箇所	訂正部分

平成20年度　実地試験　問題3　設問1

設問11 コンクリートの施工に関する記述

解答

番号	適切でない箇所	訂正部分
⑤	水セメント比は、一般のコンクリートに比べて大きくすることが必要である。	一般のコンクリートに比べ小さくすることが必要である。
⑥	表面仕上げがしやすい。	表面仕上げがやりにくい。
⑧	スランプ値が大きいものほど、小さくなる。	スランプ値が小さいものほど、小さくなる。
⑩	反発硬度法（シュミットハンマ法）では、鉄筋位置が検査できる。	圧縮強度が検査できる。

以上、適切でないもの4つのうち、3つを記述する。

解説

コンクリートの施工は「コンクリート標準示方書・施工編」を参考にする。

特殊コンクリートの特徴をしっかりと押さえておきましょう。
- 水中コンクリート：構造物の基礎などのために水面下に打つコンクリート
- 暑中コンクリート：日平均気温が25℃を超えるときに使用するコンクリート
- 高強度コンクリート：設計基準強度が60～100N/㎟程度のコンクリート
- マスコンクリート：広がりのあるスラブで厚さ80～100cm以上、下端が拘束された壁では厚さ50cm以上を目安とする。

高強度コンクリートは高層建築物や橋梁などに使用され、マスコンクリートはダムや橋脚などで主に使用されています。

■ コンクリートの施工 ■

コンクリート構造物のコンクリートの打込みにおいて、コールドジョイントの発生を防ぐための対策を2つ解答欄に簡潔に記述しなさい。

〈解答欄〉

コールドジョイントの発生を防ぐための対策

平成20年度 実地試験 問題3 設問2

設問12 コールドジョイントの発生を防ぐための対策

解答

コールドジョイントの発生を防ぐための対策
コンクリートを2層以上に分けて打込む場合、上層、下層が一体となるように施工する。許容打重ね時間の間隔は、外気温25℃以下の場合は2.5時間、25℃を超える場合は2.0時間とする。
コンクリート1層当たりの打込み高さは40〜50cm以下を標準とする。
先に打込まれたコンクリートの表面にブリーディング水がある場合は、これを取り除く。
壁または柱のコンクリートの沈下がほぼ終了してからスラブまたは梁のコンクリートを打込む。
暑中コンクリートや打重ね時間が長くなる場合は、遅延型の混和剤、減水剤等により、凝固時間を長くする。

以上より、2つを選定し記述する。

解説

コールドジョイントとは、先に打込んだコンクリートと後から打込んだコンクリートの間が、完全に一体化していない継目のことで、発生を防ぐための対策として「コンクリート標準示方書・施工編」を参照し、打込みに関する記述を整理する。

 コールドジョイントの発生を防ぐための対策としては、内部振動機の締固め方法についての記述もありますが、設問はあくまでも打込みにおける対策を記述する必要があるため、間違いとされる場合があります。注意をしましょう。

設問13

出題頻度 △

■ 品質・耐久性・劣化 ■

□ □ □

　コンクリート構造物に硬化後発生する有害なひび割れには、温度ひび割れ、鉄筋の腐食によるひび割れ、アルカリ骨材反応によるひび割れがある。これらのひび割れの発生原因とその原因に対する防止対策を、それぞれ解答欄に簡潔に記述しなさい。

〈解答欄〉

ひび割れの種類	発生原因	防止対策
温度ひび割れ		
鉄筋の腐食によるひび割れ		
アルカリ骨材反応によるひび割れ		

平成19年度　実地試験　問題3　設問1

設問13　ひび割れの発生原因とその原因に対する防止対策に関する問題

解答

ひび割れの種類	発生原因	防止対策
温度ひび割れ	施工時と施工後に硬化した後の気温差によりコンクリートが収縮しひび割れが生じる。	・コンクリート打設時の温度を低くする。 ・気温の影響の少ない骨材、石灰石等を使用する。
鉄筋の腐食によるひび割れ	コンクリートの中性化が鉄筋まで進行し、鉄筋の不動体被膜が破壊され、鉄筋が腐食することでひび割れが生じる。	・鉄筋のかぶりを十分に確保する。 ・水セメント比を50%以下とすることにより中性化しにくいコンクリートにする。
アルカリ骨材反応によるひび割れ	骨材中に含まれる反応性シリカ鉱物がコンクリート中のアルカリ性水溶液と反応して、コンクリートに異常膨張やひび割れを発生させる。	・アルカリシリカ反応で無害の骨材を使用する。 ・アルカリ総量を3.0kg／㎥以下に抑制し、混合セメント（B種、C種）を使用する。

ひび割れの種類ごとに、原因と対策を1つずつ選定し記述する。

解説

　コンクリートのひび割れは、「コンクリート標準示方書・施工編」を参考にひび割れの種類ごとに原因及び対策を整理する。

●記述文のキーワード

劣化機構	中性化	塩害	凍害	アルカリシリカ反応
劣化要因	二酸化炭素	塩化物イオン	凍結融解作用	反応性骨材

■ 鉄筋 ■

□□□

現場で鉄筋を継ぐ場合には、重ね継手とガス圧接継手が多く用いられている。これらの継手の施工上の注意点をそれぞれ2つあげ、解答欄に簡潔に記述しなさい。

また、継手の検査項目をそれぞれ1つ解答欄に記入しなさい。

〈解答欄〉

重ね合せ継手	注意点	
	検査項目	
ガス圧接継手	注意点	
	検査項目	

平成19年度　実地試験　問題3　設問2

設問14　継手の施工上の注意点と検査項目に関する問題

解答

重ね合せ継手	注意点	0.8mm以上の焼なまし鉄線で数箇所緊結する。
		継手位置は同一断面に集めないように相互にずらす。
	検査項目	鉄筋の継手長さが鉄筋径の20倍以上であること。
ガス圧接継手	注意点	圧接作業前に、圧接端面が直角かつ平滑であることを確認する。
		圧接部のふくらみは、基準以上とする。
		圧接面はグラインダにより面取りを行い、錆や付着物を除去する。
	検査項目	圧接部のふくらみの直径及び長さ。
		圧接面のずれ。
		圧接部の折れ曲がり。
		鉄筋中心軸の偏心量。

ガス圧接継手については上記より「注意点」は2つ、「検査項目」は1つを選定し記述する。

解説

鉄筋の施工における、各項目の留意点は、主に「コンクリート標準示方書・施工編」により定められている。

設問15 ■ 打継目 ■

□□□

コンクリート構造物の施工において、水平打継目の施工に関する留意点を3つ解答欄に簡潔に記述しなさい。

〈解答欄〉

水平打継目の施工に関する留意点

平成18年度　実地試験　問題3　設問1

設問15 水平打継目の施工に関する問題

解答

水平打継目の施工に関する留意点
水平打継目の型枠に接する線は、水平な直線となるようにする。
先に打込まれた下層のコンクリートの表面のレイタンス、品質の悪いコンクリート、緩んだ骨材粒などを完全に除き、十分に吸水させる。
新旧コンクリートの付着をよくするために、コンクリートを打継ぐ前に型枠を確実に締め直し、打込みに際してはモルタルを敷くなどする。

上記3点を中心にまとめて記述する。

解説

水平打継目の施工における留意点は、主に「コンクリート標準示方書・施工編」により定められている。

●**記述文のキーワード**

打継目の基本的な対策はレイタンス処理である。

レイタンス：コンクリート中のセメントの微粒子や骨材の微粒分が、ブリーディング水（ブリージング水）とともにコンクリートの上面に上昇して堆積した、多孔質で脆弱な泥膜層のこと。強度低下やはく離の原因になるため、コンクリートを打継ぐ場合は撤去する。

Check!

鉛直打継目の留意点と間違えないように注意しましょう。

■ コンクリートの施工 ■

　コンクリート構造物の施工に関する一般的な基本原則の記述として適切でないものを次の①〜⑧から２つ抽出し、その番号をあげ、適切でない点及びその点が適切でない理由を解答欄に簡潔に記述しなさい。

① コンクリートをコンクリートポンプにより圧送する場合、水平管１m当たりの管内圧力損失は、コンクリートの種類及び品質、吐出量、輸送管の径によって定まり、一般に、スランプや輸送管の径が小さいほど、また、吐出量が大きいほど大きくなる。

② コンクリート標準示方書では、コンクリートを練混ぜはじめてから打終わるまでの時間を、外気温が25℃を超えるときには1.5時間以内、25℃以下のときには２時間以内を標準としている。

③ 寒中コンクリートの施工においては、打込み時のコンクリート温度は、気象条件が厳しい場合や部材厚の薄い場合には、最低打込み温度は10℃程度を確保する必要があるが、部材厚が厚い場合には、打込み温度を上げると、逆に水和熱に起因する温度応力によってひび割れが発生しやすくなるので、５℃を下回らない範囲で打込み温度を下げておくのがよい。

④ 膜養生を行う場合、膜養生剤は、コンクリート表面の水光りが消えて、十分乾燥した後に散布するのがよい。

⑤ 寒中コンクリートの施工にあたって、給熱養生を行う場合は、コンクリートが乾燥しないように、散水などによって湿潤状態に保つのがよい。

⑥ 型枠の取り外しの時期の判定は、標準養生をしたコンクリート供試体を用いて圧縮強度試験を行い、その結果によるのがよい。

⑦ コンクリートの打込み速度の変動などにより、コンクリート運搬車の待機時間が長くなった場合には、加水によりコンクリートの施工性能を確保する。

⑧ せき板が存置されていても、コンクリートは必ずしも湿潤状態に保たれているとは限らない。

〈解答欄〉

番号	適切でない箇所	訂正部分

平成18年度　実地試験　問題3　設問2

設問16　コンクリート構造物の施工に関する問題

解答

番号	適切でない箇所	訂正部分
④	膜養生剤を乾燥後に散布するところ	湿潤状態を保てなくなりひび割れなどが発生する。
⑥	標準養生を選択したところ	構造物に打込んだコンクリートと同様の状態で養生した供試体の圧縮強度の結果によるものとする。
⑦	加水としたところ	レディーミクストコンクリートに加水を行うと材料分離が生じ、強度不足となるので、加水は絶対に行ってはならない。

上記3つのうち2つを記述する。

解説

コンクリートの施工は「コンクリート標準示方書・施工編」を参考にする。

コンクリートの施工は出題頻度が高いので、正しく理解しておきましょう。

199

■ コンクリート材料 ■

混和剤に関する次の文章の 　　　　の中の（イ）～（ホ）に当てはまる適切な語句を解答欄に記入しなさい。

　　ＡＥ剤、減水剤、ＡＥ減水剤及び高性能ＡＥ減水剤を適切に用いることにより、コンクリートのワーカビリティーが改善され　（イ）　が減じること、　（ロ）　が向上すること、　（ハ）　が改善されることなど、多くの利点が得られる。

　　しかしながら、ＡＥ剤、減水剤、ＡＥ減水剤及び高性能ＡＥ減水剤の効果は、混和剤の品質、用いる　（ニ）　の品質、骨材の品質、コンクリートの配合、施工方法等によって異なる。また、　（ホ）　が等しくても、気泡の径や分布が異なれば、その効果は相違する。

〈解答欄〉

（イ）	（ロ）
（ハ）	（ニ）
（ホ）	

平成17年度　実地試験　問題3　設問1

設問17 混和剤に関する問題

解答

（イ）**単位水量**	（ロ）**耐凍害性**
（ハ）**水密性**	（ニ）**セメント**
（ホ）**空気量**	

解説

「コンクリート標準示方書［施工編］混和剤」に、コンクリート用化学混和剤を利用したときの効果として下記のように示されている。

① ワーカビリティやポンプ圧送性の改善

② 単位水量の低減

③ 耐凍害性の向上

④ 水密性の改善

Check!

4つの混和剤に関する効果は整理しておきましょう。

■ コンクリートの施工 ■

設問18　出題頻度 ◎

コンクリート構造物の施工に関する一般的な基本原則の記述として次のうち適切でないものを2つ抽出し、解答用紙の事例にならいその適切でない番号と理由を解答欄に簡潔に記述しなさい。

①　鉄筋の重ね継手は、所定の長さを重ね合わせて、直径0.8mm以上の焼なまし鉄線で数箇所緊結すること。

②　コンクリートの打込み作業にあたっては、鉄筋の配置や型枠を乱さないこと。

③　コンクリートを型枠内で目的の位置より遠くにおろした場合には、作業を効率よく進行させるため、内部振動機を用いて水平移動すること。

④　内部振動機の使用は、打込んだコンクリートに一様な振動が与えられるように、コンクリート中に鉛直に差し込み、引き抜きは後に穴が残らないよう徐々に行うこと。

⑤　せき板が乾燥するおそれがある場合は、これに散水し湿潤状態を保持すること。

⑥　型枠に接するスペーサは、腐食環境の厳しい地域なので鋼製スペーサを使用すること。

⑦　コンクリートを2層以上に分けて打込む場合には、上層と下層が一体となるように、下層のコンクリートが固まりはじめてから上層のコンクリートを打込むこと。

〈解答欄〉

番号	適切でない箇所	訂正部分

平成17年度　実地試験　問題3　設問2

設問18　コンクリート構造物の施工に関する問題

解答

番号	適切でない点	訂正部分
③	内部振動機を用いて水平移動すること。	コンクリートは内部振動機を水平移動すると、材料分離が発生する。よって、内部振動機を水平移動してはならない。
⑥	鋼製スペーサを使用すること。	スペーサは、モルタル製あるいはコンクリート製を使用する。鋼製を使用すると、錆の発生により鉄筋の腐食が生じる。
⑦	下層のコンクリートが固まり始めてから上層のコンクリートを打込むこと。	下層のコンクリートが固まりはじめる前に上層のコンクリートを打込む。固まりはじめてからだとコールドジョイントが発生する。

上記3つのうち2つを記述する。

解説

「コンクリート標準示方書・施工編」を参照する。

■ コンクリートの施工 ■

現場内でのコンクリートの運搬に関する下記の文章の　　　　　の中の（イ）〜（ホ）に当てはまる適切な語句を解答欄に記入しなさい。

(1)　シュートを用いる場合には縦シュートの使用を標準とし、やむを得ず斜めシュートを用いる場合のシュートの傾きは、コンクリートが　（イ）　を起こさない程度とする。その使用の前後に十分水で洗わなければならない。また、使用に先がけて　（ロ）　を流下させるのがよい。

(2)　コンクリートポンプ打設での圧送をやむを得ず長時間中断しなければならないときは、再開後のポンパビリティー及び　（ハ）　が損なわれないように適切な措置を講じなければならない。

(3)　バケットの構造は、コンクリートが投入及び排出される際に材料分離を起こしにくいもので、コンクリートの　（ニ）　が容易で、閉じたときコンクリートやモルタルが　（ホ）　しないものでなければならない。

〈解答欄〉

(1)	（イ）		（ロ）
(2)	（ハ）		
(3)	（ニ）		（ホ）

平成16年度　実地試験　問題3　設問1

設問19　**コンクリート構造物の施工（運搬）に関する問題**

解答

(1)	（イ）**材料分離**	（ロ）**モルタル**
(2)	（ハ）**品質**	
(3)	（ニ）**排出**	（ホ）**漏出**

解説

「コンクリート標準示方書・施工編」及び「学習のポイント」を参照する。

設問20
出題頻度
△

■ 品質・耐久性・劣化 ■

コンクリート構造物は所要の性能を設計耐用期間にわたり保持することが重要である。コンクリート構造物に必要な耐久性照査項目を2つ解答欄に記述しなさい。

〈解答欄〉

コンクリート構造物の耐久性照査項目

平成16年度　実地試験　問題3　設問2

設問20　**コンクリート構造物に必要な耐久性照査項目**

解答

コンクリート構造物の耐久性照査項目
中性化に関する照査
塩化物イオンの侵入に伴う鋼材腐食に関する照査
凍結融解作用に関する照査
化学的侵食に関する照査
アルカリ骨材反応に関する照査
水密性の照査
耐火性の照査

以上7点のうち2点を記述する。

解説

コンクリート構造物の耐久性調査としては「中性化」、「塩化物イオン」、「アルカリ骨材反応」を主要項目として記述する。

Check! コンクリート構造物の耐久性に関する設問であり、コンクリートの受入れ検査ではないことに注意しましょう。

■ コンクリートの施工 ■

　コンクリートは、一般に製造・運搬・打込み・締固め・養生の順序で施工される。このうち「コンクリート標準示方書（施工編）」に定められている、コンクリートの打込みにあたっての留意点を3つ解答欄に簡潔に記述しなさい。

〈解答欄〉

コンクリートの打込みにあたっての留意点

平成15年度　実地試験　問題3　設問1

■ 設問21　コンクリート構造物の施工（打設）に関する問題

解答

コンクリートの打込みにあたっての留意点
打込み前、鉄筋や型枠の配置を確認し、型枠内にたまった水は取り除く。
打込み作業中、鉄筋の配置や型枠を乱さない。
打込み作業中、打込み位置は目的の位置に近いところにおろし、型枠内で横移動させない。
1区画内を完了するまでは、ほぼ水平に連続で打込む。
2層以上の打込みの場合、各層のコンクリートが一体となるように施工する。
許容打重ね時間の間隔は、外気温25℃以下の場合は2.5時間、25℃を超える場合は2.0時間とする。
1層当たりの打込み高さは、40〜50cm以下を標準とする。
吐出し口から打込み面までの高さは1.5m以下を標準とする。
打上がり速度は、30分当たり1.0〜1.5m以下を標準とする。
表面のブリーディング水を取り除く。
打込み順序は、壁または柱のコンクリートの沈下がほぼ終了してから、スラブまたは梁のコンクリートを打込む。

上記11点のうち、打込みに関して代表的な3つを選定する。

解説

　「コンクリート標準示方書・施工編」及び「学習のポイント」を参照する。

打込みに関する設問であるので、締固め等の留意点は間違いであることに注意しましょう。

設問22

出題頻度
◎

■ コンクリートの施工 ■ □□□

　「コンクリート標準示方書（施工編）」に定められているコンクリートの締固めに用いる内部振動機の使用方法を2つ解答欄に簡潔に記述しなさい。

〈解答欄〉

内部振動機の使用方法

平成15年度　実地試験　問題3　設問2

設問22　コンクリート構造物の施工（締固め）に関する問題

解答

内部振動機の使用方法
下層のコンクリート中に10cm程度挿入する。
挿入間隔は50cm以下とする。
横移動に使用してはならない。
1か所当たりの振動時間は5〜15秒とする。
引き抜くときは徐々に行い、後に穴が残らないようにする。
許容打重ね時間の間隔は、外気温25℃以下の場合は2.5時間、25℃を超える場合は2.0時間とする。

上記の5点から2つを選定し記述する。

解説

「コンクリート標準示方書・施工編」及び「学習のポイント」を参照する。

 あくまでも内部振動機に関する設問であることに注意しましょう。

■ 品質・耐久性・劣化 ■

　レディーミクストコンクリート（JIS A 5308）で定められた、荷卸し地点における受入検査項目のうちから3つ記載し、その合格基準を解答欄に記述しなさい。

　　ただし、コンクリートの種類は普通コンクリートとし、スランプは8cm以上18cm以下とする。

〈解答欄〉

受入検査項目	合　格　基　準
強度	
空気量	
スランプ	
塩化物含有量	

平成14年度　実地試験　問題3　設問1

設問23　レディーミクストコンクリートの荷卸し地点における受入検査項目に関する問題

解答

受入検査項目	合　格　基　準
強度	指定された呼び強度の強度値の85%以上、かつ3回の試験結果の平均値は、呼び強度の強度値以上。
空気量	普通コンクリートの場合、4.5±1.5%
スランプ	8～18cmの場合±2.5cm
塩化物含有量	塩化物イオン量が0.30kg／㎡以下

上記4点のうち3つを選定し、記述する。

解説

「コンクリート標準示方書・施工編」及び「学習のポイント」を参照する。

　荷卸し地点における受入検査項目であることに注意しましょう。

設問24 出題頻度 ○

■ 打継目 ■

「コンクリート標準示方書」に定められている、コンクリートの打継目の施工に関する留意事項を3つ簡潔に記述しなさい。

〈解答欄〉

打継目の施工に関する留意事項

平成13年度 実地試験 問題3 設問1

設問24 打継目の施工に関する問題

解答

打継目の施工に関する留意事項
打継目の位置は、できるだけせん断力の小さい位置に設け、打継面を部材の圧縮力の作用方向と直交させる。
水密性を要するコンクリートは適切な間隔で打継目を設ける。
既に打込まれたコンクリート表面を十分に清掃し、レイタンス等を取り除き、十分に吸水させる。
旧コンクリート面をワイヤブラシ、チッピング等で粗にし、セメントペースト、モルタルを塗り、一体性を高める。

上記の4点から3つを選定し記述する。

解説

打継目の施工における留意点は、主に「コンクリート標準示方書・施工編」により定められている。

 **Check!** 水平打継目と鉛直打継目のどちらかの記述でも構いません。

3 品質管理

学習のポイント

- 土工の品質管理方式の種類と内容について理解しておく。
- 盛土の締固め曲線から施工含水比を算定する手順を整理する。
- 切土と盛土の施工に関する留意点を整理する。
- レディーミクストコンクリートの品質規定値は理解しておく。
- 管理図とヒストグラム、工程能力図の内容を理解しておく。
- 各工種における品質特性と試験方法の組み合わせをまとめておく。
- 管理手順のPDCAサイクルの内容を整理しておく。
- 「1 土工」および「2 コンクリート」について並行して学習する。

1 土工の品質管理

出題頻度

【品質管理方式】

①**品質規定方式−1**（基準試験の最大乾燥密度、最適含水比を利用する方法）

現場で締固めた土の乾燥密度と基準の締固め試験の最大乾燥密度との比を**締固め度**と呼び、この値を規定する方法である。

②**品質規定方式−2**（空気間隙率または飽和度を施工含水比で規定する方法）

締固めた土が安定な状態である条件として、**空気間隙率**または**飽和度**が一定の範囲内にあるように規定する方法である。

③**品質規定方式−3**（締固めた土の強度あるいは変形特性を規定する方法）

締固めた盛土の**強度**あるいは**変形特性**を貫入抵抗、現場ＣＢＲ、支持力、プルーフローリングによるたわみの値によって規定する方法である。

④**工法規定方式**

使用する締固め機械の種類、**締固め回数**などの工法を規定する方法である。あらかじめ**現場締固め試験**を行って、盛土の締固め状況を調べる必要がある。

 ●「品質規定方式」と「工法規定方式」の違いを理解しておきましょう。

【盛土締固め管理】

①締固めの基準として、「**突固めによる土の締固め試験方法**」を用いて、乾燥密度は次のページの式により求める。

　計算式　$\rho_d = \dfrac{\rho_t}{1 + \omega / 100}$

> ρ_d：乾燥密度
> ρ_t：湿潤密度
> ω：含水比

②締固め曲線

　縦軸に①で求めた乾燥密度、横軸に含水比を各測点ごとにポイントする。

③施工含水比

　規定の標準値としては、道路盛土の場合は①で求めた最大乾燥密度の**90%**の値を計算し、締固め曲線の交点A、Bを求め、その範囲を施工含水比とする。

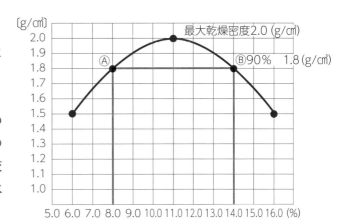

　●実際に計算を行い、締固め曲線を書いてみましょう。

【切土・盛土の施工に関する品質管理】

①切土の施工に関する留意点

- 切土法面の勾配は土質、法高等を考慮して決まるが、一般的には「道路土工―法面工・斜面安定工指針」によるものとする。
- 切土高が**5～10m以上**では小段を設け、法肩や小段には排水溝等の対策を行う。

②盛土の施工に関する留意点

- 軟弱地盤等では排水対策等の基礎地盤処理を行う。
- 高まきを避け、水平の層に薄く敷均し、均等に締固める。
- 一般に路体では1層の締固め後の仕上り厚さを**30㎝以下**とし、この場合の敷均し厚さは**35～45㎝以下**とする。
- 路床では1層の締固め後の仕上り厚さを**20㎝以下**とし、この場合の敷均し厚さは**25～30㎝以下**とする。

③締固めにおける留意点

- 盛土材料の含水比をできるだけ最適含水比に近づける。
- 材料の性質に応じて適当な締固め機械を選定する。
- 施工中の排水処理を十分に行う。
- 運搬機械の走行路を1箇所に固定せず、均等に締固め効果を出す。

④盛土材料として要求される性質

- 施工機械の**トラフィカビリティ**が確保できること。
- 所定の締固めが行いやすいこと。
- 締固められた土のせん断強さが**大きく**、圧縮性が**小さい**こと。

【仮設工事】

①仮設構造物：本構造物施工のために必要な予備的、補助的構造物の総称であり、土留め工、仮桟橋工、型枠支保工等も含まれる。

②指定仮設：契約により工種、数量、方法が規定されており、変更が生じた場合は契約変更の対象となる。

③任意仮設：施工者の技術力により工事内容、現地条件に適した計画を立案するもので、変更が生じた場合でも、契約変更の対象とならない。一般の仮設備計画は任意仮設である。

 Check! ●「品質管理」において出題される場合がありますので、「土工」、「コンクリート」も学習しておきましょう。

2 レディーミクストコンクリートの品質管理　　　　出題頻度

【品質についての指定事項】

レディーミクストコンクリートの品質の指定事項について、下記に整理する。

項　目		内　容
レディーミクストコンクリートの種類		・粗骨材最大寸法,目標スランプまたはスランプフロー、呼び強度で表す。
指定事項	生産者と協議	・セメントの種類、骨材の種類、粗骨材最大寸法、アルカリシリカ反応抑制対策の方法
	必要に応じて生産者と協議	・材齢、水セメント比、単位水量の目標上限値、単位セメント量の上限値または下限値、空気量

【レディーミクストコンクリートの表記】

レディーミクストコンクリートの表記については、JIS A 5308により次のように表記することが定められている。

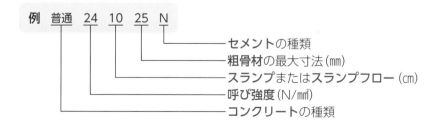

【レディーミクストコンクリートの品質規定値】

レディーミクストコンクリートの主な規定値の内容について、下記に整理する。

項　　目	内　　　　　　　容			
強度	1回の試験結果は、呼び強度の強度値の85%以上で、かつ3回の試験結果の平均値は、呼び強度の強度値以上とする。			
スランプ（単位：cm）	スランプ	2.5	5及び6.5	8〜18	21
	スランプの誤差	±1	±1.5	±2.5	±1.5
空気量（単位：%）	普通コンクリート	空気量：4.5	空気量の許容差は、すべて±1.5とする	
	軽量コンクリート	空気量：5.0		
	舗装コンクリート	空気量：4.5		
塩化物含有量	塩化物イオン量として0.30kg/㎥以下（承認を受けた場合は0.60kg/㎥以下でできる）			

※コンクリートの施工に関する品質管理は、「2　コンクリート」を参照

 Check!　●「荷卸し地点」における品質管理項目を整理しておきましょう。

3　品質管理図

出題頻度

【管理図】

品質をつくりだす工程自体を管理できるようにしたものが管理図であり、下記の特徴がある。

①**管理図の目的**は、品質の時間的な変動を加味し、工程の安定状態を判定し、工程自体を管理することであり、ばらつきの限界を示す上下の管理限界線を示し、工程に異常原因によるばらつきが生じたかどうかを判定する。

②**管理図の種類**としては、$\bar{x}-R$管理図と$x-Rs-Rm$管理図があり、$\bar{x}$及びRが管理限界線内であり、特別な偏りがなければ工程は安定している。そうでない場合は、原因を調査し、除去し、再発を防ぐ。

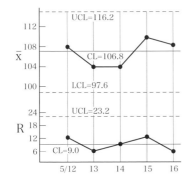

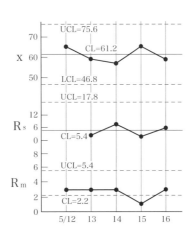

【ヒストグラム】

　ヒストグラムとは、測定データのばらつき状態をグラフ化したもので、分布状況を調査することにより規格値に対しての品質の良否を判断することができる。

① **ヒストグラムの作成**は次の手順で行う。

> データを多く集める。(50〜100個以上)

↓

> 全データの中から最大値(χ_{max})最小値(χ_{min})を求める

↓

> 全体の上限と下限の範囲($R = \chi_{max} - \chi_{min}$)を求める

↓

> データ分類のためのクラスの幅を決める

↓

> χ_{max}、χ_{min}を含めたクラスの数を決め、全データを割り振り、度数分布表を作成する

↓

> 横軸に品質特性、縦軸に度数をとり、ヒストグラムを作成する

② **ヒストグラムの見方**は、安定した工程で正常に発生するばらつきをグラフにした、左右対称の山形のなめらかな曲線を正規分布曲線の標準として、ゆとりの状態、平均値の位置、分布形状で品質規格の判断をする。

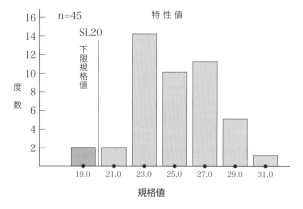

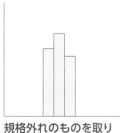

①幅が狭く端が高い

規格外れのものを取り除いた場合

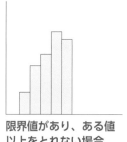

②左右の片側にゆがむ

限界値があり、ある値以上をとれない場合

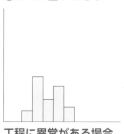

③2つの山ができる

工程に異常がある場合

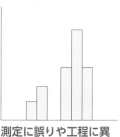

④飛び離れた山ができる

測定に誤りや工程に異常がある場合

【工程能力図】

　工程能力図とは、品質の時間的変化の過程をグラフ化したもので、横軸にサンプル番号、縦軸に特性値をプロットし、上限規格値、下限規格値を示す線を引くことにより、規格外れの率及び点の並べ方を調べる。

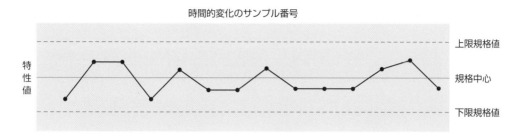

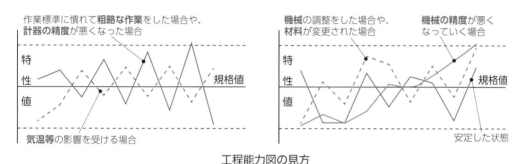

工程能力図の見方

4 品質特性

出題頻度 △

【品質特性の選定】

　①品質特性の選定条件は下記の点に留意する。

・工程の状況が総合的に表れるもの。

・構造物の最終の品質に重要な影響を及ぼすもの。

・選定された品質特性（代用の特性も含む）と最終の品質とは関係が明らかなもの。

・容易に測定が行える特性であること。

・工程に対し容易に処置がとれること。

　②品質標準の決定には下記の点に留意する。

・施工にあたって実現しようとする品質の目標を選定する。

・品質のばらつきの程度を考慮して余裕をもった品質を目標とする。

・事前の実験により、当初に概略の標準をつくり、施工の過程に応じて試行錯誤を行い、標準を改訂していく。

　③作業標準（作業方法）の決定には下記の点に留意する。

・過去の実績、経験及び実験結果をふまえて決定する。

・最終工程までを見越した管理が行えるように決定する。

・工程に異常が発生した場合でも、安定した工程を確保できる作業の手順、手法を決める。

・標準は明文化し、今後のための技術の蓄積を図る。

【品質特性と試験方法】

各工種における品質特性と試験方法について、下記に整理する。

工　種	区　分	品質特性	試験方法
コンクリート	骨　材	粒度	ふるい分け試験
		表面水量	表面水率試験
		密度・吸水率	密度・吸水率試験
	コンクリート	スランプ	スランプ試験
		空気量	空気量試験
		圧縮強度	圧縮強度試験
		曲げ強度	曲げ強度試験
路盤工	材　料	粒度	ふるい分け試験
		含水比	含水比試験
		最大乾燥密度・最適含水比	突固めによる土の締固め試験
	施　工	締固め度	土の密度試験
		支持力	平板載荷試験、CBR試験
アスファルト舗装	材　料	針入度	針入度試験
		粒度	粒度試験
	プラント	混合温度	温度測定
		アスファルト量・合成粒度	アスファルト抽出試験
	施工現場	安定度	マーシャル安定度試験
		敷均し温度	温度測定
		厚さ	コア採取による測定
土工	材　料	粒度	粒度試験
		自然含水比	含水比試験
		最大乾燥密度・最適含水比	突固めによる土の締固め試験
	施工現場	締固め度	土の密度試験
		支持力値	平板載荷試験
		貫入指数	貫入試験

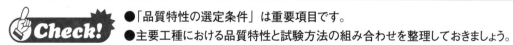

- 「品質特性の選定条件」は重要項目です。
- 主要工種における品質特性と試験方法の組み合わせを整理しておきましょう。

5 品質管理手順　　　　　　　　　　　　　　　　　出題頻度 △

【一般的留意事項】

品質管理における一般的留意事項について、下記に整理する。

①**品質管理の定義**としては、目的とする機能を得るために、設計・仕様の規格を満足する構造物を最も経済的に作るための、**工事のすべての段階における管理体系**のことである。具体的には、**品質要求を満たすために用いられる実施技法及び活動**のことをいう。

②**品質管理の条件**として、規格を満足し設計品質に合ったものを作ることと、工程が安定していることであり、このためには、**安定した工程（プロセス）を維持するための管理活動**と、品質が満足しない場合には**工程能力向上のための改善活動**が必要である。

【管理手順】

品質管理の手順は下記のようなPDCAサイクルを回すことにより行う。

Plan (計画)	手順1	管理すべき品質特性を選定し、その特性について品質標準を設定する。
	手順2	品質標準を達成するための作業標準（作業の方法）を決める。

Do (実施)	手順3	作業標準に従って施工を実施し、品質特性に固有の試験を行い、測定データの採取を行う。
	手順4	作業標準（作業の方法）の周知徹底を図る。

Check (検討)	手順5	ヒストグラムを作成し、データが品質規格値を満足しているかを判定する。
	手順6	同一データにより、管理図を作成し、工程をチェックする。

Act (処置)	手順7	工程に異常が生じた場合に、原因を追及し、再発防止の処置をとる。
	手順8	期間経過に伴い、最新のデータにより、手順5以下を繰り返す。

品質管理のPDCAサイクル

 ●手順ごとのキーワード（品質特性、品質標準、作業標準、施工実施、データ採取、ヒストグラム、管理図、原因追及、再発防止）を理解しましょう。

【統計量】

統計量の内容について、下記に整理する。

（例題として、測定値が下表の場合の数値を示す。測定値数 n ＝ 10）

12	13	15	16	17	18	19	19	21	22	計＝172

項　　目	内　　　容	例　　　題
平均値（$\bar{x}$）	測定値の単純平均値	$\bar{x}=172／10=17.2$
メディアン（Me）	測定値を大きさの順に並べたとき、奇数個の場合は中央値、偶数個の場合は中央2個の平均値	$Me=(17+18)／2=17.5$
モード（Mo）	測定値の分布のうち最も多く現れる値	$Mo=19$
レンジ（R）	測定値の最大値と最小値の差	$R=22-12=10$
残差平方和（S）	残差（$x-\bar{x}$）を2乗した値の和	$S=\Sigma(x-\bar{x})^2=95.6$※
分散（s^2）	残差平方和を測定値総数(n)で除した値	$s^2=S／n=95.6／10=9.56$
不偏分散（V）	残差平方和を(n−1)自由度で除した値	$V=S／(n-1)=95.6／9=10.6$
標準偏差（σ）	不偏分散(V)の平方根	$\sigma=\sqrt{V}=\sqrt{10.6}=3.26$
変動係数（Cv）	測定値の標準偏差(σ)と平均値($\bar{x}$)の百分比	$Cv=3.26／17.2×100=19.0％$

※具体的には、$(12-17.2)^2+(13-17.2)^2+(14-17.2)^2+(15-17.2)^2+(16-17.2)^2+(17-17.2)^2+(18-17.2)^2+(19-17.2)^2+(20-17.2)^2+(21-17.2)^2+(22-17.2)^2=95.6$

 **Check!** ●出題実績はないが今後予想されるので、各項目ごとの計算式を把握しておきましょう。

【ISO国際規格】

　ISO国際規格とは、国際標準化機構において定められた規格で、主に下記のマネジメントシステムがある。

①ISO9000シリーズ（品質マネジメントシステム）

●ISO9000：品質マネジメントシステムで使用される用語を定義したもの。

●ISO9001：品質マネジメントシステムの要求事項を規定したもの。

●ISO9004：品質マネジメントシステムの有効性を考慮した目標の手引き。

②ISO14000シリーズ（環境マネジメントシステム）

●環境に配慮した事業活動を行うための基準を規格化したもの。

③OHSAS18001（労働安全衛生マネジメントシステム）

●労働現場の安全衛生に対応する際に求められる要求事項を規格化したもの。

例題演習　第2部 3 品質管理

- 例題演習として過去に出題された問題を掲載しました。実際に自分で解答欄に記述してみてください。
- 出題の傾向については、別冊「1級土木施工管理技術検定試験　第2次検定問題」で表にまとめていますので参照してください。

設問1

出題頻度

■ 土工の品質管理 ■　□□□

盛土の締固め管理方式における2つの規定方式に関して、それぞれの規定方式名と締固め管理の方法について解答欄に記述しなさい。

〈解答欄〉

規定方式名	締固め管理の方法

令和2年度　実地試験　問題9

設問1 盛土の品質規定方式・工法規定方式に関する問題

解答

規定方式名	締固め管理の方法
品質規定方式	・基準試験の最大乾燥密度、最適含水比を利用する方法。 ・締固めた土の強度あるいは変形特性を規定する方法。 ・空気間隙率または飽和度を施工含水比で規定する方法。
工法規定方式	・締固め機械の機種・敷均し厚さ・締固め回数等を仕様書に規定することにより管理する方法。 ・トータルステーションやGNSSを用いて計測し、盛土地盤の転圧回数と走行軌跡を管理する。

解説

盛土の品質規定方式・工法規定方式に関しては、主に「道路土工指針－盛土工指針」等において示されている。

■ コンクリート構造物の品質管理 ■

コンクリート構造物の品質管理の一環として用いられる非破壊検査に関する次の文章の ☐ の (イ)～(ホ) に当てはまる適切な語句を解答欄に記述しなさい。

(1) 反発度法は、コンクリート表層の反発度を測定した結果からコンクリート強度を推定できる方法で、コンクリート表層の反発度は、コンクリートの強度のほかに、コンクリートの (イ) 状態や中性化などの影響を受ける。

(2) 打音法は、コンクリート表面をハンマなどにより打撃した際の打撃音をセンサで受信し、コンクリート表層部の (ロ) や空げき箇所などを把握する方法である。

(3) 電磁波レーダ法は、比誘電率の異なる物質の境界において電磁波の反射が生じることを利用するもので、コンクリート中の (ハ) の厚さや (ニ) を調べることができる。

(4) 赤外線法は、熱伝導率が異なることを利用して表面 (ホ) の分布状況から、 (ロ) やはく離などの箇所を非接触で調べる方法である。

〈解答欄〉

(1) | (イ)

(2) | (ロ)

(3) | (ハ)   (ニ)

(4) | (ホ)

平成28年度　実地試験　問題4

設問2　コンクリート構造物の品質管理に関する問題

解答

(1) (イ) **乾湿**　(2) (ロ) **ひび割れ**　(3) (ハ) **かぶり**　(ニ) **鉄筋位置**

(4) (ホ) **温度**

解説

コンクリート構造物の品質管理に関する留意点は、主に「コンクリート診断技術（日本コンクリート工学会）」他により定められている。

設問3 土工の品質管理

盛土施工における締固め施工管理に関して、2つの規定方式とそれぞれの施工管理の方法を解答欄に記述しなさい。

〈解答欄〉

規定方式	施工管理方法

平成28年度 実地試験 問題9

設問3 盛土施工における締固め施工管理に関する問題

解答

下記から「品質規定方式」と「工法規定方式」を1つずつ選んで記述する。

規定方式	施工管理方法
品質規定方式—1 （基準試験の最大乾燥密度、最適含水比を利用する方法）	現場で締め固めた土の乾燥密度と基準の締固め試験の最大乾燥密度との比を締固め度と呼び、この値を規定する。
品質規定方式—2 （空気間隙率または飽和度を施工含水比で規定する方法）	締め固めた土が安定な状態である条件として、空気間隙率または飽和度が一定の範囲内にあるように規定する方法である。
品質規定方式—3 （締め固めた土の強度あるいは変形特性を規定する方法）	締め固めた盛土の強度あるいは変形特性を貫入抵抗、現場CBR、支持力、プルーフローリングによるたわみの値によって規定する方法である。
工法規定方式	使用する締固め機械の種類、締固め回数などの工法を規定する方法である。あらかじめ現場締固め試験を行って、盛土の締固め状況を調べる必要がある。

解説

盛土施工における締固め施工管理に関しては、主に「道路土工 – 盛土工指針」により定められている。2つの規定方式とは、「品質規定方式」と「工法規定方式」がある。

 それぞれの規定方式における管理項目を理解しておきましょう。

土工の品質管理

盛土の施工前または施工中に行う品質管理に関する試験名または測定方法名を2つあげ、それぞれの内容または特徴のいずれかを解答欄に記述しなさい。

〈解答欄〉

試験名または測定方法名	内容または特徴

平成26年度　実地試験　問題4　設問2

設問4 盛土施工の品質管理における試験名及び測定方法に関する問題

解答

下記より試験名または測定方法名を2つ選択し、内容または特徴について記述する。

試験名または測定方法名	内容または特徴
単位体積質量試験	・盛土締固め後の乾燥密度を求め、最大乾燥密度に対する締固め度を求める。 ・盛土の締固めの品質管理に利用する。
平板載荷試験	地盤に小さな鋼板を置き、荷重をかけて沈下量を測定し、支持力を判定する。
液性限界・塑性限界試験	・土が液性から液体に移る境界の含水比が液性限界、塑性体から半固体に移る境界の含水比を塑性限界という。 ・土の硬軟の程度を表すコンシステンシーを判定する。
締固め試験	・含水比を変えた試料を一定のエネルギーで締固め、乾燥密度と含水比の関係から最大乾燥密度、最適含水比を求める。 ・土の締固め特性を調べるため、現場における施工時含水比や施工管理基準となる密度の決定に利用する。

解説

盛土の施工前または施工中に行う品質管理に関する試験・測定方法については、特に規定はなく、一般的な実績等から判断すればよい。

 現場CBR試験、ベーン試験、一軸圧縮試験、コーン貫入試験、圧密試験などについて記述しても正解です。

■ コンクリートの品質管理 ■

　JIS A 5308に規定されているレディーミクストコンクリートは荷卸し地点での品質の条件が定められている。

　普通コンクリート、粗骨材の最大寸法25㎜、スランプ8㎝、呼び強度30のレディーミクストコンクリートについて強度、スランプ、空気量及び塩化物含有量の4つの品質項目の中から3つ選び、荷卸し地点における品質に関してその事項または数値（許容差を含む）を解答欄に記述しなさい。

〈解答欄〉

品質項目	荷卸し地点での品質の条件

平成25年度　実地試験　問題4　設問1

設問5　レディーミクストコンクリート（JIS A 5308）の荷卸し地点での品質に関する問題

解答

下記のうち3つを選び記述する。

品質項目	荷卸し地点での品質の条件
強度	・1回の試験結果は、呼び強度の強度値の85%以上（25.5KN/㎡） ・3回の試験結果の平均値は、呼び強度の強度値以上（30KN/㎡）
スランプ	許容差：±2.5㎝（8㎝±2.5㎝）
空気量	許容差：±1.5%（4.5%±1.5%）
塩化物含有量	0.3kg/㎡以下（購入者の承認があるときは0.6kg/㎡）

解説

　レディーミクストコンクリート（JIS A 5308）の荷卸し地点での品質に関する留意点は、主に「コンクリート標準示方書」により定められている。

■ コンクリート構造物の品質管理 ■　□□□

　コンクリート構造物の品質管理の一環として用いられる非破壊検査に関する次の文章の[　　　　]に当てはまる適切な語句を解答欄に記入しなさい。

(1)　反発度法は、コンクリートの[　(イ)　]を推定するために用いられる。

(2)　赤外線法は、表面温度の分布状況から、コンクリートの[　(ロ)　]などの箇所を非接触で調べる方法である。

(3)　[　(ハ)　]法は、コンクリート中を透過した[　(ハ)　]の強度の分布状態から、コンクリート中の鉄筋位置、径、かぶり、空隙などの検出を行うもので、比較的精度のよい方法であるが、透過厚さに限界がある。

(4)　電磁誘導法における鉄筋径やかぶりの測定では、[　(ニ)　]が密になると測定が困難になる場合がある。

(5)　自然電位法は、電位の卑（低い）または貴（高い）の傾向を把握することで鋼材の[　(ホ)　]の進行を判断するものである。

〈解答欄〉

(1)	(イ)
(2)	(ロ)
(3)	(ハ)
(4)	(ニ)
(5)	(ホ)

平成23年度　実地試験　問題4　設問1

設問6 **コンクリート構造物の非破壊検査に関する問題**

解答

(1) （イ）**圧縮強度** または （イ）**強度**

(2) （ロ）**空隙** または （ロ）**ひび割れ**

(3) （ハ）**X線** または （ハ）**放射線**

(4) （ニ）**鉄筋** または （ニ）**鉄筋のあき**

(5) （ホ）**腐食** または （ホ）**錆**

解説

(1) 反発度法とは、コンクリートの表面をリバウンドハンマーによって打撃し、その反発強度から圧縮強度を求める方法である。

(2) 赤外線法とは、コンクリートの健全部と空隙部の間で生じる温度差を赤外線カメラで撮影することにより、非破壊・非接触で空隙を面的に検出する方法である。

(3) X線法とは、X線透過撮影により、構造物内部の様子をほぼ実体に近い形で確認でき、鉄筋や配管等の埋設物や空洞・ひび割れ等のコンクリートの変状を検出する方法であり、コンクリートの適用限界厚さは普通コンクリートで350〜400mm程度である。

(4) 電磁誘導法とは、交流電流によってできる磁場を発生する装置により鉄筋の平面的な配置とかぶり厚を計測する方法であるが、鉄筋が密になり、かぶりが厚くなると誤差が生じる。

(5) 自然電位法：コンクリート表面の電位を基準となる照合電極と電位差計で測定することにより、鉄筋の腐食状況の推定を行う方法である。

非破壊検査の各方法について整理しておきましょう。

■ コンクリートの品質管理 ■

レディーミクストコンクリート（JIS A 5308）の受入れ検査に関する次の文章の
　　　　　に当てはまる適切な語句または数値を解答欄に記入しなさい。

　フレッシュコンクリートのスランプ試験は、コンクリートの　（イ）　を評価するために広く用いられている。また、コンクリートの　（ロ）　についてもこの試験によってある程度判断することができる。したがって、スランプの試験値だけでなく、試験後のコンクリートの形や均質性などを注意深く観察し、　（ハ）　の良否を判定するうえで参考にするとよい。

　スランプの判定基準としては、スランプ5cm以上8cm未満のコンクリートの場合、許容誤差は±　（ニ）　cmである。

　フレッシュコンクリート中の　（ホ）　を推定する試験方法として、加熱乾燥法、減圧乾燥法、エアメータ法、静電容量法などがある。

〈解答欄〉

（イ）

（ロ）

（ハ）

（ニ）

（ホ）

平成22年度　実地試験　問題4　設問1

設問7 レディーミクストコンクリートの受入れ検査に関する問題

解答

（イ）**コンシステンシー**
（ロ）**プラスティシティー**
（ハ）**ワーカビリティ**
（ニ）**1.5**
（ホ）**単位水量**

解説

レディーミクストコンクリートの受入れ検査に関する留意事項を下記に示す。

①**スランプ試験**：フレッシュコンクリートのコンシステンシー（軟らかさの程度）を評価するために行う。

②**プラスティシティー**：コンクリートを容易に型枠に詰めることができ、型枠を取り去ったときにゆっくりと変形を生じるが、崩れたり、材料分離を生じたりすることのないようなフレッシュコンクリートの性質を示す。

③**ワーカビリティ**：コンクリート施工時、材料分離を生じることなく、運搬、打込み、締固め、仕上げ等の作業が容易にできる程度を表す。

④**スランプ**（凝固前の生コンクリートの流動性を示す値）の判定基準は、下表のとおりとする。

（単位：cm）

スランプ	2.5	5及び6.5	8〜18	21
スランプの誤差	±1	±1.5	±2.5	±1.5

⑤フレッシュコンクリート中の単位水量推定法：加熱乾燥法、減圧乾燥法、遠心分離法、エアメータ法、静電容量法、RI法、アルコール濃度法、塩分濃度法などがある。

コンクリートに関する基本用語を理解しておきましょう。

■ 土工の品質管理 ■

　下表は、ある盛土材料の突固めによる土の締固め試験（JIS A 1210）を行い、その経過を示したものである。

測定番号	1	2	3	4	5
含水比（%）	6.0	8.0	11.0	14.0	16.0
湿潤密度（g/cm³）	1.590	1.944	2.220	2.052	1.740
乾燥密度（g/cm³）					

　上記の結果から、測定番号1〜5の乾燥密度を求め、下記の(1)(2)について解答欄に記入しなさい。

〈解答欄〉

(1)　締固め曲線図の作成

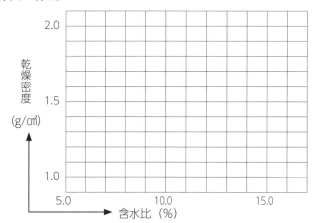

(2)　締固め度が最大乾燥密度の90％以上となる施工含水比の範囲

設問8 盛土材料の品質管理に関する問題

解答

(1) 締固め曲線図の作成

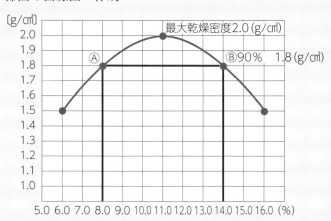

(2) 締固め度が最大乾燥密度の90%以上となる施工含水比の範囲

8.0～14.0%

解説

(1) 乾燥密度は下式により求める。

この公式を使用する問題は
頻出度が高いです。

$$\rho_d = \frac{\rho_t}{1 + \omega/100}$$

ここで　ρ_d：**乾燥密度**

ρ_t：**湿潤密度**

ω：**含水比**

測定番号	1	2	3	4	5
含水比（%）	6.0	8.0	11.0	14.0	16.0
湿潤密度（g/cm³）	1.590	1.944	2.220	2.052	1.740
乾燥密度（g/cm³）	1.5	1.8	2.0	1.8	1.5

(2) 締固め曲線

　縦軸に(1)で求めた**乾燥密度**、横軸に**含水比**を各測点ごとにポイントする。

(3) 施工含水比

　(1)で求めた最大乾燥密度の**90%**の値を計算し、締固め曲線の交点A、Bを求める。

 **Check!** 乾燥密度の算定式さえ理解しておけば簡単な問題ですので、把握しておきましょう。

■ コンクリートの施工管理 ■   □□□

コンクリート構造物の施工にあたり、普通コンクリート（JIS A 5308）の打込みと締固めに関する留意事項を5つ解答欄に簡潔に記述しなさい。

〈解答欄〉

項目	留　意　事　項
打込み　締固め	

■ 設問9　普通コンクリート（JIS A 5308）の打込みと締固めに関する留意事項

解答

項目	留　意　事　項
打込み	打込み前、鉄筋や型枠の配置を確認し、型枠内にたまった水は取り除く。
	打込み作業中、鉄筋の配置や型枠を乱さない。
	打込み作業中、打込み位置は目的の位置に近いところにおろし、型枠内で横移動させない。
	1区画内を完了するまでは、ほぼ水平に連続で打ち込む。
	1層当たりの打込み高さは40～50cm以下を標準とする。
	吐出し口から打込み面までの高さは1.5m以下を標準とする。
	打上がり速度は、30分当たり1.0～1.5m以下を標準とする。
締固め	締固めは原則として内部振動機を使用する。
	内部振動機は下層のコンクリート中に10cm程度挿入しよく締固める。
	内部振動機の挿入間隔は50cm以下とする。
	内部振動機は横移動に使用してはならない。

以上の留意事項のうち5つを選定し記述する。

解説

「コンクリート標準示方書・施工編」及び「学習のポイント（コンクリート）」における打込み及び締固めに関する留意事項を整理する。

設問10 ■ 土工の品質管理 ■

出題頻度 ◎

右図のような切土と盛土の接続部（境界部）には、完成後の舗装面にきれつなどが生じやすい。考えられるその原因を2つあげ、その防止対策をそれぞれ解答欄に簡潔に記述しなさい。

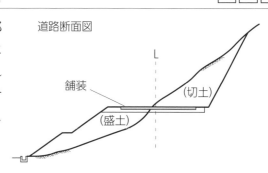

道路断面図

舗装　（切土）（盛土）

L

第2部　学科記述　3　品質管理

〈解答欄〉

原　因	防　止　対　策

平成21年度　実地試験　問題4　設問2

設問10　切土・盛土の接続部における完成後の舗装面に生じるきれつに関する問題

解答

原　因	防　止　対　策
切土部と盛土部の支持力の不連続	盛土部分は高まきになりやすいので、薄い層に敷均し締固める。
境界部に湧水、浸透水が集まり盛土が軟化する	施工中、完成後の地下排水溝等の排水処理を行う。
境界部の盛土の締固めが不十分	地盤の急激な変化を避けるため、切土のすり付けを一定のすり付け勾配で行い、同質の盛土材料で埋戻したのち、締固める。
基礎地盤と盛土の密着が不十分ですべり破壊を生じる	地山に段切りを行い、盛土を原地盤に食い込ませる。

上記4つのうち、2つを選定し記述する。

解説

主な原因として、「支持力」「湧水、浸透水」「締固め不足」「すべり破壊」を対象に、防止対策を検討する。

設問は「切土・盛土の接続部」とあり、切土のみ、盛土のみに関する記述は間違いとなる場合があるので注意しましょう。

229

■ 土工の品質管理 ■

地下埋設物が予想される道路上で、掘削を行う場合の注意事項に関する次の文章の
　　　　　に当てはまる適切な語句を解答欄に記入しなさい。

(1) 施工者は、埋設物が予想される道路上で掘削工事を施工しようとするときは、施工に先立ち、　(イ)　が保管する台帳に基づいて　(ロ)　を行い、その埋設物の種類、位置（平面・深さ）、規格、構造等を原則として目視により確認しなければならない。

　なお、施工者は、　(ロ)　によって埋設物を確認した場合においては、その位置等を　(ハ)　及び埋設物の管理者に報告しなければならない。

　この場合、　(ニ)　については、原則として標高によって表示しておくものとする。

(2) 施工者は、工事施工中において管理者の不明な埋設物を発見した場合、埋設物に関する調査を再度行い、当該管理者の　(ホ)　を求め、安全を確認した後に処置しなければならない。

〈解答欄〉

(1)
| (イ) | (ロ) |

| (ハ) | (ニ) |

(2)
| (ホ) |

平成20年度　実地試験　問題4　設問1

設問11 地下埋設物が予想される道路上で、掘削を行う場合の注意事項

解答

(1)　(イ) **埋設物管理者等**　　(ロ) **試掘等**　　(ハ) **道路管理者**　　(ニ) **深さ**

(2)　(ホ) **立会い**

解説

　地下埋設物が予想される道路上で、掘削を行う場合の措置については、「建設工事公衆災害防止対策要綱　第36条」に規定されている。

 設問はほぼ条文そのままの文章ですが、解答は内容が同一の意味ならば正解と考えてよいです。

設問12　■ 仮設工事の品質管理 ■

出題頻度 △

工事の仮設構造物の説明である次の文章の　　　　　　に当てはまる適切な語句を解答欄に記入しなさい。

ただし、文中の（ロ）、（ハ）、（ニ）は、それぞれ同一の語句である。

仮設構造物とは、本構造物施工のために必要な予備的、補助的構造物の総称であり、土留め工、仮桟橋工、型枠支保工等がある。

仮設構造物には　（イ）　が　（ロ）　に対して構造、規格、寸法、工法等を契約条件として示した　（ハ）　と、必要な一切の手段について　（ロ）　の責任において施工する　（ニ）　がある。

　（ハ）　は、本構造物同様に規格を満足することが義務付けられ、この変更が生じた場合には　（ホ）　の対象となるが、　（ニ）　はその対象とならず、　（ロ）　が自由な判断で自己の保有する資材転用等をはかって決めることとなる。仮設構造物は関係機関との協議等の特別な制約条件がある場合を除き、　（ニ）　による場合が一般的である。

〈解答欄〉

（イ）	（ロ）
（ハ）	（ニ）
（ホ）	

平成19年度　実地試験　問題4　設問1

設問12　工事の仮設構造物の説明に関する問題

解答

（イ）**発注者**　　（ロ）**請負者**　　（ハ）**指定仮設**　　（ニ）**任意仮設**　　（ホ）**設計変更**

解説

この出題は、施工計画における仮設構造物の「指定仮設」と「任意仮設」に関する設問である。

種　類	内　　　　　容
指定仮設	契約により工種、数量、方法が規定されており、変更が生じた場合は契約変更の対象となる。
任意仮設	施工者の技術力により工事内容、現地条件に適した計画を立案するもので、変更が生じた場合でも、契約変更の対象とならない。一般の仮設備計画は任意仮設である。

 **Check!**　（ロ）は、受注者あるいは施工業者でも正解となります。

231

■ コンクリートの品質管理 ■

□□□

コンクリート標準示方書には、レディーミクストコンクリートを購入する場合の「品質についての指定」に関して規定されている。これに関する次の文章の　　　　　の中の（イ）～（ホ）に当てはまる適切な語句または数値を解答欄に記入しなさい。

(1) 所要の性能のコンクリートがJIS A 5308によるレディーミクストコンクリートの種類の中から得られない場合には、所定の品質のコンクリートが得られるように、　（イ）　者との協議の上で必要に応じて指定事項を指定しなければならない。

(2) コンクリートに設定された設計基準強度の基準となる材齢を　（ロ）　日以外の材齢とし、その材齢で設計基準強度を保証しなければならない場合には、これを指定しなければならない。

(3) コンクリートに設定された所要の中性化速度係数、塩化物イオンに対する拡散係数、相ハの上限値を規制することに対動弾性係数、耐化学的侵食性、透水係数等が、　（ハ）　の上限値を規制することによって得られる場合には、この値を指定しなければならない。

(4) 温度ひび割れ照査を満足するコンクリートが、　（ニ）　量の上限値やセメントの種類及びコンクリート温度を規制することによって得られる場合には、この値を指定しなければならない。

(5) 耐凍害性を高める目的で　（ホ）　を標準の値より高くする必要がある場合には、その値を指定しなければならない。

〈解答欄〉

(1) | （イ）
(2) | （ロ）
(3) | （ハ）
(4) | （ニ）
(5) | （ホ）

平成18年度　実地試験　問題4　設問1

設問13　レディーミクストコンクリートを購入する場合の「品質についての指定」に関する規定

解答

(1) （イ）**生産**　(2) （ロ）**28**　(3) （ハ）**水セメント比**　(4) （ニ）**単位セメント**
(5) （ホ）**空気**

解説

レディーミクストコンクリートを購入する場合の「品質についての指定」に関する指定事項としては、「コンクリート標準示方書・施工編」により示されている。

設問14

出題頻度 ◎

■ 土工の品質管理 ■

□□□

次表は、ある盛土材料の「突固めによる土の締固め試験」を行った結果である。

測 定 番 号	1	2	3	4	5
含水比（%）	5.0	7.0	10.0	13.0	15.0
湿潤密度（g/cm³）	1.575	1.926	2.200	2.034	1.725
乾燥密度（g/cm³）					

この結果から、測定番号1〜5の乾燥密度を求め、解答用紙にある図に締固め曲線を描き、最大乾燥密度、最大乾燥密度の90%以上となる施工含水比を求め、解答欄に記入しなさい。

〈解答欄〉

［乾燥密度を求める］

測 定 番 号	1	2	3	4	5
含水比（%）	5.0	7.0	10.0	13.0	15.0
湿潤密度（g/cm³）	1.575	1.926	2.200	2.034	1.725
乾燥密度（g/cm³）					

［締固め曲線を描く］

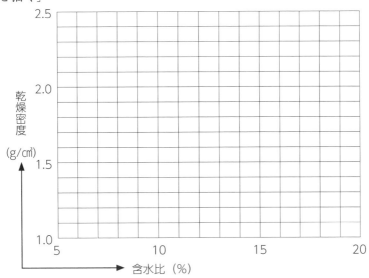

［施工含水比を求める］

最大乾燥密度	
最大乾燥密度の90%以上となる施工含水比	

平成18年度　実地試験　問題4　設問2

解答

［乾燥密度を求める］

測定番号	1	2	3	4	5
含水比（%）	5.0	7.0	10.0	13.0	15.0
湿潤密度（g/㎤）	1.575	1.926	2.200	2.034	1.725
乾燥密度（g/㎤）	**1.5**	**1.8**	**2.0**	**1.8**	**1.5**

［締固め曲線を描く］

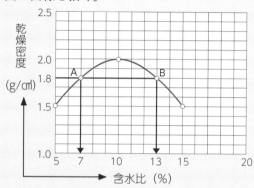

［施工含水比を求める］

最大乾燥密度	**2.0　g/㎤**
最大乾燥密度の90%以上となる施工含水比	**7.0〜13.0%**

解説

○乾燥密度は下式により求める。

$$\rho_d = \frac{\rho_t}{1 + \omega / 100}$$

ここで　ρ_d：**乾燥密度**

　　　　ρ_t：**湿潤密度**

　　　　ω：**含水比**

ケアレスミスをしないように、ていねいに計算しましょう。

○締固め曲線の描き方

　縦軸に計算した**乾燥密度**、横軸に**含水比**を各測点ごとにポイントする。

○施工含水比

　計算で求めた最大乾燥密度の**90%**の値を計算し、締固め曲線の交点A、Bを求める。

Check! 乾燥密度の算定式さえ理解しておけば簡単な問題ですので、把握しておきましょう。

設問15　品質管理手順

出題頻度　△

品質管理の進め方に関する下記の文章の 　　　　　 の中の（イ）～（ホ）に当てはまる適切な語句を解答欄に記入しなさい。

ただし、文中の（ロ）、（ハ）、（ホ）は、それぞれ同一の語句である。

品質管理を進めるうえで大切なことは、目標を定めて、その目標に最も早く近づくための合理的な計画を立て、それを実行に移すことである。

一般に次のような手順で行われる。

手順1：管理しようとする　（イ）　を決める。

手順2：選んだ特性に対する　（ロ）　を決める。

手順3：　（ロ）　を守るための作業標準を決める。

手順4：工事を作業標準に従って実施し、　（ハ）　をとる。

手順5：各　（ハ）　から品質標準に満足しているかどうか、品質が　（ニ）　しているかを確かめる。

手順6：作業過程に異常があると推定されたら、その　（ホ）　を追及し、　（ホ）　を除去する処置をとる。

手順7：処置の結果をチェックする。

〈解答欄〉

（イ）	（ロ）
（ハ）	（ニ）
（ホ）	

平成17年度　実地試験　問題4　設問1

設問15　品質管理の進め方に関する問題

解答

（イ）**品質特性**　　（ロ）**品質標準**　　（ハ）**データ**　　（ニ）**安定**　　（ホ）**原因**

解説

品質管理の手順を記述する。

①品質特性 ➡ ②品質標準 ➡ ③作業標準（作業の方法） ➡ ④実施、データ ➡ ⑤ヒストグラム ➡ ⑥管理図 ➡ ⑦原因追及、原因除去 ➡ ⑧チェック

 **Check!**　PDCAサイクルの手順を理解しておきましょう。

■ 品質管理図 ■

□□□

工事の施工にあたってヒストグラムによる品質管理を行う場合、その見方についての留意点を2つ解答欄に簡潔に記述しなさい。

〈解答欄〉

ヒストグラムの見方についての留意点

平成17年度　実地試験　問題4　設問2

設問16　ヒストグラムの見方についての留意点

解答

ヒストグラムの見方についての留意点
ばらつきがよく、平均値が規格の中央にあるか。
規格値付近の位置に分布しているものが多くないか。
分布の幅・広がり具合に偏りはないか。
規格値に対して満足しているか。
飛び離れたデータがないか。
2つ以上の山が分布していないか。

上記の項目のうち2つを選定し記述する。

解説

　ヒストグラムとは、測定データのばらつき状態をグラフ化で、縦軸に**度数分布表の頻度**、横軸に**データ区間**を表し、分布状況により規格値に対しての**品質の良否**を判断するものである。

　安定した工程で正常に発生するばらつきをグラフにして、左右対称の山形のなめらかな曲線を**正規分布曲線**というが、正規分布からはずれる場合には、ゆとりの状態、平均値の位置、分布形状で品質規格の判断をする。

 ヒストグラムをグラフの形として理解しておきましょう。

品質管理図

□□□

下表のデータから$\overline{X}-R$管理図の作成に必要な$\overline{X}$管理図の上方管理限界UCL、下方管理限界LCL及びR管理図の上方管理限界UCLを求めその値を解答欄に記入しなさい。

群	測定値			計 ΣX	平均 $\overline{X}$	範囲 R
	X_1	X_2	X_3			
1	19	25	22			
2	29	20	26			
3	23	19	27			
4	26	28	18			
5	25	27	26			

n	A_2	D_4
2	1.8	3.2
3	1.0	2.5
4	0.7	2.2
5	0.5	2.1

〈解答欄〉

$\overline{X}$管理図	UCL	
	LCL	
R管理図	UCL	

平成16年度　実地試験　問題4　設問1

設問17　$\overline{X}-R$管理図における、上方及び下方管理限界の値の計算

解答

$\overline{X}$管理図	UCL	**31**
	LCL	**17**
R管理図	UCL	**17.5**

群	測定値			計 ΣX	平均 $\overline{X}$	範囲 R
	X_1	X_2	X_3			
1	19	25	22	66	22	6
2	29	20	26	75	25	9
3	23	19	27	69	23	8
4	26	28	18	72	24	10
5	25	27	26	78	26	2
計					120	35

n	A_2	D_4
2	1.8	3.2
3	1.0	2.5
4	0.7	2.2
5	0.5	2.1

$\Sigma X = X_1 + X_2 + X_3$

$\overline{X} = \Sigma X / 3$

R ＝最大値－最小値

群ごとの測定値の数が3（n＝3）であることから、

$A_2 = 1.0$

$D_4 = 2.5$

総平均値　$\overline{X} = 120／5 = 24$

範囲平均値　$R = 35／5 = 7$

計算の間違いには十分に注意
しましょう。見直しを行うこ
とも大切です。

○管理図の限界線

・$\overline{X}$管理図

$CL = \overline{X} = 24$

$UCL = \overline{X} + A_2 R = 24 + 1.0 \times 7 = \mathbf{31}$

$LCL = \overline{X} - A_2 R = 24 - 1.0 \times 7 = \mathbf{17}$

・R管理図

$UCL = D_4 R = 2.5 \times 7 = \mathbf{17.5}$

 **Check!** 算定公式を理解していれば簡単な問題です。

設問18
出題頻度
△

■ 品質特性 ■

□□□

　工事の施工にあたって、構造物に要求される品質は、一般に設計図書と仕様書に規定されている。この品質を満たすため、何を品質管理の対象項目（品質特性）とするかを決める必要がある。この品質特性を決める場合の留意点を2つ解答欄に記述しなさい。

〈解答欄〉

品質特性を決める場合の留意点

平成16年度　実地試験　問題4　設問2

設問18　品質特性を決める場合の留意点

解答

品質特性を決める場合の留意点
工程の状況が総合的に表れるもの。
設計品質に重要な影響を及ぼすもの。
選定された品質特性（代用の特性も含む）と最終の品質の関係が明らかなもの。
容易に測定が行えるもの。
工程に対し容易に処置がとれるもの。
結果が早期に得られるもの。

上記の項目のうち2つを選定し記述する。

解説

「学習のポイント」により、品質特性を決める場合の留意点として主に6つの点が示されている。

設問は「品質特性」に関するもので「品質標準」、「作業標準」ではないことに注意しましょう。

239

■ コンクリートの品質管理 ■

□□□

「コンクリート標準示方書(施工編)」に定められているレディーミクストコンクリートに関する次の文章の 　　　　 の中の（イ）～（ホ）に当てはまる適切な語句を、解答欄に記入しなさい。

(1) レディーミクストコンクリート工場は、原則として （イ） 表示認定工場で、かつ、コンクリート主任技士またはコンクリート技士の資格をもつ技術者、あるいは、これらと同等以上の知識を有する技術者が常駐している工場の中から選定しなければならない。

(2) 工場の選定に際しては、現場までの （ロ） 時間、荷卸し時間、コンクリートの製造能力、運搬車数、工場の （ハ） 設備、品質管理状態等を考慮しなければならない。

(3) コンクリートに設定された所要の中性化速度係数、塩化物イオンに対する拡散係数、耐化学的侵食性、透水係数等が （ニ） の上限値を規制することによって得られる場合には、この値を指定しなければならない。

(4) コンクリート構造物の耐凍害性を高める目的で （ホ） を標準の値より高くする必要がある場合には、その値を指定しなければならない。

〈解答欄〉

(1) | （イ）
(2) | （ロ）　　　　　　　　　　　　 | （ハ）
(3) | （ニ）
(4) | （ホ）

平成15年度　実地試験　問題4　設問1

設問19　レディーミクストコンクリートの留意点

解答

(1) | （イ） **JIS** | (2) | （ロ） **運搬** | （ハ） **製造**
(3) | （ニ） **水セメント比** | (4) | （ホ） **空気量**

解説

設問におけるレディーミクストコンクリートの留意点は、「コンクリート標準示方書・施工編」及び「学習のポイント」を参考にして記述する。

設問20
出題頻度

■ 土工の品質管理 ■

　盛土の締固め度や強度特性は材料試験に基づいて設計されており、実際に盛土を施工した場合、所要の締固め度が得られないことがある。

　設計と施工で品質の差が生じる要因を2つ解答欄に簡潔に記述しなさい。

〈解答欄〉

品質の差が生じる要因

平成15年度　実地試験　問題4　設問2

設問20　盛土における設計と施工の品質の差

解答

品質の差が生じる要因
盛土材料が適正でない。主に土質、粒度及び含水比が適正でない場合に品質の差が生じる。
施工機械が適正でない。主に敷均し機械、締固め機械の選定が適正でない場合に品質の差が生じる。
施工方法が適正でない。主に敷均し厚さ、締固め厚さ及び締固め回数の施工方法が適正でない場合に品質の差が生じる。

上記のように、盛土材料、施工機械、施工方法のうち2点を選定し記述する。

解説

　盛土において設計と施工で品質の差が生じる要因としては、主として下記の点が考えられる。

①盛土材料が適正でない場合：**土質、粒度、含水比**

②施工機械が適正でない場合：**敷均し機械、締固め機械**の選定

③施工方法が適正でない場合：**敷均し厚さ、締固め厚さ、締固め回数**

 材料、機械、方法について各1つずつの項目を記述すればいいでしょう。

■ 品質管理図 ■

　次の表は、アスファルト舗装工事においてアスファルト混合物の温度管理を行ったときのデータシートで、計算途中のものである。

　この表を使って$\overline{x}$－R管理図の中心線（CL）、上方管理限界線（UCL）、下方管理限界線（LCL）を求め、数値を解答欄に記入しなさい。

　ただし、$A_2 = 1.0$、$D_4 = 2.5$とする。

組番号	測定値3回／日			計 Σx	平均値 $\overline{x}$	範囲R
	a	b	c			
1	154	155	159	468		
2	150	148	158	456		
3	169	165	167	501		
4	164	157	159	480		
5	165	163	167	495		
計				2,400		

〈解答欄〉

$\overline{x}$－管理図	C L	
	UCL	
	LCL	
R－管理図	C L	
	UCL	

設問21 $\overline{X}$−R管理図における、上方及び下方管理限界の値の計算

解答

$\overline{\chi}$−管理図	CL	**160**
	UCL	**166**
	LCL	**154**
R−管理図	CL	**6**
	UCL	**15**

解説

(1) 表の空欄及び各平均値等を求める。

組番号	測定値3回／日			計 $\Sigma \chi$	平均値 $\overline{\chi}$	範囲R
	a	b	c			
1	154	155	159	468	**156**	5
2	150	148	158	456	**152**	10
3	169	165	167	501	**167**	4
4	164	157	159	480	**160**	7
5	165	163	167	495	**165**	4
計				2,400	800	30

$\overline{\chi} = \Sigma \chi / 3$

R = 最大値 − 最小値

$A_2 = 1.0$

$D_4 = 2.5$

総平均値　$\overline{\overline{\chi}} = 800 / 5 = 160$

範囲平均値　$\overline{R} = 30 / 5 = 6$

(2) 管理図の限界線

- $\overline{\chi}$管理図

　CL $= \overline{\overline{\chi}} = $ **160**

　UCL $= \overline{\overline{\chi}} + A_2 \overline{R} = 160 + 1.0 \times 6 = $ **166**

　LCL $= \overline{\overline{\chi}} - A_2 \overline{R} = 160 - 1.0 \times 6 = $ **154**

- R管理図

　CL $= \overline{R} = $ **6**

　UCL $= D_4 \overline{R} = 2.5 \times 6 = $ **15.0**

Check!

算定公式を理解していれば簡単な問題です。

設問22
出題頻度
◎

■ コンクリートの品質管理 ■

□□□

「コンクリート標準示方書（施工編）」で定められたコンクリートの運搬、打込み及び締固めに関する下記の文章の 　　　　　 の中の（イ）～（ホ）に当てはまる適切な語句または数値を解答欄に記入しなさい。

(1) 練混ぜはじめてから打終わるまでの時間は、外気温が25℃を超えるときで 　（イ）　 時間以内、25℃以下のときで 　（ロ）　 時間以内を標準とする。

(2) 運搬、打込み及び締固めは、コンクリートの 　（ハ）　 ができるだけ少なくなるように行わなければならない。

(3) 打込みにあたって型枠が高い場合には、シュート、ポンプ配管、バケット、ホッパ等の吐出し口と打込み面までの高さは 　（ニ）　 m以下を標準とする。

(4) 壁または柱のように高さのあるコンクリートを連続して打込む場合の打上がり速度は、一般の場合 　（ホ）　 分につき1～1.5m程度を標準とする。

〈解答欄〉

(1) （イ）　　　　　　　　　　　　（ロ）

(2) （ハ）

(3) （ニ）

(4) （ホ）

平成14年度　実地試験　問題4　設問2

設問22 **コンクリートの運搬、打込み及び締固めに関する留意点**

解答

(1) （イ）**1.5**　（ロ）**2.0**　　(2) （ハ）**材料分離**

(3) （ニ）**1.5**　　　　　　　(4) （ホ）**30**

数字に関する記述に注意しましょう。

解説

品質管理というより、コンクリートの施工の問題であり、「コンクリート標準示方書」及び「学習のポイント」を参考にする。

設問23
出題頻度 ◎

■ 土工の品質管理 ■

盛土工事において土の締固め試験を行い、下表の測定値が得られた。

測定番号	1	2	3	4	5
含水比(%)	10.0	16.0	14.0	18.0	12.0
湿潤密度(g/cm³)	1.650	2.088	2.280	1.770	2.016
乾燥密度(g/cm³)					

① この測定値から乾燥密度を求め解答欄の図に締固め曲線図を作成しなさい。

② 締固め度が最大乾燥密度の90%以上となる施工含水比の範囲を求め解答欄に記入しなさい。

〈解答欄〉

①

［乾燥密度の計算］

測定番号	1	2	3	4	5
含水比(%)	10.0	16.0	14.0	18.0	12.0
湿潤密度(g/cm³)	1.650	2.088	2.280	1.770	2.016
乾燥密度(g/cm³)					

［締固め曲線の作成］

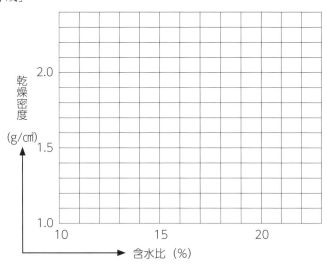

②

最大乾燥密度	
最大乾燥密度の90%以上となる施工含水比	

解答

① 乾燥密度を求め、締固め曲線図を作成する。

［乾燥密度の計算］

測定番号	1	2	3	4	5
含水比(%)	10.0	16.0	14.0	18.0	12.0
湿潤密度(g/cm³)	1.650	2.088	2.280	1.770	2.016
乾燥密度(g/cm³)	**1.5**	**1.8**	**2.0**	**1.5**	**1.8**

［締固め曲線の作成］

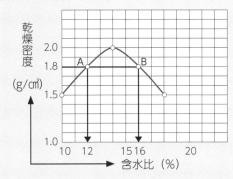

② 施工含水比の計算

最大乾燥密度	2.0g/cm³
最大乾燥密度の90%以上となる施工含水比	12〜16%

解説

○乾燥密度は下式により求める。

$$\rho_d = \frac{\rho_t}{1 + \omega / 100}$$

ここで　ρ_d：**乾燥密度**

ρ_t：**湿潤密度**

ω：**含水比**

Check!

乾燥密度の算定式さえ理解しておけば簡単な問題ですので、把握しておきましょう。

○締固め曲線

縦軸に計算で求めた**乾燥密度**、横軸に**含水比**を各測点ごとにポイントする。

○施工含水比

計算で求めた最大乾燥密度の**90%**の値を計算し、締固め曲線の交点A、Bを求める。

4 安全管理

学習のポイント

- 足場工における安全対策、特に、手すり先行工法及び墜落危険防止についても同時に整理する。
- クレーン作業における安全対策としての留意点をまとめておく。
- 掘削作業における安全対策としての留意点をまとめておく。
- 土止め支保工における安全対策を整理する。
- 型枠支保工における安全対策を整理する。
- 車両系建設機械のうち特に土工関係の建設機械における安全対策を整理する。
- 選任管理者及び作業主任者の職務等の安全衛生管理体制を把握する。

1 足場工・墜落危険防止

出題頻度 ◯

【足場工の安全対策】

「労働安全衛生規則第570条〜」により足場工の安全対策について次に整理する。

《鋼管足場（パイプサポート）について》

①滑動または沈下防止のためにベース金具、敷板等を用いて、**根がらみ**を設置する。

②鋼管の接続部または交差部は**付属金具**を用いて、確実に緊結する。

《単管足場について》

③建地の間隔は、桁行方向**1.85m**、梁間方向**1.5m**以下とする。

④建地間の積載荷重は、**400kg**を限度とする。

⑤地上第一の布は**2m以下**の位置に設ける。

⑥最高部から測って**31m**を越える部分の建地は**2本組**とする。

《枠組足場について》

⑦**最上層**及び**5層以内ごと**に水平材を設ける。

⑧梁枠及び持送り枠は、水平筋かいにより横ぶれを防止する。

⑨高さ20m以上のとき、主枠は高さ**2.0m以下**、間隔は**1.85m以下**とする。

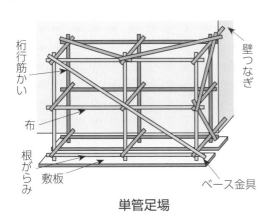

単管足場

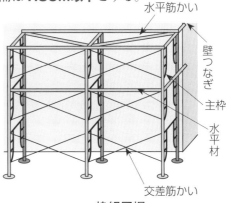

枠組足場

【手すり先行工法による足場の安全基準】

「手すり先行工法に関するガイドライン」により足場工の安全対策について言及されている。

手すり先行工法とは、建設工事において、足場の組み立て等の作業を行うにあたり、労働者が足場の作業床に乗る前に、作業床の端となる箇所に適切な手すりを先行して設置し、かつ、最上層の作業床を取り外すときは、作業床の端の手すりを残置して行う工法であり、次の３つの方式がある。

①**手すり先送り方式**：足場の最上層に床付き布枠等の作業床を取り付ける前に、最上層より一層下の作業床上から、建枠の脚注に沿って上下可能な手すりまたは手すり枠を設置する方式である。

②**手すり据置き方式**：足場の最上層に床付き布枠等の作業床を取り付ける前に、最上層より一層下の作業床上から、据置き型の手すりまたは手すり枠を設置する方式である。

③**手すり先行専用足場方式**：鋼管足場の適用除外が認められた枠組足場で、最上層より一層下の作業床上から、手すりの機能を有する部材を設置することができる、手すり先行専用のシステム足場による方式。

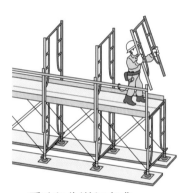 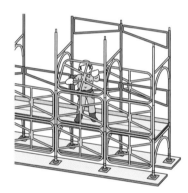 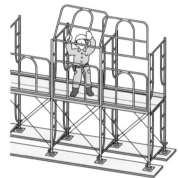

| 手すり先送り方式 | 手すり先行専用足場方式 | 手すり据置き方式 |

【墜落危険防止】

「労働安全衛生規則第518条〜」により墜落危険防止対策について、下記に整理する。

①高さ**２m以上**で作業を行う場合、足場を組み立てる等により作業床を設け、また、作業床の端や開口部等には囲い、**85cm以上**の手すり、中さん（高さ**35〜50cm**）、巾木（高さ**10cm以上**）及び覆い等を設けなければならない。

②高さ**２m以上**で作業を行う場合、**85cm以上**の手すり、覆い等を設けることが著しく困難な場合やそれらを取り外す場合、墜落制止用器具が取り付けられる設備を準備し、労働者に墜落制止用器具を使用させる等の措置をして、墜落による労働者の危険を防止しなければならない。

③強風、大雨、大雪等の悪天候のときは危険防止のため、高さ**２m以上**での作業をしてはならない。

④高さ**２m以上**で作業を行う場合、安全作業確保のため、必要な照度を保持しなければならない。

⑤高さ**1.5m以上**で作業を行う場合、昇降設備を設けることが作業の性質上著しく困難である場合以外は、労働者が安全に昇降できる設備を設けなければならない。

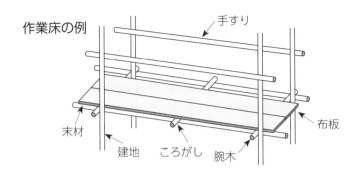

作業床の例

手すり

布板

末材

建地　ころがし　腕木

 **Check!**
- 墜落危険防止対策については、主に「作業床」「墜落制止用器具」「悪天候時の作業」「照度の保持」が重要なキーワードとなります。
- 最近、労働安全衛生規則の改正により、作業床における「手すり」「中さん」「巾木」について整理する必要があります。

2 移動式クレーン

出題頻度

移動式クレーンの安全対策については、「クレーン等安全規則」により下記に整理する。

【クレーンの配置据付】

①作業範囲内に障害物がないことを確認し、もし障害物がある場合はあらかじめ作業方法の検討を行う。

②設置する地盤の状態を確認し、地盤の支持力が不足する場合は、地盤の改良、鉄板等により、吊り荷重に相当する地盤反力を確保できるまで補強する。

③機体は水平に設置し、アウトリガーは作業荷重によって、最大限に張り出す。

④荷重表で吊り上げ能力を確認し、吊上げ荷重や旋回範囲の制限を厳守する。

⑤作業開始前に、負荷をかけない状態で、巻過防止装置、警報装置、ブレーキ、クラッチ等の機能について点検を行う。

作業開始前には点検を行うこと

【クレーン作業安全対策】

①運転開始後しばらくして、アウトリガーの状態を確認し、異常があれば調整する。

②クレーン、移動式クレーン、デリックで、吊り上げ荷重が**0.5 t未満**のものは適用を除外する。

③転倒等による労働者の危険防止のために以下の事項を定める。

- 移動式クレーンによる作業の方法
- 移動式クレーンの転倒を防止するための方法
- 移動式クレーンの作業に係る労働者の配置及び指揮の系統

④吊り上げ荷重が**1 t未満**の移動式クレーンの運転をさせるとき

人を吊り上げた状態で運搬や作業するのは禁止

249

は特別教育を行う。

⑤移動式クレーンの運転士免許が必要となる（吊り上げ荷重が**1～5 t**未満は運転技能講習修了者で可となる）。

⑥定格荷重を超えての使用は禁止する。

⑦軟弱地盤や地下工作物等により転倒のおそれのある場所での作業は禁止する。

⑧アウトリガーまたはクローラは最大限に張り出さなければならない。

⑨一定の合図を定め、指名した者に合図を行わせる。

1t未満の吊り上げ荷重の場合、特別教育が必要

定格荷重を超えた作業は禁止

作業半径内への立ち入りは禁止

荷を吊った状態で、運転者が運転位置から離脱するのは禁止

⑩労働者を運搬したり、吊り上げての作業は禁止する（ただし、やむを得ない場合は、専用のとう乗設備を設けて乗せることができる）。

⑪作業半径内の労働者の立ち入りを禁止する。

⑫強風のために危険が予想されるときは作業を禁止する。

⑬荷を吊ったままでの、運転位置からの離脱を禁止する。

 ●移動式クレーンについては、「配置・据付」と「作業」に分けて留意点を整理しましょう。

---

3 掘削作業　　　　　　　　　　　　出題頻度

【掘削作業安全対策】

「労働安全衛生規則第355条〜」により、掘削作業の安全対策について下記に整理する。

①作業箇所及び周辺の地山について、下記の点についてあらかじめ調査を行う。

- 形状、地質、地層の状態
- 亀列、含水、湧水及び凍結の有無
- 埋設物等の有無
- 高温のガス及び蒸気の有無等

②掘削面の勾配は、地山の種類、高さによる。下表参照。

地山の区分	掘削面の高さ	勾配	備考
岩盤または堅い粘土からなる地山	5m未満	90°以下	
	5m以上	75°以下	
その他の地山	2m未満	90°以下	
	2〜5m未満	75°以下	
	5m以上	60°以下	
砂からなる地山	勾配35°以下または高さ5m未満		
発破等により崩壊しやすい状態の地山	勾配45°以下または高さ2m未満		

掘削面の高さ　2m以上　掘削面　2m以上の水平段

●「地山の種類」及び「高さ」による勾配をまとめておきましょう。

4 土止め支保工 出題頻度 △

【土止め支保工の安全対策】

「労働安全衛生規則第368条〜」により、土止め支保工の安全対策については、下記に整理する。

①**切りばり**及び**腹起こし**は、脱落を防止するため、矢板、杭等に確実に取り付ける。

②**圧縮材の継手**は、突合せ継手とする。

③**切りばりまたは火打ちの接続部**及び**切りばりと切りばりの交差部**は当て板をあて、ボルト締めまたは溶接などで堅固なものとする。

④**切りばり等**の作業においては、関係者以外の労働者の立ち入りを禁止する。

⑤材料、器具、工具等を上げ、下ろすときは**吊り綱、吊り袋等**を使用する。

⑥**7日**を超えない期間ごと、中震以上の地震の後、大雨等により地山が急激に軟弱化するおそれのあるときには、部材の損傷、変形、変位及び脱落の有無、部材の接続部、交差部の状態について点検し、異常を認めたときは直ちに補強または補修をする。

⑦**土止め支保工**は、掘削深さ**1.5m**を超える場合に設置するものとし、**4m**を超える場合は親杭横矢板工法または鋼矢板とする。

⑧**根入れ深さ**は、杭の場合は**1.5m**、鋼矢板の場合は**3.0m以上**とする。

⑨**親杭横矢板工法における土留杭**はH−300以上、横矢板最小厚は**3cm以上**とする。

⑩**腹起こしにおける部材**はH−300以上、継手間隔は**6.0m以上**、垂直間隔は**3.0m以内**とする。

⑪**切りばりにおける部材**はH−300以上、継手間隔は**3.0m以上**、垂直間隔は**3.0m以内**とする。

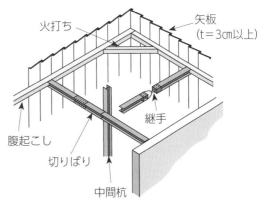

火打ち　矢板（t＝3cm以上）　継手　腹起こし　切りばり　中間杭

⑤ 型枠支保工

【型枠支保工の安全対策】

「労働安全衛生規則第237条～」により型枠支保工の安全対策について、下記に整理する。

①**型枠支保工**を組み立てるときは、組立図を作成し、組立図には、支柱、梁、つなぎ、筋かい等の部材の配置、接合の方法及び寸法を明示する。

②**沈下防止**のため、敷角の使用、コンクリートの打設、杭の打込み等の措置を講ずる。

③**滑動防止**のため、脚部の固定、根がらみの取り付け等の措置を講ずる。

④**支柱の継手**は、突合せ継手または差し込み継手とする。

⑤**鋼材の接続部**または**交差部**はボルト、クランプ等の金具を用いて、緊結する。

⑥高さが**3.5m**を超えるとき**2m以内**ごとに2方向に水平つなぎを設ける。

⑦コンクリート打設作業の開始前に型枠支保工の点検を行う。

⑧作業中に異常を認めた際には、作業中止のための措置を講じておくこと。

⑥ 車両系建設機械

【車両系建設機械の安全対策】

「労働安全衛生規則第152条～」により車両系建設機械の安全対策について、下記に整理する。

①照度が保持されている場所を除いて、**前照灯**を備える。

②岩石の落下等の危険が生じる箇所では堅固な**ヘッドガード**を備える。

③**転落等の防止**のために、運行経路における路肩の崩壊防止、**地盤の不同沈下の防止**、必要な幅員の確保を図る。

④**接触防止**のために、接触による危険箇所への労働者

の立入禁止及び誘導者の配置を行う。

⑤一定の合図を決め、誘導者に合図を行わせる。

⑥運転位置から離れる場合には、バケット、ジッパー等の作業装置を地上におろし、原動機を止め、走行ブレーキをかける。

⑦移送のための積卸しは**平坦**な場所で行い、道板は十分な長さ、幅、強度、適当な勾配で取り付ける。

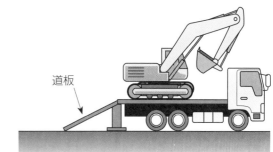

道板

⑧パワーショベルによる荷の吊り上げ、クラムシェルによる労働者の昇降等の主たる用途以外の使用を禁止する。

**Check!** ●前照灯、ヘッドガード、転落防止、接触防止、合図、運転位置離脱、移送、用途以外使用制限は、基本項目です。

---

7 安全管理体制 　　出題頻度 △

【選任管理者】

「労働安全衛生法第10条〜」において、安全衛生管理体制における下記の選任管理者が定められている。

選任管理者	労働者数	職務・要件	備　考
総括安全衛生管理者	単一企業常時100人以上	①危険、健康障害防止 ②教育実施 ③健康診断の実施 ④労働災害の原因調査	①安全、衛生管理者及び産業医の指揮、統括管理 ②安全衛生委員会設置
統括安全衛生責任者	複数企業常時50人以上	①協議組織の設置・運営 ②作業間連絡調整 ③作業場所巡視 ④安全衛生教育の指導援助 ⑤工程、機械設備の配置計画 ⑥労働災害防止	トンネル、圧気、橋梁工事は30人
安全管理者	常時50人以上	安全に関する技術的事項の管理	300人以上は1人を専任とする
衛生管理者	常時50人以上	衛生に関する技術的事項の管理	1000人以上は1人を専任とする
産業医	常時50人以上	月1回は作業場巡視	医師から選任

【作業主任者を選任すべき作業】

労働安全衛生法第14条において、作業主任者の選任が定められており、「労働安全衛生法施行令第6条」において、作業主任者を選任すべき主な作業が定められている。

作業主任者	作業内容	資　　格
地山の掘削及び土止め支保工作業主任者	２m以上の地山掘削及び土止め支保工作業	技能講習を終了した者
型枠支保工の組立等作業主任者	型枠支保工作業	技能講習を終了した者
足場の組立等作業主任者	吊り、張出、５m以上の足場組立	技能講習を終了した者
鋼橋架設等作業主任者	鋼橋（高さ５m以上、スパン30m以上）架設	技能講習を終了した者
コンクリート造の工作物の解体等作業主任者	コンクリート造の工作物（高さ５m以上）の解体	技能講習を終了した者
コンクリート橋架設等作業主任者	コンクリート橋（高さ５m以上、スパン30m以上）架設	技能講習を終了した者
コンクリート破砕機作業主任者	コンクリート破砕機作業	技能講習を終了した者
高圧室内作業主任者	高圧室内作業	免許を受けた者
ガス溶接作業主任者	アセチレン・ガス溶接	免許を受けた者

【作業主任者の職務】

作業主任者の職務は下記の４点が定められている。

①材料の欠点の有無を**点検**し、不良品を取り除くこと。

②器具、工具、墜落制止用器具及び保護帽の機能を**点検**し、不良品を取り除くこと。

③作業の方法及び労働者の配置を**決定**し、作業の進行状況を監視すること。

④墜落制止用器具及び保護帽の使用状況を**監視**すること。

【現場における安全活動】

現場における安全の確保のために、具体的な安全活動について下記に整理する。

①安全通路の確保、工事用設備の安全化、工法の安全化等の作業環境の整備を検討する。

②作業開始前に**ツールボックスミーティング**を行い、その日の作業内容、作業手順等の話し合いをする。

③工事用設備、機械器具等の点検責任者による安全点検の実施を行う。

④外部での講習会、見学会及び内部における**研修会の開催**を行う。

⑤ポスター、注意事項の掲示、安全標識類の表示及び安全旗の掲揚を行う。

⑥責任と権限の明確化、安全競争・表彰、安全放送等の**安全活動**等を実施する。

 **Check!** ●作業主任者の職務はすべて把握しておくこと。

8 その他の安全管理

出題頻度 △

【道路工事保安施設】

道路上において土木工事を施工する場合の留意点は下記のとおりである。

①工事に関する情報提供及び円滑な道路交通を確保するために、道路管理者及び所轄警察署長との協議書または指示及び許可条件等に基づき、必要な道路標識、看板等を設置する。

②工事開始**1週間前**から工事開始までの間に、近隣住民、道路利用者等に対し、工事内容を周知するために工事情報看板を設置する。また、工事開始から工事終了までの間は工事内容説明看板を設置する。

③工事現場への出入口、規制区間の主要箇所には、**誘導員**を配置し、道路標識、カラーコーン等を設置する。

④工事責任者は、常時現場を巡回し、不良箇所を発見したときは直ちに改善する。

⑤工事の施工者は、道路管理者や警察署の指示に従い道路標識を設置する。

⑥施設設置の場合、高さ**0.8〜2.0m**の部分については、通行者の視界を妨げないような措置をとる。

⑦道路上または道路に接して夜間施工する場合には、高さ**1.0m程度**で、**150m**前方から視認できる光度のある保安灯を設置する。

⑧交通量の多い道路では、遠方からも確認できる道路標識、保安灯、内部照明式掲示板を設置する。

⑨車線を制限した場合は、1車線で**3m**、2車線で**5.5m**の車道幅員を確保するとともに、制限区間はできるだけ短くする。

【土石流災害防止】

土石流の発生するおそれがある場合の労働災害防止に関する留意点を下記に示す。

①**事前調査事項**：工事対象地ならびに周辺地域における、気象特性、地形特性、地質特性、危険箇所分布、過去の災害発生状況等

②**施工計画の作成**：上流における計測調査、監視方法、情報伝達方法、避難路、避難場所等の事前決定。

③**現場管理**：警報設備の設置、点検整備、雨量情報（累加あるいは時間雨量）の把握および情報収集体制やその伝達方法の確立。

④**必要な措置**：前兆現象の把握時における、作業の中止および避難措置。

 **Check!** ●ときどき前例項目以外でも出題があるが、一般事項として理解しておきましょう。

設問1
出題頻度 △

■ 安全管理体制 ■

□ □ □

　労働安全衛生規則に定められている、事業者の行う足場等の点検時期、点検事項及び安全基準に関する次の文章の　　　　　の（イ）～（ホ）に当てはまる適切な語句又は数値を解答欄に記述しなさい。

⑴　足場における作業を行うときは、その日の作業を開始する前に、足場用墜落防止設備の取り外し及び　（イ）　の有無について点検し、異常を認めたときは、直ちに補修しなければならない。

⑵　強風、大雨、大雪等の悪天候若しくは　（ロ）　以上の地震等の後において、足場における作業を行うときは、作業を開始する前に点検し、異常を認めたときは、直ちに補修しなければならない。

⑶　鋼製の足場の材料は、著しい損傷、　（ハ）　又は腐食のあるものを使用してはならない。

⑷　架設通路で、墜落の危険のある箇所には、高さ85cm以上の　（ニ）　又はこれと同等以上の機能を有する設備を設ける。

⑸　足場における高さ2m以上の作業場所で足場板を使用する場合、作業床の幅は　（ホ）　cm以上で、床材間の隙間は、3cm以下とする。

〈解答欄〉

| ⑴ | （イ） | | ⑵ | （ロ） | |

| ⑶ | （ハ） | | ⑷ | （ニ） | |

| ⑸ | （ホ） | |

令和2年度　実地試験　問題5

設問1 足場等の安全管理に関する問題

解答

⑴　（イ）**脱落**　　⑵　（ロ）**中震**　　⑶　（ハ）**変形**
⑷　（ニ）**手すり**　⑸　（ホ）**40**

解説

　足場等の安全管理に関しては、主に「労働安全衛生規則第518～552条」に定められている。

- 例題演習として過去に出題された問題を掲載しました。実際に自分で解答欄に記述してみてください。
- 出題の傾向については、別冊「1級土木施工管理技術検定試験　第2次検定問題」で表にまとめていますので参照してください。

設問2
出題頻度 〇

■ 足場工・墜落危険防止 ■ □□□

労働安全衛生規則の定めにより、事業者が行わなければならない「墜落等による危険の防止」に関する次の文章の ☐☐☐☐ の（イ）〜（ホ）に当てはまる適切な語句又は数値を解答欄に記述しなさい。

(1)　事業者は、高さが ☐（イ）☐ m以上の箇所で作業を行なう場合において墜落により労働者に危険を及ぼすおそれのあるときは、足場を組み立てる等の方法により ☐（ロ）☐ を設けなければならない。

(2)　事業者は、高さが ☐（イ）☐ m以上の箇所で ☐（ロ）☐ を設けることが困難なときは、☐（ハ）☐ を張り、労働者に ☐（ニ）☐ を使用させる等墜落による労働者の危険を防止するための措置を講じなければならない。

(3)　事業者は、労働者に ☐（ニ）☐ 等を使用させるときは、☐（ニ）☐ 等及びその取付け設備等の異常の有無について、☐（ホ）☐ しなければならない。

〈解答欄〉

(1)　（イ）　　　　　　　　　　（ロ）

(2)　（ハ）　　　　　　　　　　（ニ）

(3)　（ホ）

平成30年度　実地試験　問題5

■ **設問2**　墜落等による危険の防止に関する問題

解答

(1)　（イ）**2**　　　　（ロ）**作業床**
(2)　（ハ）**防網**　　（ニ）**墜落制止用器具**
(3)　（ホ）**随時点検**

解説

墜落等による危険の防止に関しては、主に「労働安全衛生規則・第2編第9章第1節墜落等による危険の防止（第518条〜533条）」に定められている。

257

■ 掘削作業・型枠支保工 ■

□□□

建設工事現場における作業のうち、次の(1)又は(2)のいずれか1つの番号を選び、番号欄に記入した上で、記入した番号の作業に関して労働者の危険を防止するために、労働安全衛生規則の定めにより事業者が実施すべき安全対策について解答欄に5つ記述しなさい。

(1) 明り掘削作業（土止め支保工に関するものは除く）

(2) 型わく支保工の組立て又は解体の作業

〈解答欄〉

事業者が実施すべき安全対策
(1) 明り掘削作業
(2) 型わく支保工の組立て又は解体の作業

平成30年度　実地試験　問題10

設問3 労働者の危険防止に関する問題

解答

下記のうちどれか1つの作業について5つを選び記述する。

事業者が実施すべき安全対策
(1) 明り掘削作業
・作業開始前、大雨の後、地震の後の地山を点検する。　・作業箇所及び周辺の地山について調査を行う。 ・地山の種類、高さ等により掘削面の勾配基準を守る。　・地山の掘削作業主任者を専任し、定められた職務を行う。 ・地山の崩壊等による危険の防止を図る。　・埋設物等による危険の防止を図る。 ・地下工作物の損壊の恐れがある場合の掘削機械の使用を禁止する。 ・運搬機械の運行経路等の周知。　・誘導者の配置を行う。 ・労働者の保護帽の着用を徹底する。　・照度を保持する。
(2) 型わく支保工の組立て又は解体の作業
・関係労働者以外の労働者の立入禁止。 ・強風、大雨、大雪等の悪天候時には、当該作業に労働者を従事させない。 ・材料、器具又は工具を上げ、又はおろすときは、つり網、つり袋等を使用させる。 ・型枠支保工の組立て等作業主任者を選任し、定められた職務を行わせる。 ・組立図を作成し、その組立図により組立てる。 ・敷角の使用、コンクリートの打設等支柱の沈下を防止する措置を講ずる。 ・支柱の脚部の固定、根がらみの取付け等支柱の脚部の滑動を防止する措置を講ずる。 ・支柱の継手は、突合せ継手又は差込み継手とする。

解説

建設工事現場における作業における安全管理に関しては、主に「労働安全衛生規則第355条～367条（明り掘削作業）及び第237条～247条（型枠支保工の組立て又は解体の作業）に定められている。

設問4

出題頻度

○

■ 移動式クレーン ■

　下図は、移動式クレーンで仮設材の撤去作業を行っている現場状況である。この現場において安全管理上必要な労働災害防止対策に関して、「労働安全衛生規則」又は「クレーン等安全規則」に定められている措置の内容について2つ解答欄に記述しなさい。

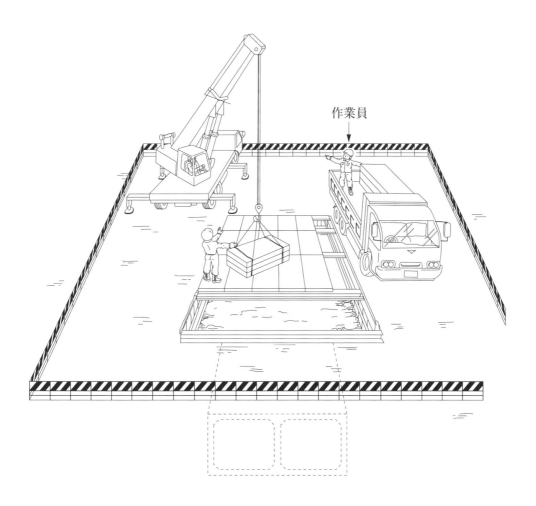

作業員

〈解答欄〉

「労働安全衛生規則」又は「クレーン等安全規則」に定められている措置

設問4 クレーン作業における安全管理に関する問題

解答

「労働安全衛生規則」又は「クレーン等安全規則」に定められている措置
設置する地盤の状態を確認し、地盤の支持力が不足する場合は、地盤の改良、鉄板等により、吊り荷重に相当する地盤反力を確保できるまで補強する。
機体は水平に設置し、アウトリガーは作業荷重によって、最大限に張り出す。
移動式クレーンのフックは吊り荷の重心に誘導する。吊り角度と水平面のなす角度は60°以内とする。
軟弱地盤や地下工作物等により転倒のおそれのある場所での作業は禁止する。
作業半径内の労働者の立入を禁止する。
一定の合図を定め、指名した者に合図を行わせる。

解説

　クレーン作業における安全管理に関しては、主に「労働安全衛生規則・車両系建設機械の使用に関する危険の防止（第154条〜171条）」及び「クレーン等安全規則」に定められている。

 **Check!** 設問は、撤去作業に関するものなので、掘削、土留工等に関しては記述しないようにしましょう。

260

設問5
出題頻度
△

■ 労働災害防止 ■

　建設工事現場で労働災害防止の安全管理に関する次の記述のうち①～⑥のすべてについて、労働安全衛生法令などに定められている語句または数値が誤っているものが文中に含まれている。①～⑥のうちから番号及び誤っている語句または数値を2つ選び、正しい語句または数値を解答欄に記入しなさい。

①事業者は、型枠支保工について支柱の高さが10m以上の構造となるときは型枠支保工の構造などの記載事項と組立図及び配置図を労働基準監督署長に当該仕事の開始の日の30日前までに届け出なければならない。

②事業者は、足場上で作業を行う場合において、悪天候もしくは中震以上の地震または足場の組み立てや一部解体もしくは変更後に作業する場合、作業の開始した後に足場を点検し、異常を認めたときは補修しなければならない。

③重要な仮設工事に土留め壁を用いて明かり掘削を行う場合、切りばりの水平方向の設置間隔は5m以下、鋼矢板の根入れ長は1.0mを下回ってはならない。

④事業者は、酸素欠乏症及び硫化水素中毒にかかるおそれのある暗渠内などで労働者に作業をさせる場合には、作業開始前に空気中の酸素濃度、硫化水素濃度を測定し、規定値を保つように換気しなければならない。ただし、規定値を超えて換気することができない場合、労働者に防毒マスクを使用させなければならない。

⑤急傾斜の斜面掘削に際し、掘削面が高い場合は段切りし、段切りの幅は2m以上とする。掘削面の高さが3.5m以上の掘削の際は安全帯等を使用させ、安全帯はグリップなどを使用して親綱に連結させる。

⑥移動式クレーンで荷を吊り上げた際、ブーム等のたわみにより、吊り荷が外周方向に移動するためフックの位置はたわみを考慮して作業半径の少し外側で作業をすること。

〈解答欄〉

番号	誤っている語句または数値	正しい語句または数値

平成26年度　実地試験　問題5　設問2

解答

番号	誤っている語句または数値	正しい語句または数値
①	10m	3.5m
②	作業の開始した後	作業の開始前
③	1.0m	3.0m
④	防毒マスク	空気呼吸器等
⑤	3.5m	2.0m
⑥	外側	内側

解説

　建設工事現場での労働災害防止の安全管理に関する各選択肢の内容は、次の規定・準用に基づき誤りの箇所を判断する。

①「労働安全衛生法　第88条」に示されている。

②「労働安全衛生規則　第567条」に示されている。

③「建設工事公衆災害対策要綱　第46」に示されている。

④「酸素欠乏症等防止規則　第5条の2」に示されている。

⑤「労働安全衛生規則」を準用する。

⑥クレーン作業における安全教育を準用する。

各種法令での規定内容を整理しましょう。

設問6
出題頻度
△

■ 地下埋設物・架空線 ■

□□□

　下記の現場条件で工事をする場合、(1)、(2)のいずれかを選びその施工時の安全上の留意点を2つ解答欄に記述しなさい。

(1)　地下埋設物に近接する箇所で施工する場合
(2)　架空線に近接する箇所で施工する場合

〈解答欄〉

項　　目	施工時の安全上の留意点

平成25年度　実地試験　問題5　設問2

設問6　地下埋設物近接工事及び架空線近接工事に関する問題

解答

下記の(1)(2)のいずれかについて、2つを選び記述する。

項　　目	施工時の安全上の留意点
(1) 地下埋設物に近接する箇所で施工する場合	・埋設物について事前に調査し、確認をする。 ・埋設物の管理者と協議し、保安上の措置を講ずる。 ・試掘により埋設物の存在が確認されたときには、布掘り、つぼ掘りにより露出させる。 ・露出した埋設物には、標示板により関係者に注意喚起をする。 ・周囲の地盤のゆるみ、沈下等に十分注意をする。
(2) 架空線に近接する箇所で施工する場合	・当該充電電路を移設する。 ・感電の危険を防止するための囲いを設ける。 ・当該充電電路に絶縁用防護具を装着する。 ・移設、囲い、防護の措置が困難なときは、監視人を置き作業を監視させる。

解説

(1)　「地下埋設物に近接する箇所で施工する場合」の安全管理に関しては、「建設工事公衆災害防止対策要綱　第5章埋設物」においてそれぞれ規定されている。
(2)　「架空線に近接する箇所で施工する場合」の安全管理に関しては、「労働安全衛生規則第349条」においてそれぞれ規定されている。

■ 掘削作業 ■

労働安全衛生規則の定めにより、事業者が行わなければならない明かり掘削の安全作業に関する次の文章の ____ に当てはまる適切な語句を解答欄に記入しなさい。

(1) 明かり掘削の作業を行う場所については、当該作業を安全に行うために、照明設備等を設置し、必要な （イ） を保持しなければならない。

(2) 地山の崩壊、または土石の落下による労働者の危険を防止するため、点検者を （ロ） し、作業箇所及びその周辺の地山について、その日の作業を開始する前に地山を点検させなければならない。

(3) 作業を行う場合において地山の崩壊、または土石の落下により労働者に危険を及ぼすおそれのあるときは、あらかじめ （ハ） を設け、防護網を張り、労働者の立入りを禁止する等の措置を講じなければならない。

(4) 掘削面の高さが （ニ） 以上となる地山の掘削の作業の場合、地山の （ホ） を選任しなければならない。

〈解答欄〉

(1)	（イ）
(2)	（ロ）
(3)	（ハ）
(4)	（ニ）	（ホ）

平成23年度 実地試験 問題5 設問1

■ 設問7 ■ **明かり掘削作業の安全管理に関する問題**

解答

(1) （イ） **照度**

(2) （ロ） **指名**

(3) （ハ） **土止め支保工**

(4) （ニ） **2m**　　（ホ） **掘削作業主任者**

Check!

解答は「労働安全衛生規則」に規定されているので、同一の語句でなければなりません。

解説

明かり掘削の作業の安全管理に関しては、「労働安全衛生規則第355条〜367条」においてそれぞれ規定されている。

設問8

出題頻度

■ 土石流災害防止 ■

降雨、融雪、地震に伴い土石流の到達するおそれのある現場で、事業者が行う労働災害防止に関する次の文章の　　　　　に当てはまる適切な語句を解答欄に記入しなさい。

(1) 工事対象渓流ならびに周辺流域について、気象特性や　（イ）　特性、土砂災害危険箇所の分布、過去に発生した土砂災害発生状況など流域状況を事前調査すること。

(2) 施工計画作成時には、事前調査に基づき土石流発生の可能性について検討し、その結果に基づき上流の　（ロ）　方法、情報伝達方法、避難路、避難場所を定めておくこと。

　また、降雨、融雪、地震があった場合の警戒・避難のための基準を定めておくこと。

(3) 現場管理では、土石流が発生した場合に速やかに知らせるための　（ハ）　設備を設け、常に有効に機能するよう点検、整備を行うこと。

(4) 現場の　（ニ）　雨量を把握するとともに、必要な情報の収集体制やその伝達方法を確立しておくこと。

(5) 警戒の基準雨量に達した場合は、必要に応じて上流の　（ロ）　を行い工事現場に土石流が到達する前に避難できるよう、連絡及び避難体制を確認し工事関係者へ周知すること。

(6) 土石流の前兆現象を把握した場合は、気象条件などに応じて上流の　（ロ）　、作業の　（ホ）　、避難など必要な措置をとること。

〈解答欄〉

（イ）

（ロ）

（ハ）

（ニ）

（ホ）

平成22年度　実地試験　問題5　設問1

設問8 降雨、融雪、地震に伴い土石流の到達するおそれのある現場で、事業者が行う労働災害防止に関する問題

解答

（イ）	**地形**
（ロ）	**監視**
（ハ）	**警報**
（ニ）	**時間**
（ホ）	**中止**

Check!

語句を記入したら、その文章を再度読み返して問題がないか確認するようにしましょう。

解説

現場における労働災害防止に関する留意点は、主に「労働安全衛生規則第575条の9」以降に示されている。

番号	項　目	留　意　点
①	事前調査事項	工事対象地ならびに周辺地域における気象特性、地形特性、地質特性、危険箇所分布、過去の災害発生状況等
②	施工計画の作成	上流における計測調査、監視方法、情報伝達方法、避難路、避難場所等の事前決定
③	現場管理	警報設備の設置、点検整備、雨量情報（累加あるいは時間雨量）の把握及び情報収集体制やその伝達方法の確立
④	必要な措置	前兆現象の把握時における、作業の中止及び避難措置

解答は内容が同一の意味ならば正解と考えてもよいです。

設問9
出題頻度
○

■ 移動式クレーン ■

□□□

労働安全衛生法上、事業者が移動式クレーンの転倒を防止するため、移動式クレーンの据付け時に現場で考慮すべき項目とその対策を各々2つ解答欄に記述しなさい。ただし、移動式クレーンの作業前点検項目を除く。

〈解答欄〉

据付け時に現場で考慮すべき項目	そ の 対 策

平成22年度 実地試験 問題5 設問2

■設問9 移動式クレーンの転倒防止のために、据付け時に現場で考慮すべき項目とその対策

解答

据付け時に現場で考慮すべき項目	そ の 対 策
設置する地盤の支持力の確認	転倒防止のために、必要な広さ及び強度を有する鉄板等を敷設する。
吊上げ荷重と定格荷重の確認	アウトリガーを最大限に張り出す。
強風等の天候の確認	強風等のために危険が予想されるときは、据付け作業は中止する。
設置地盤の埋設物、地下工作物の確認	埋設物を避けるか、作業半径ごとの定格荷重を超えない範囲で作業を行う。

以上のうち、各々2つを選んで記述する。

解説

「クレーン等安全規則」を参照して、据付け時に重点を置いた留意点を記述する。

 設問は「転倒防止、据付け時」であることに注意しましょう。

■ 移動式クレーン ■

□□□

移動式クレーンの作業に関する、次の文章の　　　　　に当てはまる適切な語句を解答欄に記入しなさい。

(1)　移動式クレーンの選定の際は、作業半径、吊り上げ荷重・フック重量を設定し、　(イ)　図で能力を確認し、十分な能力をもった機種を選定する。

(2)　送配電線類の近くで作業する場合は、移動式クレーンの接触による感電災害を防止するため、送配電線類に対して安全な　(ロ)　距離を保ち作業を行う。

(3)　移動式クレーンを設置する地盤の状態を確認し、地盤の支持力が不足する場合は、移動式クレーンが転倒しないよう地盤の改良、鉄板等により吊り荷重に相当する　(ハ)　が確保できるまで補強した後でなければ移動式クレーンの作業を行わない。

(4)　移動式クレーンの機体は水平に設置し、　(ニ)　は、最大限に張り出して作業することを原則とする。

(5)　玉掛け作業を行う場合は、移動式クレーンのフックを吊り荷の　(ホ)　に誘導し、2本4点半掛け吊りでは、吊り角度は原則として60度以内とする。

〈解答欄〉

(イ)		(ロ)	
(ハ)		(ニ)	
(ホ)			

平成21年度　実地試験　問題5　設問1

設問10　移動式クレーンの作業に関する問題

解答

(1)　(イ) **定格荷重曲線**　　(2)　(ロ) **離隔**　　(3)　(ハ) **支持力**

(4)　(ニ) **アウトリガー**　　(5)　(ホ) **重心位置**

解説

「クレーン等安全規則」を参照して、移動式クレーンの作業に関する留意点を記述する。

設問11　出題頻度 ◯

■掘削作業■

□□□

掘削面の高さが2m以上となる地山の明かり掘削作業において、労働安全衛生規則に基づき、事業者が行わなければならない事項を5つ解答欄に簡潔に記述しなさい。

ただし、土止め工に関するものは除く。

〈解答欄〉

事業者が行わなければならない事項

平成21年度　実地試験　問題5　設問2

設問11　高さ2m以上の地山の明かり掘削作業における安全対策に関する問題

解答

事業者が行わなければならない事項
掘削前に、作業箇所及び周辺の地山についてボーリング等十分な土質・地耐力等の調査を実施する。
手掘りにより地山の掘削作業を行う場合は、土質等の調査を行い、地山の土質、掘削面の高さに応じた安全な勾配で作業を行わせる。
大雨や中震以上の地震、発破の後は、作業開始前に作業箇所及び周辺地山の状態を点検する。
地山の掘削作業主任者を選任し、作業の直接指揮を行わせる。
地山の崩壊または土石の落下の危険のある箇所では、あらかじめ土止め支保工を設置する。
運搬機械、掘削機械及び積込機械の運行経路ならびに土石の積卸し場所への出入りの方法をあらかじめ定めておく。
労働者の危険防止のために、保護帽を着用させる。
作業を安全に行うために必要な照度を保持する。

上記のうち5つを整理して記述する。

解説

高さ2m以上の地山の明かり掘削作業において事業者が行うべき事項としては、主に「労働安全衛生規則第355条」以降を参照して記述する。

Check!

その他に「掘削面の勾配の基準」、「誘導者の配置」に関する記述でもよいです。

269

■ 道路工事保安施設 ■

　道路の車道を開削して水道管理設工事を行う場合、道路工事保安施設に関する次の文章の　　　　　　に当てはまる適切な語句を解答欄に記入しなさい。

(1)　工事に関する情報をわかりやすく提供し、円滑な道路交通を確保するため、道路管理者及び所轄警察署長との協議書または　(イ)　に基づき、必要な道路標識、路上工事看板等を設置すること。

(2)　工事開始1週間前から工事開始までの間に、　(ロ)　に対し、予定工事をわかりやすく周知するために工事情報看板を設置する。また、工事開始から工事終了までの間、工事内容、工事期間、施工者名等を標示した工事　(ハ)　看板を工事現場付近の歩道に設置するように道路工事保安施設設置基準に規定されている。

(3)　工事現場への出入口、規制区間の主要箇所には、　(ニ)　を配置し、道路標識、カラーコーン等を設置して、常に交通の流れを阻害しないように努める。

(4)　工事責任者は、常時現場を　(ホ)　し、安全上の不良箇所を発見したときは直ちに改善すること。

〈解答欄〉

(1)　| (イ) |

(2)　| (ロ) |　　　　　　　| (ハ) |

(3)　| (ニ) |

(4)　| (ホ) |

平成20年度　実地試験　問題5　設問1

設問12　道路工事保安施設に関する問題

解答

(1)　(イ) 指示及び許可条件等　　(2)　(ロ) 近隣住民、道路利用者等　　(ハ) 内容説明
(3)　(ニ) 誘導員　　(4)　(ホ) 巡回

解説

　道路上において土木工事を施工する場合の留意点は、主に「建設工事公衆災害防止対策要綱」を参照して記述する。

設問13

出題頻度 ○

■ 掘削作業 ■

　下図は、誘導者及び地山掘削作業主任者を配置して、油圧ショベル（バックホウ）で構造物の床掘を行い、ダンプトラックに掘削土の積込み作業を行っている現場状況である。この油圧ショベル（バックホウ）の掘削、積込み作業時における潜在している危険または有害要因（予想される労働災害）を2つあげ、その防止対策をそれぞれ解答欄に簡潔に記述しなさい。

　ただし、ダンプトラック作業及び第三者の侵入に関する記述は除く。

油圧ショベル（バックホウ）による掘削土の積込み作業状況図

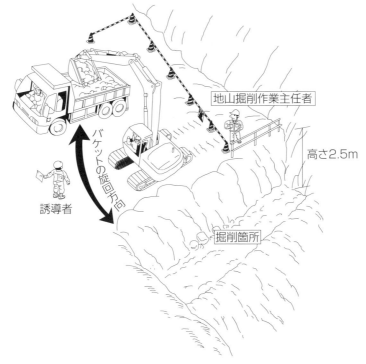

地山掘削作業主任者

高さ2.5m

バケットの旋回方向

誘導者

掘削箇所

〈解答欄〉

潜在している危険または 有害要因	防　止　対　策

解答

潜在している危険または 有害要因	防 止 対 策
バックホウの掘削箇所への転落の危険	・バックホウのクローラの方向は掘削面に対し直角とし、駆動輪は前方に向ける。 ・誘導者と合図を決め、誘導者の誘導により作業を行う。
バックホウとダンプトラックの接触事故の危険	・ダンプトラックの荷台は、バックホウに向けて停止し積込み作業を行う。 ・バックホウの旋回方向をダンプトラックの後方とする。
バックホウと誘導者、作業責任者との接触事故の危険	・バックホウの作業半径内への立ち入りを禁止する。 ・誘導者と合図を決め、誘導者の誘導により作業を行う。

上記のうち2点について整理して記述する。

解説

　作業状況図において潜在している危険または有害要因（予想される労働災害）としては、主に転落の危険の防止と接触事故の防止について記述する。

 バックホウの作業を中心に記述しましょう。

設問14

出題頻度

■ 足場工・墜落危険防止 ■

労働安全衛生法に定められている単管足場の組み立て及び構造に関する安全基準の内容の記述として適切でないものを次の①〜⑩から3つ抽出し、その番号をあげ、適切でない箇所を訂正して解答欄に記入しなさい。

① 手すりの高さは、1m以上とする。

② 足場の脚部には、ベース金具を用い、かつ、敷板、敷角等を用い、根がらみを設ける。

③ 鋼管の接続部または交差部は、これに適合した附属金具を用いて、確実に接続し、または緊結する。

④ 筋かいで補強する。

⑤ 地上第一の布は、2m以下の位置に設ける。

⑥ 建地間の積載荷重は、500kgを限度とする。

⑦ 作業床の幅は、40cm以上とし、床材間のすき間は、3cm以下とする。

⑧ 壁つなぎまたは控えを設ける間隔は、垂直方向で5m以下、水平方向で5.5 m以下とする。

⑨ 高さが2m以上の足場の組み立て解体作業には、足場の組み立て等作業主任者を選任して作業する。

⑩ 建地間隔は、桁行方向1.85m以下、梁間方向1.5m以下とする。

〈解答欄〉

番号	適切でない箇所	訂　　正

平成19年度　実地試験　問題5　設問1

273

解答

番号	適切でない箇所	訂　正
①	手すりの高さは1m以上	85cm以上
⑥	積載荷重は500kgを限度	400kgを限度
⑨	高さが2m以上の足場	5m以上

解説

単管足場の組み立て及び構造に関しては、主に「労働安全衛生規則第570条」以降を参照して記述する。

Check!

基準の数値に注意しましょう。

●参考図

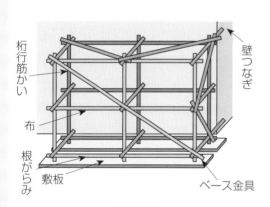

単管足場

単管足場は、低い高さの工事や小規模な工事などにおいて用いられることが多い。

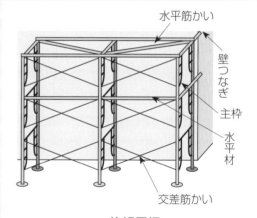

枠組足場

枠組足場は、マンションやビルの外壁工事の際に組まれるなど、大規模な工事において用いられることが多い。

各足場の基準はしっかり押さえておきましょう。

設問15
出題頻度
○

■ 掘削作業 ■

下図に示すような自然斜面の法尻部を掘削して、施工延長の長いもたれ式擁壁を築造する場合、掘削時の安全施工上の注意事項を2つ解答欄に簡潔に記述しなさい。

もたれ式擁壁断面図

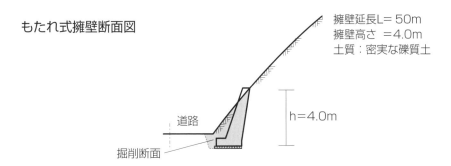

擁壁延長L＝50m
擁壁高さ ＝4.0m
土質：密実な礫質土

道路
掘削断面
h=4.0m

〈解答欄〉

掘削時の安全施工上の注意事項

平成19年度　実地試験　問題5　設問2

設問15　明かり掘削の安全施工に関する問題

解答

掘削時の安全施工上の注意事項
掘削方法等の作業計画を決めるため、作業箇所の地形、地質、地層の状態を調査する。
地山の種類、掘削面の高さで定められた掘削面の勾配の基準に従って作業を行う。
点検者を指名して、作業を開始する前、大雨の後及び中震以上の地震の後に作業箇所及び周辺の点検を行う。
掘削面の高さが2m以上なので、作業主任者技能講習を修了した者のうちから、地山の掘削作業主任者を選任し作業の指揮を行う。
掘削機械の作業範囲内には作業員を入れない。

解説

明かり掘削作業の安全施工上の注意事項としては、主に「労働安全衛生規則第355条」以降を参照して記述する。

Check! あまり図面に左右されずに一般的な注意事項を重点に記述すればいいでしょう。

275

■ 型枠支保工 ■

労働安全衛生法に定められている型枠支保工の設置に関して、次の文章の
[   ] の中の（イ）～（ホ）に当てはまる適切な語句または数値を解答欄に記入しなさい。

支柱の高さが [（イ）] m以上である型枠支保工にあたっては、あらかじめその計画を工事の開始 [（ロ）] 日前までに、所轄の [（ハ）] に届け出なければならない。

届出にあたっては、打設するコンクリート構造物の概要と型枠支保工の支柱、はり、つなぎ、[（ニ）] 等の部材の配置、接合の方法及び寸法を示した [（ホ）] 及び設置期間を記載した書面を提出する。

ただし、計画の届出が免除されている事業者は除く。

〈解答欄〉

（イ）	
（ロ）	
（ハ）	
（ニ）	
（ホ）	

平成18年度　実地試験　問題5　設問1

設問16　型枠支保工の設置に関する問題

解答

（イ）	**3.5**
（ロ）	**30**
（ハ）	**労働基準監督署長**
（ニ）	**筋かい**
（ホ）	**組立図**

数値に関する記述に注意しましょう。

解説

型枠支保工の設置に関して、安全施工上の留意点は主に「労働安全衛生規則第237条」以降を参照して記述する。

設問17

出題頻度 ○

■移動式クレーン■

次の2つの作業条件における、移動式クレーン作業の安全措置について、それぞれ解答欄に簡潔に記述しなさい。

①　アウトリガーを設置する地盤の支持力が不足する場合
②　作業範囲内に架空電線の障害物がある場合

〈解答欄〉

番号	作業条件	移動式クレーン作業の安全措置
①	アウトリガーを設置する地盤の支持力が不足する場合	
②	作業範囲内に架空電線の障害物がある場合	

平成18年度　実地試験　問題5　設問2

設問17　移動式クレーン作業の安全措置に関する問題

解答

番号	作業条件	移動式クレーン作業の安全措置
①	アウトリガーを設置する地盤の支持力が不足する場合	・転倒を防止するための必要な広さ及び強度を有する鉄板等を敷設し、地盤反力を確保する。 ・敷砕石、地盤改良等により支持力の増大を図る。
②	作業範囲内に架空電線の障害物がある場合	・感電事故防止のために、架空電線の絶縁保護を行う。 ・感電事故防止のために、電線自体の移設を行う。 ・誘導員を配置し、合図を定め、合図を行わせる。

以上の各作業条件における安全措置についてそれぞれ1つ選定する。

解説

各作業条件における安全措置は、主に「クレーン等安全規則」を参照して記述する。

 指定された作業条件をしっかりと把握して記述しましょう。

足場工・墜落危険防止

作業構台の組み立てに関する下記の文章の 　　　　 の中の（イ）〜（ホ）に当てはまる語句を解答欄に記入しなさい。

⑴ 作業構台の支柱は滑動・沈下を防止するため、地盤に応じた （イ） をするとともに、支柱の脚部に （ロ） を設けること。また、必要に応じて敷板・敷角等を使用すること。

⑵ 作業構台を組み立てるときは、 （ハ） を作成し、かつ、それにより組み立てること。

⑶ 支柱・梁・筋かい等の緊結部、接続部または取り付け部は、 （ニ） 、脱落等が生じないよう （ホ） 等で堅固に固定すること。

〈解答欄〉

⑴	（イ）		（ロ）
⑵	（ハ）		
⑶	（ニ）		（ホ）

平成17年度　実地試験　問題5　設問1

設問18 作業構台の組み立てに関する問題

解答

⑴ （イ）**根入れ** 　　（ロ）**根がらみ**

⑵ （ハ）**組み立て図**

⑶ （ニ）**変位** 　　（ホ）**緊結金具**

解説

作業構台の安全に関する留意点は「労働安全衛生規則第575条の2」以降において定められている。

 解答は法規に関するものなので、用語は正確に記述しましょう。

設問19
出題頻度
〇

足場工・墜落危険防止

足場、通路から労働者が墜落する危険を防止するための必要な措置を2つ解答欄に簡潔に記述しなさい。

〈解答欄〉

足場、通路から労働者が墜落する危険を防止するための必要な措置

平成17年度　実地試験　問題5　設問2

設問19 **足場、通路から労働者が墜落する危険を防止するための必要な措置**

解答

足場、通路から労働者が墜落する危険を防止するための必要な措置
高さ2m以上の作業場所には、足場の組み立て棟により「作業床」を設置する。
高さ2m以上の作業場所に設置する作業床の端・開口部には「囲い、手すり」等を設ける。
作業床の床材の幅は40cm以上とし、隙間は3cm以下とする。（吊り足場は除く）
床材には十分強度のあるものを使用し、変位、脱落しないように2か所以上支持物に取り付ける。
足場等の作業床は、常に点検し、保守管理に努めること。
足場材の緊結、取り外し等の作業には墜落制止用器具を使用する。
材料、工具等の上げ下ろしは、吊り綱、吊り袋等を使用する。
通路面は、つまずき、滑り、踏み抜き等の危険のない状態に保つ。
夜間作業時は、必要な明るさの照明設備を設ける。
悪天候時の作業は中止する。

以上の事項のうち2つを選定し記述する。

解説

足場、通路からの墜落防止措置としては、主に「労働安全衛生規則518条～」において留意点が示されている。

Check!

設問はあくまでも「墜落危険防止」であることに注意しましょう。

■ 土止め支保工 ■

「労働安全衛生規則」に定められている、土止め支保工の部材の取り付けにあたっての留意点を2つ解答欄に簡潔に記述しなさい。

〈解答欄〉

土止め支保工の部材の取り付けにあたっての留意点

平成16年度 実地試験 問題5 設問2

■ 設問20 土止め支保工の部材の取り付けにあたっての留意点

解答

土止め支保工の部材の取り付けにあたっての留意点
切りばり及び腹起こしは、脱落を防止するため、矢板、杭等に確実に取り付ける。
圧縮材（火打ちを除く）の継手は、突合せ継手とする。
切りばりまたは火打ちの接続部及び切りばりと切りばりとの交差部は、当て板をあててボルトにより緊結し、溶接により接合する等の方法により堅固なものとする。
中間支持柱を備えた土止め支保工にあっては、切りばりを当該中間支持柱に確実に取り付ける。
切りばりを建築物の柱等部材以外の物により支持する場合にあっては、当該支持物は、これに係る荷重に耐えうるものとする。

以上の事項のうち2つを選定し記述する。

解説

　土止め支保工の部材の取り付けにあたっての留意点としては、主に「労働安全衛生規則第368条〜」に定められている。

設問はあくまでも「部材の取付け」である点に注意しましょう。

設問21 ■ 足場工・墜落危険防止 ■

出題頻度
〇

　「労働安全衛生規則」に定められている足場設置後の点検時期または作業を開始する前に行う点検事項を3つ解答欄に簡潔に記述しなさい。

〈解答欄〉

足場設置後の点検時期または作業を開始する前に行う点検事項

平成15年度　実地試験　問題5　設問1

設問21　足場設置後の点検時期または作業を開始する前に行う点検事項

解答

足場設置後の点検時期または作業を開始する前に行う点検事項
（足場設置後の点検時期）
強風、大雨、大雪等の悪天候の後もしくは中震以上の地震の後に点検を行う。
建地、布、腕木等の緊結部、接続部及び取り付け部のゆるみの状態を点検する。
脚部の沈下及び滑動の状態を点検する。
（作業を開始する前に行う点検事項）
床材の損傷、取り付け及び掛渡しの状態
建地、布、腕木等の緊結部、接続部及び取り付け部の緩みの状態
緊結材及び緊結金具の損傷及び腐食の状態
手すり等の取り外し及び脱落の有無
脚部の沈下及び滑動の状態
筋かい、控え、壁つなぎ等の補強材の取り付け状態及び取り外しの有無
建地、布、腕木の損傷の有無
突りょうと吊り索との取り付け部の状態及び吊り装置の歯止めの機能

以上のそれぞれの事項のうち3つを選定し記述する。

解説

　足場設置後の点検時期または作業を開始する前に行う点検事項については、主に「労働安全衛生規則第567条」において定められている。

■ 型枠支保工 ■

「土木工事安全施工技術指針」に定められている型枠支保工の組み立て等の作業の安全に関する留意事項を2つ解答欄に簡潔に記述しなさい。

〈解答欄〉

型枠支保工の組み立て等の作業の安全に関する留意事項

平成15年度　実地試験　問題5　設問2

設問22　型枠支保工の組み立て等の安全

解答

型枠支保工の組み立て等の作業の安全に関する留意事項
関係労働者以外の立ち入りを禁止すること。
強風、大雨、大雪等の悪天候のため、作業の実施について危険が予想されるときは、労働者を従事させないこと。
材料、器具または工具を上げおろしするときは、吊り綱、吊り袋等を労働者に使用させること。

以上の事項のうち2つを選定し記述する。

解説

型枠支保工の組み立て等の作業の安全に関しての留意点は主に「土木工事安全施工技術指針」「労働安全衛生規則第245条」を参照して記述する。

 設問が「組み立て等の作業の安全」とあることに注意しましょう。

5 環境管理　学科記述

学習のポイント

- ●建設リサイクル法における特定建設資材の4種類を覚えておく。
- ●分別解体・再資源化における義務要件を整理する。
- ●廃棄物処理法に規定される、廃棄物の種類と具体的な品目について理解しておく。
- ●産業廃棄物管理票（マニフェスト）制度の内容を整理しておく。
- ●最終処分場の種類と内容を理解しておく。
- ●資源利用法における建設指定副産物の4種類を覚えておく。
- ●再生資源利用計画・再生資源利用促進計画の内容と異なる点を整理しておく。
- ●騒音規制法・振動規制法における、指定地域、特定建設作業及び規制基準を整理する。
- ●施工における騒音・振動対策の留意点を学習しておく。
- ●工程管理における、工程図表の種類と特徴についての比較をまとめておく。

1 建設工事に係る資材の再資源化等に関する法律（建設リサイクル法） 出題頻度

【特定建設資材】

　特定建設資材とは、建設工事において使用するコンクリート、木材その他建設資材が建設資材廃棄物になった場合に、その再資源化が資源の有効な利用及び廃棄物の減量を図るうえで特に必要であり、かつ、その再資源化が経済性の面において制約が著しくないと認められるものとして政令で定められるもので、下記の4資材が定められている。

①**コンクリート**

②**コンクリート及び鉄からなる建設資材**

③**木材**

④**アスファルト・コンクリート**

【分別解体・再資源化】

　分別解体及び再資源化等の義務として、下記の項目が定められている。

①対象建設工事の規模は、下記の基準による。

- ・建築物の解体：床面積**80㎡以上**
- ・建築物の新築：床面積**500㎡以上**
- ・建築物の修繕・模様替：工事費**1億円以上**
- ・その他の工作物（土木工作物等）：工事費**500万円以上**

②対象建設工事の発注者または自主施工者は、工事着手の**7日前**までに、建築物等の構造、工事着手時期、分別解体等の計画について、都道府県知事に届け出る。

③解体工事においては、建設業の許可が不要な小規模解体工事業者も都道府県知事の登録を受

け、5年ごとに更新する。

② 廃棄物の処理及び清掃に関する法律（廃棄物処理法）　　出題頻度

【廃棄物の種類】

廃棄物の種類と具体的な品目について、下記に分類される。

①一般廃棄物

産業廃棄物以外の廃棄物で、紙類、雑誌、図面、飲料空き缶、生ごみ、ペットボトル、弁当がら等があげられる。

②産業廃棄物

事業活動に伴って生じた廃棄物のうち法令で定められた20種類のもので、ガラスくず、陶磁器くず、がれき類、紙くず、繊維くず、木くず、金属くず、汚泥、燃え殻、廃油、廃酸、廃アルカリ、廃プラスティック類等があげられる。

③特別管理一般廃棄物及び特別管理産業廃棄物

爆発性、感染性、毒性、有害性があるもの

【産業廃棄物管理票（マニフェスト）】

「廃棄物処理法」第12条の3により、産業廃棄物管理票（マニフェスト）の規定が示されている。

①排出事業者（元請人）が、廃棄物の種類ごとに収集運搬及び処理を行う受託者に交付する。

②マニフェストには、種類、数量、処理内容等の必要事項を記載する。

③収集運搬業者は**B2票**を、処理業者は**D票**を事業者に返送する。

④排出事業者は、マニフェストに関する報告を都道府県知事に、年**1回**提出する。

⑤マニフェストの写しを送付された事業者、

産業廃棄物管理票（マニフェスト）の例

収集運搬業者、処理業者は、この写しを**5年間**保存する。

（※マニフェストは1冊が7枚綴りの複写で、A、B1、B2、C1、C2、D、Eの用紙が綴じ込まれている。）

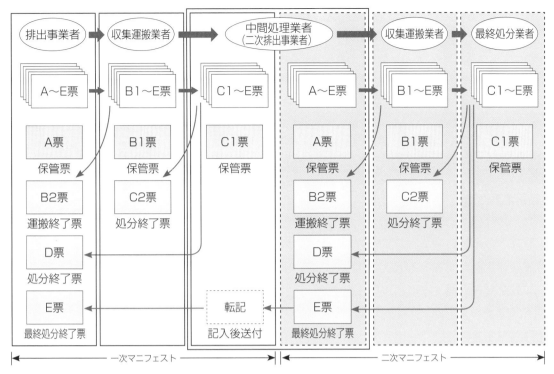

【処分場】

処分場の形式と処分できる廃棄物は下記に定められている。

処分場の形式	廃棄物の内容	処分場の特徴
安定型処分場	地下水を汚染するおそれのないもの ・廃プラスチック類 ・金属くず ・ガラスくず ・陶磁器くず ・がれき類	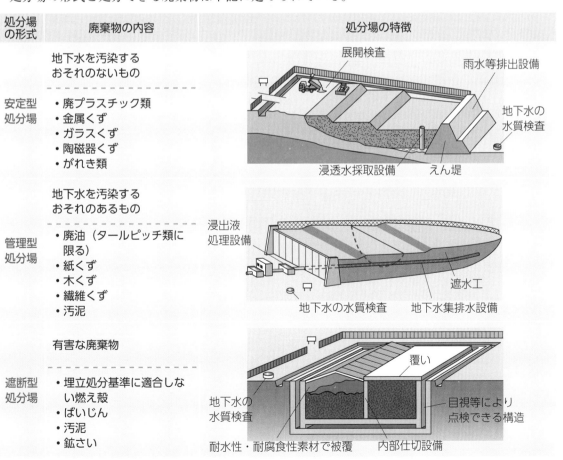
管理型処分場	地下水を汚染するおそれのあるもの ・廃油（タールピッチ類に限る） ・紙くず ・木くず ・繊維くず ・汚泥	
遮断型処分場	有害な廃棄物 ・埋立処分基準に適合しない燃え殻 ・ばいじん ・汚泥 ・鉱さい	

●廃棄物の種類と品目を整理しておきましょう。
●マニフェスト制度の基本を理解しておきましょう。
●3つの処分場の形式（安定型、管理型、遮断型）と処分できる廃棄物を整理しておきましょう。

③ 資源の有効な利用の促進に関する法律（資源利用法） 出題頻度

【建設指定副産物】

建設工事に伴って副次的に発生する物品で、再生資源として利用可能なものとして、次の4種が指定されている。

①**建設発生土**：構造物埋戻し・裏込め材料、道路盛土材料、河川築堤材料等
②**コンクリート塊**：再生骨材、道路路盤材料、構造物基礎材
③**アスファルト・コンクリート塊**：再生骨材、道路路盤材料、構造物基礎材
④**建設発生木材**：製紙用及びボードチップ（破砕後）

【再生資源利用計画・再生資源利用促進計画】

建設工事において、建設資材を搬入する場合あるいは指定副産物を搬出する場合には、それぞれ下記の要領により「**再生資源利用計画**」「**再生資源利用促進計画**」を策定することが義務付けられている。

	再生資源利用計画	再生資源利用促進計画
計画作成工事	次のどれかに該当する建設資材を搬入する建設工事 1．土砂：体積1,000㎥以上 2．砕石：重量500ｔ以上 3．加熱アスファルト混合物：重量200ｔ以上	次のどれかに該当する指定副産物を**搬出する**建設工事 1．建設発生土：体積1,000㎥以上 2．コンクリート塊、アスファルト・コンクリート塊、建設発生木材：合計重量200ｔ以上定める内容
定める内容	1．建設資材ごとの利用量 2．利用量のうち再生資源の種類ごとの利用量 3．その他再生資源の利用に関する事項	1．指定副産物の種類ごとの搬出量 2．指定副産物の種類ごとの再資源化施設または他の建設工事現場等への搬出量 3．その他指定副産物にかかわる再生資源の利用の促進に関する事項
保存	当該工事完成後1年間	当該工事完成後1年間

●建設指定副産物の4種は把握しておきましょう。
●再生資源利用計画—搬入、再生資源利用促進計画—搬出の関係を理解しておきましょう。

【建設副産物適正処理要綱】

①基本方針

　発生の抑制に努める、再使用に努める、再生利用に努める、熱回収に努める、縮減に努める。

②責務と役割

- 発注者は建設副産物の発生の抑制並びに分別解体等、建設廃棄物の再資源化等及び適正な処理の促進が図られるように努める。
- 元請け業者は、建設資材の選択、建設工事の施工方法の工夫、施工技術の開発等により建設副産物の発生を抑制するように努める。

③計画の作成

- 事前調査実施内容：対象物及び周辺状況、作業場所、搬出経路、残存物品の有無等
- 分別解体等の計画作成：事前調査結果、着手前の実施内容、工程の順序及び工程ごとの作業内容等、特定建設資材廃棄物の種類ごとの量の見込み等

5つの基本方針（発生の抑制、再使用、再生利用、熱回収、縮減）を整理しておきましょう。

4　環境保全・騒音対策・振動対策　　出題頻度

【各種環境保全対策】

　建設工事の施工により周辺の生活環境の保全に関する事項としては、下記の点があげられ、それぞれの対策として、各種法令・法規が定められている。

①騒音・振動対策：「**騒音規制法**」「**振動規制法**」

②大気汚染：「**大気汚染防止法**」

③水質汚濁：「**水質汚濁防止法**」

④地盤沈下：「**工業用水法**」「**ビル用水法**」等の法令による地下水採取、揚水規制及び条例による規制

⑤交通障害：「**各種道路交通関係法令**」「**建設工事公衆災害防止対策**」

⑥廃棄物処理：「**廃棄物の処理及び清掃に関する法律（廃棄物処理法）**」

【国等による環境物品等の調達の推進等に関する法律（グリーン購入法）】

①**目的（第1条）**

- 国、独立行政法人等、地方公共団体及び地方独立行政法人による環境物品等の調達の推進を図る。

- 環境物品等に関する情報の提供を行う。
- 環境物品等への需要の転換を促進する。
- 環境への負荷の少ない持続的発展が可能な社会の構築を図る。

②**内容**
- 事業者及び国民の責務として、物品購入等に際し、できるかぎり、環境物品等を選択する（第5条）。
- 国等の各機関の責務として、毎年度「**調達方針**」を作成・公表し、調達方針に基づき、調達を推進する（第7条）。
- 調達実績の取りまとめ・公表をする（第8条）。
- 製品メーカー等は、製造する物品等について、適切な環境情報を提供する（第12条）。

【騒音規制法・振動規制法】
騒音規制法及び振動規制法ともに、ほぼ同様の項目が定められている。

①**指定地域**
住民の生活環境を保全するため下記の条件の地域を規制地域として指定する。
- 良好な住居環境の区域で静穏の保持を必要とする区域
- 住居専用地域で静穏の保持を必要とする区域
- 住工混住地域で相当数の住居が集合する区域
- 学校、保育所、病院、図書館、特養老人ホームの周囲**80m**の区域

②**特定建設作業**
建設工事の作業のうち、著しい騒音または振動を発生する作業として下記の作業が定められている（作業を開始した日に終わる者は除外）。
- **騒音規制法**：杭打ち機・杭抜き機、びょう打ち機、削岩機、空気圧縮機、バックホウ、トラクターショベル、ブルドーザをそれぞれ使用する作業
- **振動規制法**：杭打ち機・杭抜き機、舗装版破砕機、ブレーカーをそれぞれ使用する作業、鋼球を使用して工作物を破壊する作業

③**規制基準**
規制基準としては下記の項目が定められている（音量、振動以外は共通）。

規 制 項 目		指 定 地 域	指 定 地 域 外
作業禁止時間		午後7時から翌日の午前7時まで	午後10時から翌日の午前6時まで
1日当たりの作業時間		1日10時間まで	1日14時間まで
連続日数		連続して6日を超えない。	
休日作業		日曜日その他の休日には発生させない。	
規制数値	騒音規制法	音量が敷地境界線において85デシベルを超えない。	
	振動規制法	振動が敷地境界線において75デシベルを超えない。	

※災害・非常事態、人命・身体危険防止の緊急作業については上記規制の適用を除外する。

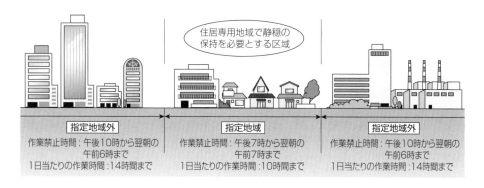

④**届出**

指定地域内で特定建設作業を行う場合には、**7日前**までに市町村長へ届け出る。

ただし、災害等緊急の場合はできるだけ速やかに届け出る。

【施工における騒音・振動対策】

施工においては、騒音・振動対策として、下記の点に留意する。

①作業時間は周辺の生活状況を考慮し、できるだけ**昼間**に、**短時間**での作業が望ましい。

②騒音・振動の発生は施工方法や使用機械に左右されるので、できるだけ低騒音・低振動の施工方法、機械を選定する。

③騒音・振動の発生源は、生活居住地から遠ざけ、**距離**による低減を図る。

④工事による影響を確認するために、施工中や施工後においても周辺の状況を把握し、対策を行う。

⑤主な低減対策として、下記の項目があげられる。

- 高力ボルトの締付けを行う場合は、インパクトレンチより**油圧式・電動式レンチ**を用いると、騒音は低減できる。
- 車両系建設機械を使用する場合は、**大型、新式、回転数小**のものがより低減できる。

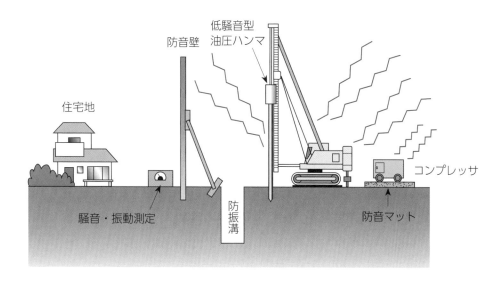

⑤ 工程管理

【各種工程表の種類と特徴】

工程表の種類及び特徴を整理して下記に示す。

①ガントチャート工程表（横線式）

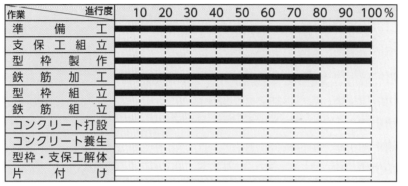

縦軸に工種（工事名、作業名）、横軸に作業の達成度を％で表示する。各作業の必要日数はわからず、工期に影響する作業は不明である。

②バーチャート工程表（横線式）

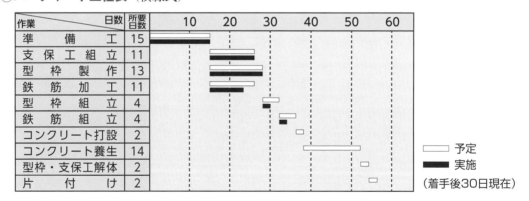

ガントチャートの横軸の達成度を工期に設定して表示する。漠然とした作業間の関連は把握できるが、工期に影響する作業は不明である。

③斜線式工程表

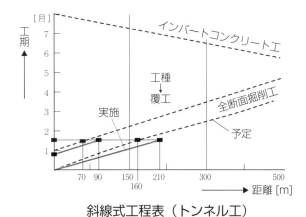

斜線式工程表（トンネル工）

　縦軸に**工期**をとり、横軸に**延長**をとり、各作業ごとに1本の斜線で、作業期間、作業方向、作業速度を示す。トンネル、道路、地下鉄工事のような線的な工事に適しており、作業進度が一目でわかるが作業間の関連は不明である。

④ネットワーク式工程表

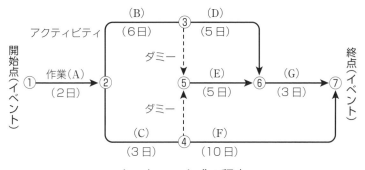

ネットワーク式工程表

　各作業の開始点（イベント）と終点（イベント）を矢印線で結び、線の上に作業名、下に作業日数を書き入れたものを**アクティビティ**といい、全作業のアクティビティを連続的にネットワークとして表示したものである。作業進度と作業間の関連も明確となる。

⑤累計出来高曲線工程表（S字カーブ）

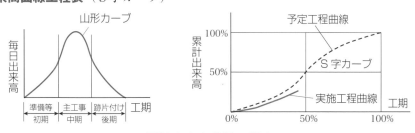

累計出来高曲線工程表

　縦軸に**工事全体の累計出来高（%）**、横軸に**工期（%）**をとり、出来高を曲線に示す。毎日の

出来高と工期の関係の曲線は**山形**、予定工程曲線は**S字形**となるのが理想である。

⑥**工程管理曲線工程表**（バナナ曲線）

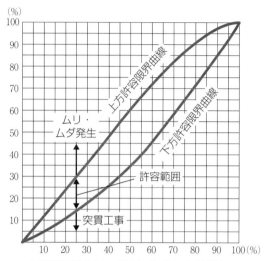

工程管理曲線工程表（バナナ曲線）

　工程曲線について、許容範囲として上方許容限界線と下方許容限界線を示したものである。実施工程曲線が**上限**を超えると、工程にムリ、ムダが発生しており、**下限**を超えると、突貫工事を含め工程を見直す必要がある。

【各種工程図表の比較】

各種工程図表の特徴、長短について、下記に整理する。

項　　　　目	ガントチャート	バーチャート	曲線・斜線式	ネットワーク式
作業の手順	不明	漠然	不明	判明
作業に必要な日数	不明	判明	不明	判明
作業進行の度合い	判明	漠然	判明	判明
工期に影響する作業	不明	不明	不明	判明
図表の作成	容易	容易	やや複雑	複雑
適する工事	短期、単純工事	短期、単純工事	短期、単純工事	長期、大規模工事

●主な工程表の種類と特徴及び長所、短所について整理しておきましょう。
●ネットワーク式工程表について、一度は作成してみましょう。

例題演習 第2部 5 環境管理

- 例題演習として過去に出題された問題を掲載しました。実際に自分で解答欄に記述してみてください。
- 出題の傾向については、別冊「1級土木施工管理技術検定試験 第2次検定問題」で表にまとめていますので参照してください。

設問1

出題頻度

■施工計画■

　　土木工事における、施工管理の基本となる施工計画の立案に関して、下記の5つの検討項目における検討内容をそれぞれ解答欄に記述しなさい。

- 契約書類の確認事項
- 現場条件の調査（自然条件の調査）
- 現場条件の調査（近隣環境の調査）
- 現場条件の調査（資機材の調査）
- 施工手順

〈解答欄〉

検討項目	検討内容
契約書類の確認事項	
現場条件の調査 （自然条件の調査）	
現場条件の調査 （近隣環境の調査）	
現場条件の調査 （資機材の調査）	
施工手順	

令和3年度　第2次検定　問題3

解答

下記のうち、1つずつ記述する。

検討項目	検討内容
契約書類の確認事項	・工事内容、工期、請負代金の額、及び支払い方法について確認する。 ・工事の変更、中止による損害の取り扱い及び不可抗力による損害の取り扱いについて確認する。 ・設計図書、設計内容、仕様書等について確認する。
現場条件の調査 （自然条件の調査）	・気象、水文（降雨、積雪、気温、風向等）に関して調査、資料収集を行う。 ・地質、地形（工事用地、土質、地盤等）に関して調査、資料収集を行う。
現場条件の調査 （近隣環境の調査）	・環境、公害（騒音、振動の影響、道路状況等）に関して調査、資料収集を行う。 ・電力、上下水（地下埋設物、送電線、上下水道管等）に関して調査、資料収集を行う。
現場条件の調査 （資機材の調査）	・労力、資材（地元労働者、下請け業者、生コン、砂利、盛土材料等の確保等）に関して調査、資料収集を行う。 ・使用機械（施工規模による使用機械の規模、種類、組合せ等）に関して検討を行う。
施工手順	・共通仮設（現場事務所、資材置場、駐車場等の確保等）の準備、手配を行う。 ・直接仮設（工事用道路、給排水設備、電気設備、土止め・締切り等）の図面作成、施工準備を行う。

解説

施工計画の立案に関しては、「契約条件の事前調査検討事項」、「現場条件の事前調査検討事項」について検討を行う（本書においては、施工計画の詳細な記述は示されていないが、『1級土木施工第1次検定　徹底図解テキスト＆問題集』第5章「施工計画」を参考とする）。

■ 廃棄物処理 ■

特定建設資材廃棄物の再資源化等の促進のための具体的な方策等に関する次の文章の ▭ の（イ）～（ホ）に当てはまる適切な語句を解答欄に記述しなさい。

（1）コンクリート塊については、破砕、 （イ） 、混合物除去、粒度調整等を行うことにより、再生 （ロ） 、再生コンクリート砂等として、道路、港湾、空港、駐車場及び建築物等の敷地内の舗装の （ハ） 、建築物等の埋め戻し材又は基礎材、コンクリート用骨材等に利用することを促進する。

（2） （ニ） については、チップ化し、木質ボード、堆肥等の原材料として利用することを促進する。これらの利用が技術的な困難性、環境への負荷の程度等の観点から適切でない場合には燃料として利用することを促進する。

（3）アスファルト・コンクリート塊については、破砕、 （イ） 、混合物除去、粒度調整等を行うことにより、 （ホ） アスファルト安定処理混合物及び表層基層用 （ホ） アスファルト混合物として、道路等の舗装の上層 （ハ） 、基層用材料又は表層用材料に利用することを促進する。

〈解答欄〉

（イ）	（ロ）

（ハ）	（ニ）

（ホ）	

令和1年度　実地試験　問題6

設問2　建設副産物適正処理に関する問題

解答

（イ）**選別**　　　　　（ロ）**クラッシャーラン（粒度調整砕石）**
（ハ）**路盤材**　　　　（ニ）**建設発生木材**　　　（ホ）**再生加熱**

解説

特定建設資材廃棄物の再資源化等の促進のための具体的な方策等に関しては、「建設リサイクル法（建設工事に係る資材の再資源化等に関する法律）」に定められている。

■ 施工計画 ■

公共土木工事の施工計画書を作成するにあたり、次の4つの項目の中から2つを選び、施工計画書に記載すべき内容について、解答欄の（例）を参考にして、それぞれの解答欄に記述しなさい。

ただし、解答欄の（例）と同一内容は不可とする。

- 現場組織表
- 主要資材
- 施工方法
- 安全管理

〈解答欄〉

項　目	記載すべき内容
現場組織表	
主要資材	
施工方法	
安全管理	

令和1年度　実地試験　問題11

設問3 施工計画書の作成に関する問題

解答

下記のうちどれか2つの項目について記述する

項　目	記載すべき内容
現場組織表	施工体系図、業務分担、監理（主任）技術者、専門技術者
主要資材	工事に使用する指定材料、主要資材について品質証明方法及び材料確認時期、資材搬入時期
施工方法	「主要な工種」毎の作業フロー、施工時期、作業時間、交通規制、関係機関との調整事項、仮設備の構造、配置計画
安全管理	安全管理組織、第三者施設安全管理対策、工事安全教育、訓練等の活動計画

解説

施工計画書に記載すべき内容については、「土木工事共通仕様書第1編1-1-4」において定められている。

設問4

出題頻度

■ 廃棄物処理 ■

建設廃棄物の再生利用等による適正処理のために「分別・保管」を行う場合、廃棄物の処理及び清掃に関する法律の定めにより、排出事業者が作業所（現場）内において実施すべき具体的な対策を5つ解答欄に記述しなさい。

〈解答欄〉

排出事業者が作業所（現場）内において実施すべき具体的な対策

平成29年度　実地試験　問題11

設問4　廃棄物処理に関する問題

解答

下記から5つ選んで記述する。

排出事業者が作業所（現場）内において実施すべき具体的な対策
見やすい場所に必要な要件の掲示板が設けられていること。
保管場所は周囲に囲いが設けられていること。
保管場所から廃棄物が飛散、流出、地下浸透及び悪臭が飛散しない設備とすること。
廃棄物の保管により汚水が生じるおそれがあるときは、排水溝を設け、底面を不浸透性の材料で覆うこと。
保管場所にネズミが生息し、蚊、ハエ等の害虫が発生しないようにすること。
廃棄物の負荷がかかる場合は、構造耐力上安全であること。
屋外において容器を用いずに保管する場合は、定められた積み上げ高さを超えないようにすること。
石綿含有産業廃棄物に他のものが混合しないように仕切りを設ける。
特別管理産業廃棄物に他のものが混合しないように仕切りを設ける。

解説

建設廃棄物の再生利用等による適正処理のために「分別・保管」を行う場合、排出事業者が作業所（現場）内において実施すべき具体的な対策は、「廃棄物の処理及び清掃に関する法律施行規則（第8条）」に定められている。

■施工計画書■

発注者に提出する土木工事の施工計画書を作成するにあたり、下記の4つの項目の中から2つを選び、その具体的な内容について、各々解答欄に記述しなさい。

・現場組織表　　・施工方法　　・工程管理　　・主要資材

〈解答欄〉

項　目	具体的な内容

平成25年度　実地試験　問題6　設問2

設問5　施工計画書作成に関する問題

解答

下記のうち2つを選び記述する。

項　目	具体的な内容
現場組織表	・施工体系図の作成、現場代理人、監理技術者、主任技術者、安全衛生責任者等の明記 ・各責任者の職責と権限の明記 ・各責任者間の連絡体制
施工方法	・事前調査による制約条件の把握 ・主要機械の使用計画 ・仮設備及び仮設工事計画 ・主要工種の作業フロー
工程管理	・全体作業の工程表 ・各部分工事作業の施工順序 ・作業の平準化 ・予定工程と実施工程の比較
主要資材	・主要資材の規格、数量 ・各資材の納入計画と使用工程計画 ・納入業者、製造業者との条件の明確化

解説

第1次検定における「施工計画」の基本事項を整理し、主要なキーワードは必ず記述するようにする。

設問6
出題頻度
○

■ 廃棄物処理 ■

　施工者が建設廃棄物を「廃棄物の処理及び清掃に関する法律」に基づき、一時的に現場内保管する場合、周辺の生活環境に影響を及ぼさないようにするための具体的事項（措置）を5つ解答欄に記述しなさい。

　ただし、特別管理産業廃棄物は対象としない。

〈解答欄〉

具体的事項（措置）

平成24年度　実地試験　問題6　設問2

設問6　建設廃棄物の現場内保管に関する規定

解答

具体的事項（措置）
保管場所は、周囲に囲いが設けられていること。
見やすい場所に、必要な要件の掲示板が設けられていること。
保管場所から廃棄物が飛散、流出、地下浸透及び悪臭が飛散しない設備とすること。
廃棄物の保管により汚水が生じるおそれがあるときは、排水溝を設け、底面を不浸透性の材料で覆うこと。
屋外において容器を用いずに保管する場合は、定められた積み上げ高さを超えないようにすること。
廃棄物の負荷がかかる場合は、構造耐力上安全であること。
保管場所に、ネズミが生息し、蚊、ハエ等の害虫が発生しないようにすること。

上記のうち、5つを選び記述する。

解説

　建設廃棄物の現場内保管に関しては、「廃棄物の処理及び清掃に関する法律施行規則」第8条により定められている。

Check!　5つの記述はかなり多く覚えるのも難しいので、「法律施行規則」のみに縛られずに一般的な注意事項を書き加えてもいいでしょう。

■ 廃棄物処理 ■

□□□

　廃棄物の処理及び清掃に関する法律に基づき廃棄物を適正に処理するため、産業廃棄物管理票（マニフェスト）の交付、送付等を行うにあたっての次の文章の　　　　　　に当てはまる適切な語句または数値を解答欄に記入しなさい。

⑴　マニフェストは、　(イ)　が委託した産業廃棄物が　(ロ)　されるまで管理することが義務付けられている。

⑵　マニフェストを交付した者は、当該事業者の業種、産業廃棄物の種類、排出量など、マニフェストに関する報告書を　(ハ)　に提出することが義務付けられている。

⑶　収集運搬業者が1社で、中間処理業者に委託する場合の1次マニフェストでは、中間処理業者は廃棄物の処分を終了した際には、C1票を控えとして保管して、C2票を収集運搬業者に、D票を　(イ)　にそれぞれ送付するものとする。

　　2次マニフェストの場合には、　(ニ)　は、廃棄物の処分を終了した際、C1票を控えとして保管し、C2票を収集運搬業者に、D票とE票を中間処理業者に送付することになっている。

⑷　廃棄物の運搬受託者と処分受託者のマニフェストの保存期間は、　(ホ)　年間と規定されている。

⑸　現在、委託処理の確認の手続きの効率化や負担の軽減等を図るため、産業廃棄物管理票（マニフェスト）の交付、送付等にかえて、電子情報処理組織を使用した登録及び報告（電子マニフェスト）による方法も導入されている。

〈解答欄〉

⑴　| (イ) | | (ロ) |

⑵　| (ハ) |

⑶　| (ニ) |

⑷　| (ホ) |

平成22年度　実地試験　問題6　設問1

設問7 産業廃棄物管理票（マニフェスト）の交付、送付等に関する問題

解答

(1)　（イ）**排出事業者**　　（ロ）**最終処分**

(2)　（ハ）**都道府県知事**

(3)　（ニ）**最終処分業者**

(4)　（ホ）**5**

「排出事業者」は「元請人」でも正解です。

解説

マニフェスト制度に関する主要な留意点は下記のとおりである。

マニフェスト制度の留意点
① 排出事業者が、廃棄物の種類ごとに収集運搬及び処理を行う受託者に交付する。
② マニフェストには、種類、数量、処理内容等の必要事項を記載する。
③ 収集運搬業者はB2票を、処理業者はD票を事業者に返送する。
④ 排出事業者は、マニフェストに関する報告を都道府県知事に、年1回提出する。

「産業廃棄物管理票」と「政権公約」を表す「マニフェスト」は同じもの？

　本章で取り上げている「マニフェスト」といえば、当然「産業廃棄物管理票」のことですが、世間では政治用語として「政権公約」の意味で使われることが多いようです。しかし、この2つの言葉は語源も意味もまったく異なります。

　産業廃棄物管理票のマニフェストは英語で「manifest」と表し、「積荷目録」の意味があることから使用されるようになりました。

　一方、政権公約としてのマニフェストは、元々イタリア語で「宣言」を意味することから、転じて「政権公約」の意で使用されるようになりました。英語では「manifesto」と表し、発音としては「マニフェストー」や「マニフェストゥ」と語尾を伸ばすのが一般的です。

■ 資源利用法 ■

建設工事に伴い発生する建設副産物については、極力抑制しなければならないが、鉄筋・型枠工の施工段階において、建設副産物の発生抑制のために実施すべき項目を5つ解答欄に記述しなさい。

〈解答欄〉

実 施 す べ き 項 目

平成22年度　実地試験　問題6　設問2

設問8　建設副産物の発生抑制に関する問題

解答

実 施 す べ き 項 目
（鉄筋工について）
できるだけ再生鉄筋を使用する。
鉄筋組立図の作成により、必要以上の鉄筋を納品しない。また、無駄を省き端材の発生を抑える。
鉄筋の加工、切断等は工場にて行う。現場加工はできるだけ避け、再利用の機会を図る。
鉄筋端材が発生した場合、他の材料への再利用を図る。
（型枠工について）
鋼製型枠の使用、転用計画を立てることにより、転用回数を増やす。
プラスティック製型枠の使用、転用計画を立てることにより、転用回数を増やす。
合板型枠の転用回数を増やすように整備する。
使用不能となった合板型枠は、仮設器材等に再利用する。

以上のうち、5つを選んで記述する。

解説

鉄筋・型枠工の施工段階において、建設副産物の発生抑制のために実施すべき項目を鉄筋工、型枠工に区分して記述する。

設問9
出題頻度
◎

■ 建設リサイクル法 ■

　下図は、建設工事に伴い発生する建設副産物に関し、資源の有効な利用の促進に関する法律（資源有効利用促進法）上の再生資源と 廃棄物の処理及び清掃に関する法律（廃棄物処理法）上の廃棄物との関係を示したものである。

　建設現場で行った再資源化等の処理について、下図を参考に、次の文章の□□□□に当てはまる適切な語句を解答欄に記入しなさい。

　建設工事に伴い発生する建設副産物には、　（イ）　、　（ロ）　、アスファルト・コンクリートの塊、　（ハ）　、建設汚泥、ガラスくず及び陶磁器くず等またはこれらのものが入り交じった混合物などがある。

　これらのうち、そのまま原材料となる　（イ）　は、自工事内で再使用したほか、近隣の工事現場で利用した。

　原材料として　（ニ）　がある　（ロ）　、　（ハ）　については、特に再資源化が求められているため、この現場で発生した　（ロ）　は、現場で破砕して構造物の裏込め材として現場内で使用した。また、　（ハ）　についても再生利用するため、再資源化施設へ搬出した。

　このように建設副産物の利用に努めたうえで、原材料として　（ホ）　なものについては、廃棄物として処分した。

建設副産物に関する再生資源と廃棄物との関係

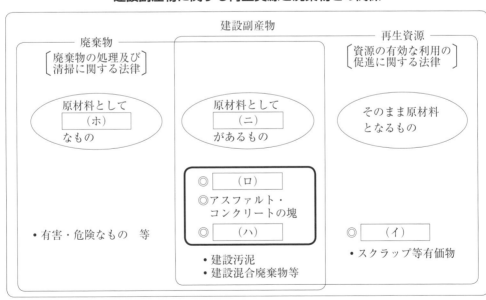

　　◎ ：「資源の有効な利用の促進に関する法律に定められた指定副産物
　　□ ：「建設工事に係る資材の再資源化等に関する法律」（建設リサイクル法）に基づき、対象となる建設工事の受注者には、工事に伴って生じたこれらの建設副産物について再資源化等が義務づけられている

〈解答欄〉

(イ)		(ロ)	

(ハ)		(ニ)	

(ホ)	

平成21年度　実地試験　問題6　設問1

■設問9　建設副産物の再資源化等の処理に関する問題

解答

(イ)	建設発生土
(ロ)	コンクリートの塊
(ハ)	建設発生木材
(ニ)	利用の可能性
(ホ)	利用が不可能

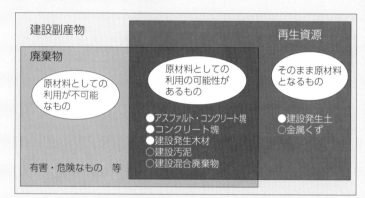

建設副産物

廃棄物

原材料としての利用が不可能なもの

原材料としての利用の可能性があるもの

●アスファルト・コンクリート塊
●コンクリート塊
●建設発生木材
○建設汚泥
○建設混合廃棄物

有害・危険なもの　等

再生資源

そのまま原材料となるもの

●建設発生土
○金属くず

国土交通省HPより

解説

建設工事に伴い発生する建設副産物の処理の方法は下記に分類される。

項　　目	内　　容	資材等の名称
そのまま原材料となるもの	他人に有価で売却できるもの	・建設発生土 ・金属くず など
原材料として利用の可能性があるもの	建設廃棄物であるが、再生利用が可能なもの	・コンクリートの塊 ・アスファルト・コンクリートの塊 ・建設発生木材 ・建設汚泥 など
原材料として利用が不可能なもの	廃棄物として処分を行うもの	・一般廃棄物、産業廃棄物、特別管理産業廃棄物のうち有害・危険なもの

Check!　「指定副産物」と「特定建設資材」のそれぞれ4種類を把握しておきましょう。

設問10　■ 騒音・振動対策 ■

出題頻度
△

　建設工事に伴う騒音防止対策のうち、バックホウを使用した掘削・積込み作業及びブルドーザを使用した押し土・締固め作業を行う場合の騒音防止対策を5つ解答欄に簡潔に記述しなさい。

〈解答欄〉

騒　音　防　止　対　策

平成21年度　実地試験　問題6　設問2

設問10　バックホウを使用した掘削・積込み作業及びブルドーザを使用した押し土・締固め作業を行う場合の騒音防止対策に関する問題

解答

騒　音　防　止　対　策
（掘削、積込み作業）
掘削、積込み作業にあたっては、低騒音型建設機械の使用を原則とする。
掘削はできる限り衝撃力による施工を避け、無理な負荷をかけないようにしなければならない。
不必要な高速運転やムダな空ぶかしを避けて、ていねいに運転しなければならない。
掘削積込み機から直接トラック等に積込む場合、不必要な騒音、振動の発生を避けて、ていねいに行わなければならない。
（押し土・締固め作業）
ブルドーザを用いて掘削押し土を行う場合、無理な負荷をかけないようにし、後進時の高速走行を避けて、ていねいに運転しなければならない。
締固め作業にあたっては、低騒音型建設機械の使用を原則とする。
振動、衝撃力によって締固めを行う場合、建設機械の機種の選定、作業時間帯の設定等について十分留意しなければならない。
履帯式機械の不必要な高速走行は避け、履帯の張りの調整には十分留意しなければならない。

上記のうち、5つを選定して記述する。

解説

　「建設工事に伴う騒音振動対策技術指針」において、それぞれの作業における留意点が定められている。

■ 騒音・振動対策 ■ □□□

　建設工事に伴う騒音、振動対策に関する次の文章の　　　　　　に当てはまる適切な語句を解答欄に記入しなさい。

(1)　建設工事の騒音、振動対策については、騒音、振動の大きさを下げるほか、　(イ)　を短縮するなど住民の生活環境への影響を小さくするように検討しなければならない。

(2)　建設工事の計画、設計にあたっては、工事現場周辺の立地条件を調査し、騒音、振動を低減するような施工方法や　(ロ)　の選択について検討しなければならない。

(3)　建設工事の施工にあたっては、設計時に考慮された騒音、振動対策をさらに検討し、確実に実施するものとする。

　なお、建設機械の運転においても、　(ハ)　による騒音、振動が発生しないように点検、整備を十分に行うとともに、作業待ち時間には、　(ニ)　をできる限り止めるようにする。

(4)　建設工事の実施にあたっては、必要に応じ工事の目的、内容について事前に　(ホ)　に対して説明を行い、工事の実施に協力を得られるように努めるものとする。

〈解答欄〉

(1) | (イ) |

(2) | (ロ) |

(3) | (ハ) | | (ニ) |

(4) | (ホ) |

平成20年度　実地試験　問題6　設問1

設問11　建設工事に伴う騒音、振動対策に関する問題

解答

(1) | (イ) **施工時間** |　(2) | (ロ) **建設機械** |　(3) | (ハ) **整備不良** | | (ニ) **原動機** |
(4) | (ホ) **近隣住民** |

解説

　「建設工事に伴う騒音振動対策技術指針」において、建設工事に伴う騒音、振動対策に関する主な留意点が定められている。

設問12 ■ 建設リサイクル法 ■

出題頻度 ◎

　「建設工事に係る資材の再資源化等に関する法律（建設リサイクル法）」に基づき、建設資材廃棄物の分別解体等及び再資源化等を適正に処理する場合、発注者及び下請負人へ元請け業者が実施しなければならない必要な手続きを2つあげ、その概要をそれぞれ解答欄に簡潔に記述しなさい。

〈解答欄〉

必要な手続き	概　　　　　要

平成20年度　実地試験　問題6　設問2

設問12　建設リサイクル法において、発注者及び下請負人に対して元請業者が実施しなければならない必要な手続き

解答

必要な手続き	概　　　　　要
発注者への届出事項の説明（第12条第1項）	元請業者は発注者に対して、解体建築物の構造及び建設資材の量、特定建設資材の種類、工事着手の時期及び工程の概要、分別解体等の計画について、書面により説明する。
下請負人への届出事項の告知（第12条第2項）	元請業者は下請負人に対して、対象建設工事の届出事項について、告知をする。
下請負人への指導（第39条）	元請業者は下請負人に対して、特定建設資材廃棄物の再資源化を適正に行うように指導をする。
発注者への報告（第18条）	元請業者は発注者に対して、特定建設資材廃棄物の再資源化が完了したときには、書面で報告する。

上記のうち、2つを整理して記述する。

解説

　「建設リサイクル法」より、分別解体等及び再資源化等の実施を確保するための措置の流れは次の通りである。

分別解体・再資源化の発注から実施への流れ

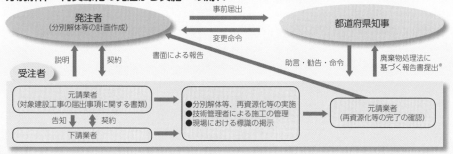

※マニフェスト交付者が毎年6月30日までにその年の3月31日以前の1年間の処理の実績の報告を行う義務については当分の間通用しなくなった。　国土交通省HPより

■建設リサイクル法■

「建設工事に係る資材の再資源化等に関する法律」（建設リサイクル法）に定められている分別解体等及び再資源化等の実施を確保するために、元請業者が実施しなければならない役割・手続きに関する次の文章の □□□□ に当てはまる適切な語句を解答欄に記入しなさい。

(1) 元請業者は、工事請負契約に基づき、建設副産物の発生の抑制、再資源化等の促進及び適正処理が計画的かつ効率的に行われるよう適切な （イ） を作成しなければならない。

(2) 元請業者は、 （ロ） に対し、分別解体等の計画等について書面を交付して説明しなければならない。

(3) 元請業者は、その請け負った建設工事を下請業者に一部請け負わせようとするときは、当該下請業者に対して、当該対象工事について発注者が （ハ） に届け出た事項を下請業者に告知して （ニ） しなければならない。

(4) 元請業者は、特定建設資材廃棄物の （ホ） 等が完了したときは、その旨を発注者に書面で報告するとともに、再資源化等の実施状況に関する記録を作成し、保存しなければならない。

〈解答欄〉

(1) | （イ）
(2) | （ロ）
(3) | （ハ） | （ニ）
(4) | （ホ）

平成19年度　実地試験　問題6　設問1

設問13 「建設工事に係る資材の再資源化等に関する法律（建設リサイクル法）」において、元請業者が実施しなければならない役割・手続きについて

解答

(1) （イ） 施工計画
(2) （ロ） 発注者
(3) （ハ） 都道府県知事　　（二） 下請契約
(4) （ホ） 再資源化

解説

「建設リサイクル法」においては、主な留意点について、下記のように定められている。

	役割・手続き	概　　　　要
①	施工計画の作成	元請業者は、工事請負契約に基づき、建設副産物の発生の抑制、再資源化の促進、適正な処理を行うための施工計画を作成する。
②	発注者への届出事項の説明（第12条第1項）	元請業者は発注者に対して、解体建築物の構造及び建設資材の量、特定建設資材の種類、工事着手の時期及び工程の概要、分別解体等の計画について、書面により説明する。
③	請負人への届出事項の告知（第12条第2項）	元請業者は下請負人に対して、発注者から都道府県知事への対象建設工事の届出事項について、告知し下請契約を行う。
④	発注者への報告（第18条）	元請業者は発注者に対して、特定建設資材廃棄物の再資源化が完了したときには、書面で報告する。

設問はあくまでも「元請け業者」が実施する役割・手続きであることに注意しましょう。

■ 廃棄物処理 ■

□ □ □

「廃棄物の処理及び清掃に関する法律（廃棄物処理法）に定められた建設工事現場及び現場事務所から発生する建設廃棄物のうち、「一般廃棄物」と「産業廃棄物」の具体的な品目をそれぞれ2つ解答欄に記入しなさい。

ただし、「一般廃棄物」については、廃棄物の具体的な内容（品名）を記入すること。

〈解答欄〉

廃棄物の種類	具 体 的 な 品 目
一般廃棄物	
産業廃棄物	

平成19年度　実地試験　問題6　設問2

■ 設問14 ■ 廃棄物処理法における「一般廃棄物」と「産業廃棄物」に関する問題

解答

廃棄物の種類	具 体 的 な 品 目
一般廃棄物	図面、紙類、雑誌、飲料空き缶、ペットボトル、弁当がら、生ごみ等
産業廃棄物	ガラスくず、陶磁器くず、がれき類、廃プラスティック類、金属くず、紙くず、木くず、繊維くず、汚泥、廃油、燃え殻、廃酸、廃アルカリ

以上の項目のうち、それぞれ2つずつ選定する。

解説

「廃棄物処理法」において、廃棄物の種類は下記に分類される。

①**一般廃棄物**：産業廃棄物以外の廃棄物

②**産業廃棄物**：事業活動に伴って生じた廃棄物のうち法令で定められた20種類のもの

③**特別管理一般廃棄物**及び**特別管理産業廃棄物**：爆発性、感染性、毒性、有害性があるもの

 「紙類、雑誌」と「紙くず」は異なることに注意しましょう。

設問15　■ 資源利用法 ■

　　建設副産物適正処理推進要綱に定められている関係者の責務と役割等に関して、次の文章の　　　　　　の中の（イ）～（ホ）に当てはまる適切な語句を解答欄に記入しなさい。

⑴　発注者は、建設副産物の発生の抑制ならびに分別解体、建設廃棄物の　（イ）　及び適正な処理の促進が図られるような建設工事の計画及び設計に努めなければならない。

⑵　建設工事の発注者、元請業者及び下請業者は、各々の工事の契約に際して、　（ロ）　の方法、解体工事及び再資源化に要する費用などを書面に掲載し、署名または記名押印して相互に交付する。

⑶　元請業者は、分別解体を対象とした建設工事においては、　（ハ）　の結果に基づき、適切な分別解体等の計画を作成しなければならない。

⑷　受注者は、解体工事を請け負わせ、建設廃棄物の　（ニ）　及び処分を委託する場合には、それぞれ個別に直接契約しなければならない。

⑸　受注者は、下請負人に対し、その工事について　（ホ）　から都道府県知事または建設リサイクル法施行令で定められた市区町村長に対して届け出た事項を告げる。

〈解答欄〉

⑴ （イ）	⑵ （ロ）
⑶ （ハ）	⑷ （ニ）
⑸ （ホ）	平成18年度　実地試験　問題6　設問1

設問15　「建設副産物適正処理推進要綱」に関する問題

解答

⑴　（イ）**再資源化等**　　⑵　（ロ）**分別解体等**　　⑶　（ハ）**事前調査**

⑷　（ニ）**収集運搬**　　⑸　（ホ）**発注者**

解説

「建設副産物適正処理推進要綱」において、各設問に関する規定が定められている。

番号	要　綱	内　容
⑴	同要綱　第5	発注者の責務と役割
⑵	同要綱　第9	工事全体の手順　発注及び契約
⑶	同要綱　第11	元請業者による分別解体等の計画の作成
⑷	同要綱　第12	工事の発注及び計画　解体工事の下請契約と建設廃棄物の処理委託契約
⑸	同要綱　第13	工事着手前に行うべき事項　受注者からその下請負人への告知

■ 建設リサイクル法 ■

「建設工事に係る資材の再資源化等に関する法律（建設リサイクル法）」に定められている特定建設資材のうち次の2資材について、その再利用のための具体的な処理方法と処理後の材料名（用途）をそれぞれ1つずつ解答欄に簡潔に記述しなさい。

① コンクリート　② 木材

〈解答欄〉

番号	特定建設資材	処理方法	処理後の材料名（用途）
①	コンクリート		
②	木材		

平成18年度　実地試験　問題6　設問2

設問16　建設リサイクル法における特定建設資材の再利用に関する問題

解答

番号	特定建設資材	処理方法	処理後の材料名（用途）
①	コンクリート	・破砕処理 ・混合物除去	・再生クラッシャーラン（下層路盤材料） ・再生コンクリート砂（埋戻し、基礎材） ・再生粒度調整砕石（上層路盤材料）
②	木材	・破砕処理 ・チップ化	・製紙用チップ ・ボード用チップ ・堆肥等の原材料

以上の項目のうち、それぞれ1つずつ選定する

解説

コンクリート及び木材についての再利用のための処理方法と処理後の材料名（用途）を記述する。

 「コンクリート」、「木材」以外の他の特定建設資材を記述しないようにしましょう。

■ 騒音・振動対策 ■

　杭打ち工事の施工にあたっては、工事中の振動、騒音の規制値を厳守するなど近隣住民に迷惑をかけないよう配慮するとともに、安全で適切な施工を行わなければならない。これらを考慮した、コンクリート杭を設置する場合の施工上の留意事項として、次の①～⑫のうち適切な事項を3つ選びその番号を解答欄に記入しなさい。

① 施工区域が都道府県知事が指定した地域外であっても杭打設作業による騒音は規制を受ける。

② 特定建設作業の届出は、台風、地震等による災害復旧時の緊急工事であれば必要はない。

③ 施工に際して、十分な遮音装置、消音装置を装備する場合は、特定建設作業の届出は必要ない。

④ もんけんを用いた杭打機を使用する作業は、騒音、振動に関して、特定建設作業に該当しない。

⑤ 杭打機は、安定した場所を選び、機械の安定をはかるため、必要に応じて敷鉄板等を水平に敷設した上に据付ける。

⑥ 杭打機が吊り荷状態で、作業を一時停止する場合は、歯止めを確実に行えば、運転手は運転席から離別してもよい。

⑦ 杭打機（3t以上）を使用して杭打作業を行う場合、現場内であれば杭打機の運転は該当する運転技能講習の終了者でよい。

⑧ 特定建設作業は、夜間、深夜作業の禁止時間帯の規制はあるが、1日の作業時間の制限はない。

⑨ 試験杭の実施時に発生する騒音、振動等の確認を行い、その後の施工方法に反映させる。

⑩ 杭の打込み順序は、杭群の周辺部から中央部に向かって順次打ち進むのが望ましい。

⑪ N値が5程度以下のような軟弱地盤が続く場合の打込みは、ラム落下高を調整して、できるだけ打撃力を大きくして行う。

⑫ 杭を現場内に仮置きする場合は、杭打機への吊り込み作業を容易にするように、杭先端部を引込み方向に向けて仮置きする。

〈解答欄〉

施工上の適切な留意事項番号		

平成17年度　実地試験　問題6　設問1

313

設問17 コンクリート杭を設置する場合の施工上の留意事項

解答

施工上の適切な留意事項番号			
④	⑤	⑦	⑨

上記のうち3つを選定する。

解説

各設問における適否及び理由は下記のとおりである。

番号	適 否	理　　　　　　由
①	適切でない	規制は受けない。
②	適切でない	届出が行える状態になったら、届出は必要となる
③	適切でない	低騒音型建設機械に指定されていなければ、必要である。
④	**適切である**	「もんけん、圧入式等」の作業は除外される。
⑤	**適切である**	「労働安全衛生規則第173条」に示されている。
⑥	適切でない	荷重をかけたまま、運転席から離れてはならない。
⑦	**適切である**	「労働安全衛生法第61・76条」に示されている。
⑧	適切でない	1日の作業時間の制限はある。（指定区域により10～14時間）
⑨	**適切である**	試験杭打設時に騒音・振動を計測し、打設工法に反映させる。
⑩	適切でない	中央部から周辺へ打ち進むのが望ましい。
⑪	適切でない	ラム落下高を調節して、打撃力を小さくする。
⑫	適切でない	杭上端部を引込み方向に向ける。

どの部分が適切でなかったのかをしっかり把握しておきましょう。

設問18

出題頻度 ○

■ 廃棄物処理 ■

建設副産物とは、建設工事に伴い副次的に得られた物品である。

下図は、建設副産物の具体例を示したものである。　　　　　中の（イ）〜（ホ）に当てはまる適切な語句を解答欄に記入しなさい。

建設副産物の具体例

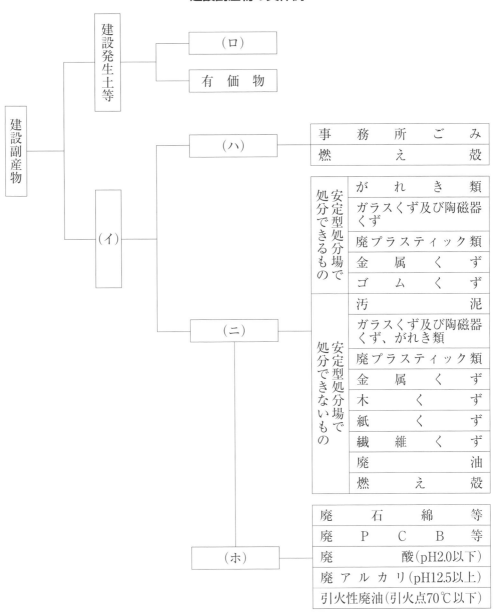

〈解答欄〉

（イ）

（ロ）

（ハ）

（ニ）

（ホ）

平成16年度　実地試験　問題6　設問1

設問18　建設副産物の具体例

解答

（イ）	建設廃棄物
（ロ）	建設発生土
（ハ）	一般廃棄物
（ニ）	産業廃棄物
（ホ）	特別管理産業廃棄物

廃棄物の分類をしっかりと把握しましょう。

解説

建設副産物は下記のように分類される。

建設副産物	建設発生土等	建設発生土	利用用途により第1種〜第4種に区分
		有　価　物	原材料として有償価値のあるもの
	建設廃棄物	一般廃棄物	産業廃棄物以外の廃棄物（図面、紙類、雑誌、飲料缶、ペットボトル、弁当がら、生ごみ等）
		産業廃棄物	事業活動に伴って生じた廃棄物のうち法令で定められた20種類のもの（ガラスくず、陶磁器くず、がれき類、廃プラスティック類、金属くず、紙くず、木くず、繊維くず、汚泥、廃油、燃え殻、廃酸、廃アルカリ）
		特別管理産業廃棄物	爆発性、感染性、毒性、有害性があるもの（pH2.0以下の廃酸、pH12.5以上の廃アルカリも含む）

設問19
出題頻度

■ 資源リサイクル法 ■

建設工事に係る資材の再資源化等に関する法律では、建設資材廃棄物の排出の抑制のための方策に関する事項を定めている。

この方策のうち、建設工事を施工する者の役割を2つ解答欄に記述しなさい。

〈解答欄〉

建設資材廃棄物の排出の抑制のための方策のうち、建設工事を施工する者の役割

平成16年度　実地試験　問題6　設問2

設問19　建設資材廃棄物の排出の抑制のための方策のうち、建設工事を施工する者の役割

解答

建設資材廃棄物の排出の抑制のための方策のうち、建設工事を施工する者の役割
建設資材の選択、建設工事の施工方法等を工夫することにより排出を抑制する。
対象建設工事においては分別解体等をしなければならない。
分別解体等に伴って生じた特定建設資材廃棄物について、再資源化をしなければならない。
再資源化により得られた建設資材を使用するよう努める。
対象建設工事の届出に係る事項について、書面により説明する。

以上の項目のうち2つを選定し記述する。

解説

「資源リサイクル法」において、建設資材廃棄物の排出を抑制し、再資源化をするために施工者が行う役割について定められている。

■ 建設リサイクル法 ■

建設副産物とは、建設工事に伴い副次的に得られるものであり、再生資源及び廃棄物を含むものである。下図は、建設副産物と再生資源、廃棄物との関係を示したもので □□□ の中の①、②に当てはまる建設リサイクル法により、リサイクル等が義務付けられた建設副産物の名称を2つ解答欄に記入しなさい。

建設副産物と再生資源、廃棄物との関係

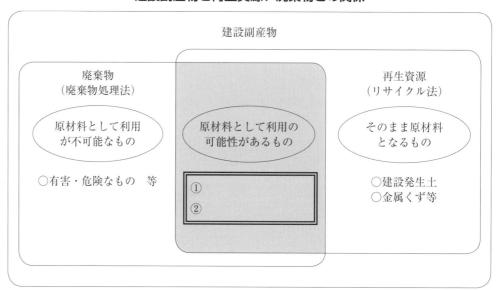

〈解答欄〉

	建設副産物の名称
①	
②	

平成15年度　実地試験　問題6　設問2

318

設問20　リサイクルが義務付けられた建設副産物

解答

建設副産物の名称
コンクリートの塊
アスファルト・コンクリートの塊
建設発生木材
建設汚泥

以上のうち、建設副産物の2つを選定し記述する。

解説

建設副産物は下記のように分類される。

項　目	内　容	資材等の名称
そのまま原材料となるもの	他人に有価で売却できるもの	・建設発生土 ・金属くず など
原材料として利用の可能性があるもの	建設廃棄物であるが、再生利用が可能なもの	・コンクリートの塊 ・アスファルト・コンクリートの塊 ・建設発生木材 ・建設汚泥 など
原材料として利用が不可能なもの	廃棄物として処分を行うもの	・一般廃棄物、産業廃棄物、特別管理産業廃棄物のうち有害・危険なもの

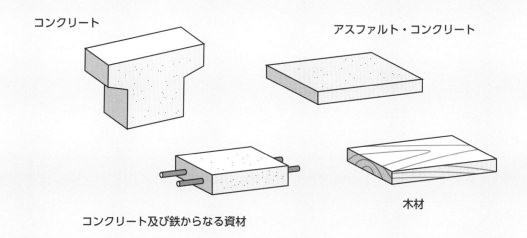

コンクリート

アスファルト・コンクリート

コンクリート及び鉄からなる資材

木材

■ 工程管理 ■

□□□

次の各作業別工程の工事を、下記の条件でネットワーク式工程表で表した場合、解答欄の①～③についてそれぞれ数値を求め、解答欄に記入しなさい。

［作業］　　　　　　　　　　［工程］
準備工……………………10日間
支保工組立………………… 3日間
型枠製作…………………… 4日間
鉄筋加工…………………… 4日間
型枠組立…………………… 2日間
鉄筋組立…………………… 2日間
コンクリート打設………… 1日間
コンクリート養生…………10日間
型枠・支保工解体………… 3日間
跡片付け…………………… 2日間

〔条　件〕
・各作業の工程は、分割しない。
・「準備工」完了後、引き続き「支保工組立」、「型枠製作」、「鉄筋加工」に同時に着手する。
・「支保工組立」と「型枠製作」の両方が完了後、引き続き「型枠組立」に着手する。
・「鉄筋加工」と「型枠組立」の両方が完了後、引き続き「鉄筋組立」、「コンクリート打設」の順で連続して行う。
・「コンクリート打設」の完了後、引き続き「コンクリート養生」、「型枠・支保工解体」に同時に着手し、その両方が完了後、引き続き「跡片付け」を行う。

〈解答欄〉

①	パスは何ルートとなるか。	ルート
②	ダミーは何箇所となるか。	箇所
③	クリティカルパスは何日となるか。	日

平成12年度　実地試験　問題6　設問2

設問21 ネットワークの作成

解答

①	パスは何ルートとなるか。	**6**	ルート
②	ダミーは何か所となるか。	**2**	箇所
③	クリティカルパスは何日となるか。	**31**	日

解説

(1) 各作業項目を、先行作業、並行作業、後続作業の関係として整理すると下表のようになる。

	作 業 名	日数	先行作業	並行作業	後続作業
A	準備工	10日	(なし)	(なし)	支保工組立、型枠製作、鉄筋加工
B	支保工組立	3日	準備工	型枠製作、鉄筋加工	型枠組立
C	型枠製作	4日	準備工	支保工組立、鉄筋加工	型枠組立
D	鉄筋加工	4日	準備工	支保工組立、型枠製作、型枠組立	鉄筋組立
E	型枠組立	2日	支保工組立、型枠製作	鉄筋加工	鉄筋組立
F	鉄筋組立	2日	鉄筋加工、型枠組立	(なし)	コンクリート打設
G	コンクリート打設	1日	鉄筋組立	(なし)	コンクリート養生、型枠・支保工解体
H	コンクリート養生	10日	コンクリート打設	型枠・支保工解体	跡片付け
I	型枠・支保工解体	3日	コンクリート打設	コンクリート養生	跡片付け
J	跡片付け	2日	コンクリート養生、型枠・支保工解体	(なし)	(なし)

(2) 上表から作業の流れを示すと下図のようになる。

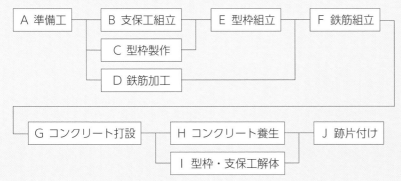

(3) (2)の図の流れにイベント、アロー、ダミーにより、作業記号、日数を書き込んでネットワーク工程表を作成する。

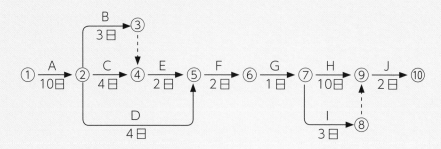

(4) ネットワーク図より考えられるパスのルートは下記のとおりである。

パ ス の ル ー ト	日数	備　　考
A　　B　　　　　E　　F　　G　　H　　J ① → ② → ③ ⋯ ④ → ⑤ → ⑥ → ⑦ → ⑨ → ⑩ 10日　3日　0日　2日　2日　1日　10日　2日	**30日**	
A　　B　　　　　E　　F　　G　　　　　I ① → ② → ③ ⋯ ④ → ⑤ → ⑥ → ⑦ → ⑧ ⋯ ⑨ → ⑩ 10日　3日　0日　2日　2日　1日　3日　0日　2日	**23日**	
A　　C　　　E　　F　　G　　H　　J ① → ② → ④ → ⑤ → ⑥ → ⑦ → ⑨ → ⑩ 10日　4日　2日　2日　1日　10日　2日	**31日**	**クリティカルパス**
A　　C　　　E　　F　　G　　I　　　J ① → ② → ④ → ⑤ → ⑥ → ⑦ → ⑧ ⋯ ⑨ → ⑩ 10日　4日　2日　2日　1日　3日　0日　2日	**24日**	
A　　D　　F　　G　　H　　J ① → ② → ⑤ → ⑥ → ⑦ → ⑨ → ⑩ 10日　4日　2日　1日　10日　2日	**29日**	
A　　D　　F　　G　　I　　　　J ① → ② → ⑤ → ⑥ → ⑦ → ⑧ ⋯ ⑨ → ⑩ 10日　4日　2日　1日　3日　0日　2日	**22日**	

 「クリティカルパス」の確定が最重要となります。

過去問セレクト 模擬試験

この模擬試験は、過去の第2次検定・実地試験で出題された問題を用いて構成したものである。今後の試験でも再度取り上げられる可能性のある良問を厳選しているので、ぜひ挑戦してみよう。

＜必須問題＞

問題 ①

※経験記述問題のため、割愛する。

※問題２～問題11は選択問題（１）、（２）です。
問題２～問題６の選択問題（１）の５問のうちから３問を選択し解答してください。

＜選択問題（１）＞

問題 ②　　　　　　　　　　　　　　　　　　　　　　平成26年度出題（問題２・設問１）

土工に関する次の文章の　　　　　に当てはまる**適切な語句**を解答欄に記入しなさい。

（１）環境保全の観点から、盛土の構築にあたっては建設発生土を有効利用することが望ましく、建設発生土は、その性状や　(イ)　指数により第１種建設発生土～第４種建設発生土に分類される。

（２）安定が懸念される材料は、盛土法面勾配の変更、　(ロ)　補強盛土やサンドイッチ工法の適用や排水処理工法などの対策を講じる、あるいはセメントや石灰による安定処理を行う。

（３）有用な発生土は、可能な限り仮置きを行い、法面の土羽土として有効利用するほか、　(ハ)　のよい砂質土や礫質土は排水材料として使用する。

（４）軟弱地盤対策を実施する場合には、対策工をできるだけ早期に完了して、盛土などの土工構造物の施工を始める前に地盤を安定させる。

（５）軟弱地盤に盛土や土工構造物を施工する場合は、　(ニ)　のトラフィカビリティーの確保と所要の排水性能の確保が必要であり、このため　(ホ)　工法又は表層混合処理工法などが併用されることが多い。

<選択問題（１）＞

問題 ③

平成29年度出題（問題３・設問１）

コンクリートの現場内運搬に関する次の文章の _____ の(イ)～(ホ)に当てはまる**適切な語句**を解答欄に記述しなさい。

（１）コンクリートポンプによる圧送に先立ち、使用するコンクリートの （イ） 以下の先送りモルタルを圧送しなければならない。

（２）コンクリートポンプによる圧送の場合、輸送管の管径が （ロ） ほど圧送負荷は小さくなるので、管径の （ロ） 輸送管の使用が望ましい。

（３）コンクリートポンプの機種及び台数は、圧送負荷、 （ハ） 、単位時間当たりの打込み量、１日の総打込み量及び施工場所の環境条件などを考慮して定める。

（４）斜めシュートによってコンクリートを運搬する場合、コンクリートは （ニ） が起こりやすくなるため、縦シュートの使用が標準とされている。

（５）バケットによるコンクリートの運搬では、バケットの （ホ） とコンクリートの品質変化を考慮し、計画を立て、品質管理を行う必要がある。

<選択問題（１）＞

問題 ④

平成29年度出題（問題４・設問１）

盛土の締固め管理に関する次の文章の _____ の(イ)～(ホ)に当てはまる**適切な語句**を解答欄に記述しなさい。

（１）品質規定方式による締固め管理は、発注者が品質の規定を （イ） に明示し、締固めの方法については原則として （ロ） に委ねる方式である。

（２）品質規定方式による締固め管理は、盛土に必要な品質を満足するように、施工部位・材料に応じて管理項目・ （ハ） ・頻度を適切に設定し、これらを日常的に管理する。

（３）工法規定方式による締固め管理は、使用する締固め機械の機種、 （ニ） 、締固め回数などの工法そのものを （イ） に規定する方式である。

（４）工法規定方式による締固め管理には、トータルステーションやGNSS（衛星測位システム）を用いて締固め機械の （ホ） をリアルタイムに計測することにより、盛土地盤の転圧回数を管理する方式がある。

＜選択問題（１）＞

問題 **⑤**　　　　　　　　　　　　　　　　　　　　　　令和１年度出題（問題５・設問１）

車両系建設機械による労働者の災害防止のため、労働安全衛生規則の定めにより、事業者が実施すべき安全対策に関する次の文章の　　　　　の(イ)〜(ホ)に当てはまる**適切な語句**を解答欄に記述しなさい。

（１）車両系建設機械を用いて作業を行なうときは、運転中の車両系建設機械に　(イ)　することにより労働者に危険が生じるおそれのある箇所に、原則として労働者を立ち入らせてはならない。

（２）車両系建設機械を用いて作業を行なうときは、車両系建設機械の転倒又は転落による労働者の危険を防止するため、当該車両系建設機械の　(ロ)　について路肩の崩壊を防止すること、地盤の　(ハ)　を防止すること、必要な幅員を確保すること等必要な措置を講じなければならない。

（３）車両系建設機械の運転者が運転位置を離れるときは、バケット、ジッパー等の作業装置を地上に下ろさせるとともに、　(ニ)　を止め、かつ、走行ブレーキをかける等の車両系建設機械の逸走を防止する措置を講じさせなければならない。

（４）車両系建設機械を、パワー・ショベルによる荷のつり上げ、クラムシェルによる労働者の昇降等当該車両系建設機械の主たる　(ホ)　以外の　(ホ)　に原則として使用してはならない。

問題 ⑥

建設副産物適正処理推進要綱に定められている関係者の責務と役割等に関する次の文章の〔　　　　〕の（イ）～（ホ）に当てはまる**適切な語句**を解答欄に記述しなさい。

（1）発注者は、建設工事の発注に当たっては、建設副産物対策の〔　（イ）　〕を明示するとともに、分別解体等及び建設廃棄物の再資源化等に必要な〔　（ロ）　〕を計上しなければならない。

（2）元請業者は、分別解体等を適正に実施するとともに、〔　（ハ）　〕事業者として建設廃棄物の再資源化等及び処理を適正に実施するよう努めなければならない。

（3）元請業者は、工事請負契約に基づき、建設副産物の発生の〔　（ニ）　〕、再資源化等の促進及び適正処理が計画的かつ効率的に行われるよう適切な施工計画を作成しなければならない。

（4）〔　（ホ）　〕は、建設副産物対策に自ら積極的に取り組むよう努めるとともに、元請業者の指示及び指導等に従わなければならない。

※問題7～問題11の選択問題（2）の5問題のうちから3問題を選択し解答してください。

＜選択問題（2）＞

 令和2年度出題（問題7）

切土法面排水に関する**次の（1）、（2）の項目について、それぞれ1つずつ**解答欄に記述しなさい。

（1）切土法面排水の目的

（2）切土法面施工時における排水処理の留意点

＜選択問題（2）＞

コンクリート構造物の劣化原因である次の３つの中から**2つ選び、施工時における劣化防止対策について、それぞれ1つずつ**解答欄に記述しなさい。

- 塩害
- 凍害
- アルカリシリカ反応

＜選択問題（2）＞

鉄筋コンクリート構造物における**「鉄筋の加工および組立の検査」「鉄筋の継手の検査」に関する品質管理項目とその判定基準を5つ**解答欄に記述しなさい。

ただし、解答欄の記入例と同一内容は不可とする。

＜選択問題（2）＞

令和3年度出題（問題10）

下図は移動式クレーンでボックスカルバートの設置作業を行っている現場状況である。

この現場において**安全管理上必要な労働災害防止対策に関して労働安全衛生規則又はクレーン等安全規則に定められている措置の内容について、5つ**解答欄に記述しなさい。

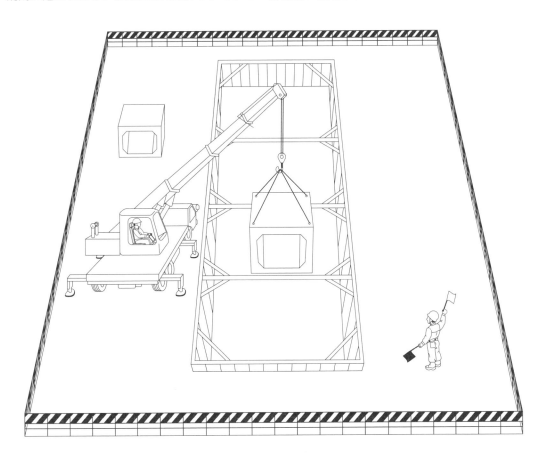

問題 ⑪　　　　　　　　　　　　　　　　　　平成26年度出題（問題6・設問2）

下図のようなプレキャストL型擁壁を設置し路床面まで施工する場合、**施工手順①〜③のうちから2つ選び、それぞれの該当する工種名とその工種で使用する主な建設機械名及び工種で実施する品質管理又は出来形管理の確認項目**を解答欄に記入しなさい。

ただし、排水工は考慮しないものとする。

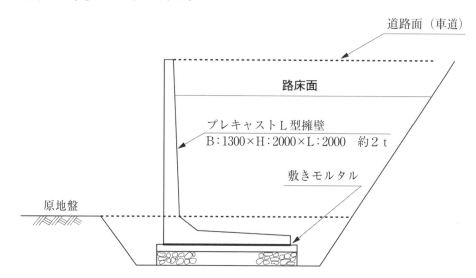

施工手順	工種名	主な建設機械名	品質管理又は出来形管理の確認項目
	準備工(丁張りなど)		
	↓		
①			
	↓		
	基礎砕石工		
	↓		
	均しコンクリート工 （型枠設置、コンクリート打込み、 養生、型枠脱型）		
	↓		
	敷きモルタル工		
	↓		
②			
	↓		
	埋戻し工		
	↓		
③			
	↓		
	路床工		
	↓		
	後片付け工		

過去問セレクト 模擬試験 解説と解答例

問題 ①

• 問題を割愛しているため、ここでは扱わない。

問題 ②

≪解説≫

土工に関する問題

　土工に関して、盛土施工、軟弱地盤対策の留意点は、主に「道路土工　盛土工指針」「道路土工　軟弱地盤対策工指針」において示されている。

≪解答例≫

（1）環境保全の観点から、盛土の構築にあたっては建設発生土を有効利用することが望ましく、建設発生土は、その性状や (イ) **コーン** 指数により第1種建設発生土～第4種建設発生土に分類される。

（2）安定が懸念される材料は、盛土法面勾配の変更、(ロ) **ジオテキスタイル** 補強盛土やサンドイッチ工法の適用や排水処理工法などの対策を講じる、あるいはセメントや石灰による安定処理を行う。

（3）有用な発生土は、可能な限り仮置きを行い、法面の土羽土として有効利用するほか、(ハ) **透水性** のよい砂質土や礫質土は排水材料として使用する。

（4）軟弱地盤対策を実施する場合には、対策工をできるだけ早期に完了して、盛土などの土工構造物の施工を始める前に地盤を安定させる。

（5）軟弱地盤に盛土や土工構造物を施工する場合は、(ニ) **施工機械** のトラフィカビリティーの確保と所要の排水性能の確保が必要であり、このため (ホ) **表層排水** 工法又は表層混合処理工法などが併用されることが多い。

ワンポイントアドバイス

• (ロ)「**帯鋼**」「**押さえ**」、(ニ)「**作業機械**」「**建設機械**」、(ホ)「**サンドマット**」も意味が同じなので正解です。

≪解説≫

コンクリートの現場内運搬に関する問題

　コンクリートの現場内運搬に関しては、主に「コンクリート標準示方書・施工編：施工標準　7.3 運搬」において示されている。

≪解答例≫

（1）コンクリートポンプによる圧送に先立ち、使用するコンクリートの (イ) **水セメント比** 以下の先送りモルタルを圧送しなければならない。

（2）コンクリートポンプによる圧送の場合、輸送管の管径が (ロ) **大きい** ほど圧送負荷は小さくなるので、管径の (ロ) **大きい** 輸送管の使用が望ましい。

（3）コンクリートポンプの機種及び台数は、圧送負荷、 (ハ) **吐出量**、単位時間当たりの打込み量、1日の総打込み量及び施工場所の環境条件などを考慮して定める。

（4）斜めシュートによってコンクリートを運搬する場合、コンクリートは (ニ) **材料分離** が起こりやすくなるため、縦シュートの使用が標準とされている。

（5）バケットによるコンクリートの運搬では、バケットの (ホ) **打込み速度** とコンクリートの品質変化を考慮し、計画を立て、品質管理を行う必要がある。

 ・コンクリート標準示方書に示された語句なので、同一であることが望ましいです。

問題 ④

≪解説≫

盛土の締固め管理に関する問題

　盛土の締固め管理に関する留意点は、主に「道路土工－盛土工指針」において示されている（本書のP.208〜210を参照）。

≪解答例≫

（1）品質規定方式による締固め管理は、発注者が品質の規定を (イ) **仕様書** に明示し、締固めの方法については原則として (ロ) **施工者** に委ねる方式である。

（2）品質規定方式による締固め管理は、盛土に必要な品質を満足するように、施工部位・材料に応じて管理項目・ (ハ) **管理基準値**・頻度を適切に設定し、これらを日常的に管理する。

（3）工法規定方式による締固め管理は、使用する締固め機械の機種、 (ニ) **締固め厚さ**、締固め回数などの工法そのものを (イ) **仕様書** に規定する方式である。

（４）工法規定方式による締固め管理には、トータルステーションやGNSS（衛星測位システム）を用いて締固め機械の (ホ) **走行軌跡** をリアルタイムに計測することにより、盛土地盤の転圧回数を管理する方式がある。

 ・（イ）「**特記仕様書**」、（ロ）「**受注者**」、（ニ）「**規定値**」「**巻出し厚**」、（ホ）「**走行距離**」も意味が同じなので正解です。

問題 ⑤

≪解説≫
車両系建設機械による労働者の災害防止に関する問題
　車両系建設機械による労働者の災害防止に関しては、主に「労働安全衛生規則・車両系建設機械（第152条～171条」に定められている（本書のP.252～253を参照）。

≪解答例≫
（１）車両系建設機械を用いて作業を行うときは、運転中の車両系建設機械に (イ) **接触** することにより労働者に危険が生じるおそれのある箇所に、原則として労働者を立ち入らせてはならない。

（２）車両系建設機械を用いて作業を行うときは、車両系建設機械の転倒または転落による労働者の危険を防止するため、当該車両系建設機械の (ロ) **運行経路** について路肩の崩壊を防止すること、地盤の (ハ) **不同沈下** を防止すること、必要な幅員を確保すること等必要な措置を講じなければならない。

（３）車両系建設機械の運転者が運転位置を離れるときは、バケット、ジッパー等の作業装置を地上に下ろさせるとともに、 (ニ) **原動機** を止め、かつ、走行ブレーキをかける等の車両系建設機械の逸走を防止する措置を講じさせなければならない。

（４）車両系建設機械を、パワー・ショベルによる荷のつり上げ、クラムシェルによる労働者の昇降等当該車両系建設機械の主たる (ホ) **用途** 以外の (ホ) **用途** に原則として使用してはならない。

 ・「**労働安全衛生規則**」に示された語句なので、**同一であること**が望ましいです。

≪解説≫

建設副産物適正処理に関する問題

　建設副産物適正処理における関係者の責務と役割等に関しては、「建設副産物適正処理推進要綱」に定められている（本書のP.287、306、317を参照）。

≪解答例≫

（1）発注者は、建設工事の発注に当たっては、建設副産物対策の（イ）**条件**を明示するとともに、分別解体等及び建設廃棄物の再資源化等に必要な（ロ）**費用**を計上しなければならない。

（2）元請業者は、分別解体等を適正に実施するとともに、（ハ）**排出**事業者として建設廃棄物の再資源化等及び処理を適正に実施するよう努めなければならない。

（3）元請業者は、工事請負契約に基づき、建設副産物の発生の（ニ）**抑制**、再資源化等の促進及び適正処理が計画的かつ効率的に行われるよう適切な施工計画を作成しなければならない。

（4）（ホ）**下請負人**は、建設副産物対策に自ら積極的に取り組むよう努めるとともに、元請業者の指示及び指導等に従わなければならない。

　・（イ）「**基本方針**」、（ロ）「**経費**」、（ホ）「**協力業者**」も意味が同じなので正解です。

≪解説≫

法面保護工に関する問題

　切土法面の施工に関しては、主に「道路土工指針・のり面工・斜面安定工指針」等により定められている（本書のP.128～129を参照）。

≪解答例≫

下記の説明のうちそれぞれ1つずつを選び記述する。

	切土法面排水の目的
（1）	・降水、融雪により地山からの流水によるのり面の洗掘を防止する。 ・自然斜面からの雨水等による流水がのり面に流れ込まないようにする。 ・周辺地域から施工区域内への侵入による、のり面土砂の流出を防止する。 ・集中豪雨等の雨水の直撃や湧水による法面浸食や崩壊を防止する。 ・周辺地域から浸透する地下水や地下水面の上昇によるのり面や構造物基礎の軟弱化を防止する。
	切土法面施工時における排水処理の留意点
（2）	・のり肩に沿って排水溝を設け、掘削する区域内への水の侵入を防止する。 ・法肩排水溝、小段排水溝を設け、速やかに縦排水溝で法尻まで排水を行う。 ・切土面の凹凸や不陸を整形し、雨水等が停滞しないようにする。 ・法面内に地下水や湧水がある場合は、水平排水孔を設けのり面外部へ排出する。 ・切土と盛土の境界部にはトレンチを設け、雨水等の盛土部への流入防止を図る。

問題 ⑧

≪解説≫

コンクリート構造物施工時における劣化防止対策に関する問題

　コンクリート構造物施工時における劣化防止対策に関しては、本書（P.173～175）において示されている。

≪解答例≫

劣化原因	施工時における劣化防止対策
塩害	・コンクリート中の塩化物含有量を0.30kg/m³以下とする。 ・水セメント比を小さくする。 ・高炉セメントB種などの混合セメントを使用する。 ・鉄筋のかぶり厚さを大きくする。
凍害	・水セメント比を小さくする。 ・AE剤、AE減水剤を使用する。 ・骨材は、吸水率の小さいものを使用する。
アルカリシリカ反応	・コンクリート中のアルカリ総量を3.0kg/m³以下とする。 ・高炉セメントB種、もしくは高炉セメントC種を使用する。 ・無害と判定された骨材を使用する。

問題 9

≪解説≫

「鉄筋の加工及び組立ての検査」「鉄筋の継手の検査」に関する問題

　「鉄筋の加工及び組立ての検査」「鉄筋の継手の検査」に関する品質管理項目と判定基準については、主に「コンクリート標準示方書・施工編：検査標準　7.3　鉄筋工の検査」において示されている（本書のP.176、194を参照）。

≪解答例≫

　下記から5つ選んで記述する。

検　　査	品質管理項目	判定基準
鉄筋の加工および組立ての検査	鉄筋の加工寸法	所定の許容誤差以内であること
	継手及び定着の位置・長さ	設計図書通りであること
	かぶり	耐久性照査で設定したかぶり以上であること
	有効高さ	設計寸法の±3％または±30mmのうち小さい方の値
	中心間隔	±20mm
鉄筋の継手の検査	重ね継手長さ	・鉄筋径の20倍以上重ね合わせる。
	重ね継手位置	・軸方向にずらす距離は、鉄筋径の25倍以上とする。
	ガス圧接継手・圧接面のずれ	・鉄筋径の1/4以下とする。
	ガス圧接継手・ふくらみの直径	・鉄筋径の1.4倍以上とする。
	突合せアーク溶接継手外観	・偏心は直径の1/10以内かつ3mm以内とする。

問題⑩

≪解説≫

クレーン作業における安全管理に関する問題

　クレーン作業における安全管理に関しては、主に「労働安全衛生規則・車両系建設機械の使用に関する危険の防止（第154条～171条）」及び「クレーン等安全規則」に定められている（本書のP.249以降を参照）。

≪解答例≫

　下記のうち５つを選んで記述する。

「労働安全衛生規則」又は「クレーン等安全規則」に定められている措置
・作業範囲内に障害物がないことを確認し、もし障害物がある場合はあらかじめ作業方法の検討を行う。 ・設置する地盤の状態を確認し、地盤の支持力が不足する場合は、地盤の改良、鉄板等により、吊り荷重に相当する地盤反力を確保できるまで補強する。 ・機体は水平に設置し、アウトリガーは作業荷重によって、最大限に張り出す。 ・軟弱地盤や地下工作物等により転倒のおそれのある場所での作業は禁止する。 ・一定の合図を定め、指名した者に合図を行わせる。 ・軟弱な路肩、法肩に接近しないように作業を行い、近づく場合は、誘導員を配置する。 ・移動式クレーンの運転者は、荷を吊ったままで運転位置から離れてはならない。 ・作業半径内の労働者の立入を禁止する。 ・移動式クレーンのフックは吊り荷の重心に誘導する。吊り角度と水平面のなす角度は60°以内とする。 ・強風のため、作業の実施が困難と予想されるときは、作業を中止する。

≪解説≫

プレキャストL型擁壁を設置する場合の施工手順に関する問題

　一般のプレキャスト構造物設置の手順に従って、次のとおりに施工する。

準備工→床堀工→基礎砕石工→均しコンクリート工(型枠設置、コンクリート打込み、養生、型枠脱型)→敷きモルタル工→プレキャストL型擁壁設置→埋戻し工→路床面転圧工→路床工→後片付け工

≪解答例≫

　下記の施工手順①～③のうち2つを選択し、工種名、主な建設機械名、品質管理または出来形管理の確認項目をそれぞれ記述する。

手順	工種名	主な建設機械名	品質管理または出来形管理の確認項目
①	床堀工	バックホウ	・地盤反力 ・法長、高さ、幅、延長
②	プレキャストL型擁壁設置	トラッククレーン、移動式クレーン	・基準高、延長、線形
③	路床面転圧工	振動コンパクタ、タンパ	・締固め度、施工含水比 ・巻出し厚

・解答例にて「主な建設機械名」「品質管理または出来形管理の確認項目」が複数記載されているものについては、それぞれいずれか1つを記述すればよいです。

管理項目別索引 (経験記述例文)

索引(学科記述)

主 要 参 考 文 献　順不同

『道路土工　施工指針』　日本道路協会

『道路橋示方書・同解説　下部構造編』　日本道路協会

『建設業者のための施工管理関係法令集』　国土交通省総合政策局　建築資料研究社

『土木施工管理技術テキスト(土木一般編・施工管理編・法規編)』
　　土木施工管理技術研究会　地域開発研究所

『コンクリート標準示方書』　土木学会　丸善出版

『図説土木用語事典』　土木出版企画委員会　実教出版

『1級土木施工管理技士 実地試験』　オーム社

『図解でよくわかる 1級土木施工管理技術検定 実地試験』
　　速水洋志　吉田勇人　誠文堂新光社

監修者

水村俊幸（みずむら・としゆき）

1978年東洋大学工学部土木工学科卒業。株式会社島村工業で施工管理、設計・積算業務に従事。現在、中央テクノ株式会社に所属。NPO法人彩の国技術士センター理事。技術士（建設部門）、1級土木施工管理技士、コンクリート診断士、コンクリート技士、RCCM（農業土木）。

著者

土木施工管理技術検定試験研究会

土木施工管理技術検定試験で出題される問題の傾向・対策などを研究している団体。一人でも多くの受検者が合格できるように、情報の提供を行っている。

イラスト　　　　神林光二・まるやまともや
デザイン・DTP　有限会社プッシュ
編集協力　　　　有限会社ヴュー企画
編集担当　　　　柳沢裕子（ナツメ出版企画株式会社）

本書に関するお問い合わせは、書名・発行日・該当ページを明記の上、下記のいずれかの方法にてお送りください。電話でのお問い合わせはお受けしておりません。
・ナツメ社webサイトの問い合わせフォーム
　https://www.natsume.co.jp/contact
・FAX（03-3291-1305）
・郵送（下記、ナツメ出版企画株式会社宛て）
なお、回答までに日にちをいただく場合があります。正誤のお問い合わせ以外の書籍内容に関する解説・受検指導は、一切行っておりません。あらかじめご了承ください。

ナツメ社Webサイト
https://www.natsume.co.jp
書籍の最新情報（正誤情報を含む）は
ナツメ社Webサイトをご覧ください。

1級土木施工 第2次検定 徹底解説テキスト&問題集
（きゅうどぼくせこうだい　じけんてい　てっていかいせつ　もんだいしゅう）

監修者	水村俊幸（みずむらとしゆき）
著　者	土木施工管理技術検定試験研究会（どぼくせこうかんりぎじゅつけんていしけんけんきゅうかい）
	©DOBOKUSEKOKANRIGIJYUTSUKENTEISHIKENKENKYUKAI
発行者	田村正隆
発行所	株式会社ナツメ社
	東京都千代田区神田神保町1-52 ナツメ社ビル1F（〒101-0051）
	電話　03（3291）1257（代表）　FAX　03（3291）5761
	振替　00130-1-58661
制　作	ナツメ出版企画株式会社
	東京都千代田区神田神保町1-52 ナツメ社ビル3F（〒101-0051）
	電話　03（3295）3921（代表）
印刷所	ラン印刷社

Printed in Japan

＊定価はカバーに表示してあります　＊落丁・乱丁本はお取り替えします

一発合格！ **2024**年版

1級 土木施工
第2次検定 徹底解説
テキスト&問題集

水村俊幸・監修 土木施工管理技術検定試験研究会・著

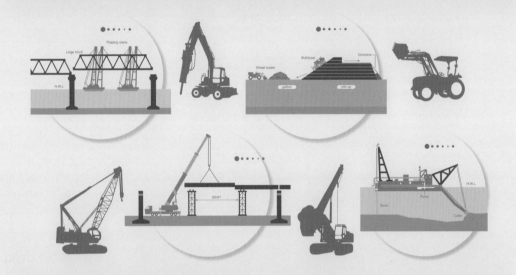

ナツメ社

（目）（次）

※令和3年度より、これまでの「学科試験」「実地試験」から「第1次検定」「第2次検定」の新検定制度に再編された（詳細は本書P.12～14を参照）。

令和6年度 試験概要

1．受検申込用紙の販売：令和6年2月下旬から開始

受検申込用紙1部　600円

主な購入方法

①電話　　　　　　　：0570-020-700（注文専用ダイヤル）にて、代金引換購入

②インターネット：「一般財団法人 全国建設研修センター」ホームページ（https://www.jctc.jp）より購入

③窓口販売　　　　：「一般財団法人 全国建設研修センター」及び「各地域づくり協会」などにて購入

2．申込受付期間：令和6年3月22日（金）～4月5日（金）

3．【第1次検定試験】試験日　　：令和6年7月7日（日）

　　　　　　　　　　合格発表日：令和6年8月15日（木）

4．【第2次検定試験】試験日　　：令和6年10月6日（日）

　　　　　　　　　　合格発表日：令和7年1月10日（金）

5．試験地：札幌・釧路・青森・仙台・東京・新潟・名古屋・大阪・岡山・広島・高松・福岡・那覇（※近郊都市も含む）

申込書類提出先及び問い合わせ先

一般財団法人　全国建設研修センター　試験業務局土木試験部土木試験課

〒187-8540　東京都小平市喜平町2-1-2

TEL：042-300-6860　ホームページ：https://www.jctc.jp

※上記の試験概要は令和6年1月現在の情報です。最新の情報は、「一般財団法人 全国建設研修センター」ホームページ及び「受検の手引」で確認してください。

「1級土木施工管理技術検定　第2次検定」について、試験を実施している（一財）全国建設研修センターから解答・解説は公表されていません。本書に掲載されている「解説と解答例」は、執筆者による問題の分析のもと作成しています。内容には万全を期するよう努めておりますが、確実な正解を保証するものではないことをご了承ください。

出 題 傾 向

「1級土木施工管理技術検定試験」の第2次検定（実地試験）における「学科記述問題」について、直近14年で出題された分野は次のとおりです。学習の参考にして下さい。

★は出題された分野を表す。出題頻度は、◎：8問以上、○：7〜4問、△：3問以下を表す。
※1つの出題年に2つ★があるのは、複数出題されたことを示す。

	出題項目	令和5年	4	3	2	1	平成30年	29	28	27	26	25	24	23	22	出題頻度
土工	土量計算															△
	軟弱地盤対策			★				★		★	★	★		★		○
	法面工	★			★	★							★			○
	盛土施工		★			★	★★				★	★		★	★	○
	土留め壁		★								★		★			△
	構造物関連土工							★		★				★		△
	排水処理工法								★							△
	土工工事と環境															△
	土質改良方法			★	★				★							△
コンクリート	コンクリートの施工	★★		★★		★★	★	★	★		★			★	★	◎
	品質・耐久性・劣化		★			★					★					△
	鉄筋													★		△
	打継目		★			★				★			★			○
	暑中、寒中コンクリート							★	★	★		★		★		○
	コンクリート材料				★								★			△
	マスコンクリート				★							★				△
品質管理	土工の品質管理	★★	★★		★	★	★	★	★	★	★	★	★	★	★	◎
	コンクリートの品質管理			★	★		★	★	★	★	★	★	★	★	★	◎
	品質管理図															△
	品質特性															△
	品質管理手順															△
	仮設工事															△
	コンクリート構造物					★										△
安全管理	足場工・墜落危険防止	★	★		★		★	★		★			★			○
	移動式クレーン			★		★				★				★		○
	掘削作業				★	★		★		★		★				○
	土止め支保工							★								△
	型枠支保工	★				★				★						△
	車両系建設機械	★		★		★		★			★		★			○
	安全管理体制		★								★	★				△
	道路工事保安施設															△
	土石流災害防止												★	★		△
	地下埋没物・架空線											★				△
環境管理	建設リサイクル法			★		★	★				★	★				○
	廃棄物処理	★	★					★	★	★			★		★	○
	資源利用法													★	★	△
	騒音・振動対策				★											△
	施工計画・工程管理	★	★	★★	★	★	★	★	★	★	★	★	★	★		◎

4

※問題1〜問題3は必須問題です。必ず解答してください。

問題1で

①設問1の解答が無記載又は記入漏れがある場合、

②設問2の解答が無記載又は設問で求められている内容以外の記述の場合、

どちらの場合にも問題2以降は採点の対象となりません。

＜必須問題＞

 ①

あなたが経験した土木工事の現場において、その現場状況から特に留意した品質管理に関して、次の〔設問1〕、〔設問2〕に答えなさい。

〔注意〕あなたが経験した工事でないことが判明した場合は失格となります。

[設問1]

あなたが**経験した土木工事**に関し、次の事項について解答欄に明確に記述しなさい。

〔注意〕「経験した土木工事」は、あなたが工事請負者の技術者の場合は、あなたの所属会社が受注した工事内容について記述してください。従って、あなたの所属会社が二次下請業者の場合は、発注者名は一次下請業者名となります。

なお、あなたの所属が発注機関の場合の発注者名は、所属機関名となります。

（1）**工 事 名**

（2）**工事の内容**

　　①**発注者名**

　　②**工事場所**

　　③**工 　 期**

　　④**主な工種**

　　⑤**施 工 量**

（3）**工事現場における施工管理上のあなたの立場**

[設問2]

上記工事の**現場状況から特に留意した品質管理**に関し、次の事項について解答欄に具体的に記述しなさい。

（1）**具体的な現場状況**と特に留意した**技術的課題**

（2）技術的課題を解決するために**検討した項目と検討理由及び検討内容**

（3）上記検討の結果、**現場で実施した対応処置とその評価**

問題 ②

コンクリート構造物において行われる調査及び検査に関する次の文章の　　　　の(イ)〜(ホ)に当てはまる**適切な語句**を解答欄に記述しなさい。

(1)たたきによる方法は、コンクリート表面をハンマ等により打撃した際の打撃音により、コンクリート表層部の　(イ)　を把握する方法である。

(2)反発度法(テストハンマー法)は、コンクリート表層の反発度を測定した結果から、コンクリートの　(ロ)　を推定するために用いられる。反発度法による推定結果が所定の　(ロ)　に達しない場合には、原位置でコンクリートの　(ハ)　を採取して試験を行う。

(3)電磁波レーダ法や電磁誘導法は、コンクリート中の鉄筋等の鋼材の径や　(ニ)　を推定する方法である。

(4)自然電位法は、コンクリート中の鉄筋の　(ホ)　状態を推定する方法である。

＜必須問題＞

問題 ③

労働安全衛生法令上、つり足場、張出し足場又は高さが2m以上の構造の足場の組立て、解体又は変更の作業を行うとき、**事業者が講じなければならない措置を2つ**、解答欄に記述しなさい。

※問題4～問題11までは選択問題（1）、（2）です。

※問題4～問題7までの選択問題（1）の4問題のうちから2問題を選択し解答してください。

　なお、選択した問題は、解答用紙の選択欄に○印を必ず記入してください。

<選択問題（1）>

問題 ④

切土法面の施工時における排水対策に関する次の文章の　　　　　の（イ）～（ホ）に当てはまる**適切な語句**を解答欄に記述しなさい。

（1）切土法面は気象条件によって種々の影響を受けるが、最も多いのは雨水の流下による　（イ）　であり、集排水が十分であれば法面損傷防止に役立つ。

（2）地山の崩壊は、ほとんどが不完全な排水処理によって生じているので、排水工の位置を決定する場合には十分な　（ロ）　が必要である。

（3）　（ハ）　の水位が高い切土部では、切土の各段階毎にその水位を下げるため、　（ハ）　のある側に十分な深さの　（ニ）　を設けることが望ましい。

（4）切土部の地質は、工事前の調査のみでは完全に把握できないので、切土作業中にも地質や　（ホ）　の状況を注意して観察し、排水工や法面保護工の必要性の有無を常に考えながら、対応策をとることが大切である。

<選択問題（1）>

問題 ⑤

コンクリートの運搬、打込み、締固めに関する次の文章の　　　　　の（イ）～（ホ）に当てはまる**適切な語句又は数値**を解答欄に記述しなさい。

（1）コンクリートを練り混ぜてから打ち終わるまでの時間は、外気温が25℃以下のとき　（イ）　時間以内とする。

（2）コンクリートを2層以上に分けて打ち込む場合、　（ロ）　が発生しないよう許容打重ね時間間隔を外気温25℃以下では2.5時間以内とする。

（3）梁のコンクリートが柱のコンクリートと連続している場合には、柱のコンクリートの　（ハ）　がほぼ終了してから、梁のコンクリートを打ち込む。

（4）棒状バイブレータは、コンクリートの　（ニ）　の原因となる横移動を目的として使用してはならない。

（5）コンクリートをいったん締め固めた後、　（ホ）　を適切な時期に行うことによって、コンクリート中にできた空隙や余剰水を少なくすることができる。

問題 ⑥

労働安全衛生法令で定められている型枠支保工に関し、事業者が実施すべき措置について、次の文章の □□□□□ の(イ)～(ホ)に当てはまる**適切な語句又は数値**を解答欄に記述しなさい。

（１）型枠支保工の材料については、著しい損傷、 □(イ)□ 又は腐食があるものを使用してはならない。

（２）型枠支保工を組み立てるときは、支柱、 □(ロ)□ 、つなぎ、筋かい等の部材の配置、接合の方法及び寸法が示されている組立図を作成し、かつ、当該組立図により組み立てなければならない。

（３）型枠支保工の設計荷重は、型枠支保工が支える物の重量に相当する荷重に、型枠 $1\,m^2$ につき □(ハ)□ kg以上の荷重を加えた荷重によるものとすること。

（４）支柱の継手は、 □(ニ)□ 継手又は差込み継手とし、鋼材と鋼材との接続部及び交差部は、ボルト、クランプ等の金具を用いて緊結すること。

（５）鋼管（パイプサポートを除く。）を支柱として用いる場合は、高さ □(ホ)□ m以内ごとに水平つなぎを２方向に設け、かつ、水平つなぎの変位を防止すること。

問題 ⑦

「廃棄物の処理及び清掃に関する法律」に基づく廃棄物の適正な処理にあたり、産業廃棄物管理票(マニフェスト)(以下 管理票 という。)の交付等に関する次の文章の □□□□□ の(イ)～(ホ)に当てはまる**適切な語句又は数値**を解答欄に記述しなさい。

（１）産業廃棄物を生ずる事業者は、その産業廃棄物の運搬又は処分を他人に委託する場合には、当該委託に係る産業廃棄物の引渡しと □(イ)□ に当該産業廃棄物の運搬又は処分を受託した者に対し、管理票を交付しなければならない。

（２）管理票には、当該委託に係る産業廃棄物の □(ロ)□ 及び □(ハ)□ 、運搬又は処分を受託した者の氏名又は名称その他環境省令で定める事項を記載するものとする。

（３）管理票を交付した者は、当該管理票の写しを当該交付をした日から □(ニ)□ 年間保存しなければならない。

（４）管理票を交付した者は、当該管理票に関する報告書を作成し、これを □(ホ)□ に提出しなければならない。

※問題8～問題11までの選択問題（2）の4問題のうちから2問題を選択し解答してください。
　なお、選択した問題は、解答用紙の選択欄に○印を必ず記入してください。

＜選択問題（2）＞

問題 ⑧

コンクリートの養生に関する**施工上の留意点を5つ**、解答欄に記述しなさい。

＜選択問題（2）＞

問題 ⑨

TS（トータルステーション）・GNSS（全球測位衛星システム）を用いた盛土の締固め管理において、本施工の日常管理帳票として、**作成する資料について下記①～④から2つ選び、その番号、作成時の留意事項**を解答欄に記述しなさい。

①盛土材料の品質の記録
②まき出し厚の記録
③締固め回数分布図と走行軌跡図
④締固め層厚分布図

＜選択問題（2）＞

問題 ⑩

車両系建設機械による労働者の災害防止のため、労働安全衛生規則の定めにより事業者が実施すべき**具体的な安全対策を5つ**、解答欄に記述しなさい。

問題⑪

下図のようなプレキャストボックスカルバートを施工する場合の施工手順が次の表に示されているが、施工手順①～④のうちから**2つ選び、その番号、該当する工種名及び施工上の留意事項**（主要機械の操作及び安全管理に関するものは除く）について解答欄に記述しなさい。

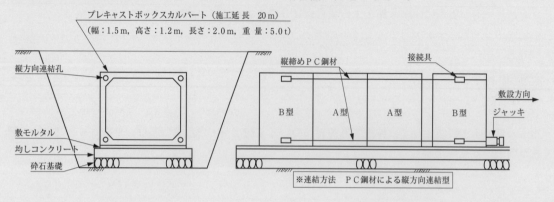

施工手順 番号	工種名	施工上の留意事項 （主要機械の操作及び安全管理に関するものは除く）
	準備工 ↓	
①	 （バックホウ） ↓	
	砕石基礎工 ↓	地下水位に留意しドライワークとする。
	均しコンクリート工 ↓	沈下、滑動、不陸等が生じないようにする。
	敷モルタル工 ↓	凹凸のないように敷き詰める。
②	 （トラッククレーン） ↓	
③	 （ジャッキ） ↓	
④	 （タンパ） ↓	
	後片付け	

令和5年度第2次検定　解説と解答例

問題 ①

- 受検者自身の経験に基づく解答のため、ここでは扱わない。
- 記述の留意点については、本書の「第1部　経験記述」(P.15)を参照のこと。

問題 ②

≪解説≫

コンクリートの非破壊検査に関する問題

　コンクリート構造物の品質管理に関しては、主に「コンクリート診断技術(日本コンクリート工学会)」他により定められている。

≪解答例≫

(1) たたきによる方法は、コンクリート表面をハンマ等により打撃した際の打撃音により、コンクリート表層部の [(イ) **浮き(剥離)**] を把握する方法である。

(2) 反発度法(テストハンマー法)は、コンクリート表層の反発度を測定した結果から、コンクリートの [(ロ) **強度**] を推定するために用いられる。反発度法による推定結果が所定の [(ロ) **強度**] に達しない場合には、原位置でコンクリートの [(ハ) **コア**] を採取して試験を行う。

(3) 電磁波レーダ法や電磁誘導法は、コンクリート中の鉄筋等の鋼材の径や [(ニ) **位置**] を推定する方法である。

(4) 自然電位法は、コンクリート中の鉄筋の [(ホ) **腐食**] 状態を推定する方法である。

ワンポイント
アドバイス

- 本書の「第2部　3.品質管理」を参照(P.208)。非破壊検査の出題頻度は低いため、演習問題を参考に技術書から学習するとよいでしょう。

≪解説≫

足場の組立て、解体又は変更の作業において事業者が講じなければならない措置についての問題

　足場の組立て、解体又は変更の作業に関しては、「労働安全衛生規則第564条」に定められている。

≪解答例≫

下記より2つ選ぶ。

①組立て、解体又は変更の時期、範囲及び順序を労働者に周知させる。

②作業を行う区域内には、関係労働者以外の労働者の立入りを禁止する。

③強風、大雨、大雪等の悪天候のため、作業の実施に危険が予想されるときは、作業を中止する。

④足場材の緊結、取り外し、受渡し等の作業には、（墜落による労働者の危険を防止するため）幅40cm以上の作業床を設ける。

⑤要求性能墜落制止用器具を安全に取り付けるための設備等を設け、かつ、労働者に要求性能墜落制止用器具を使用させる措置を講ずる。

⑥材料、器具、工具等を上げ、又は下ろすときは、つり綱、つり袋等を労働者に使用させる。

問題 ④

≪解説≫

切土法面の施工時における排水対策に関する問題

　法面施工時の排水対策や注意事項については、「道路土工－のり面工・斜面安定工指針」等において示されている。

≪解答例≫

（1）切土法面は気象条件によって種々の影響を受けるが、最も多いのは雨水の流下による (イ) **浸食** であり、集排水が十分であれば法面損傷防止に役立つ。

（2）地山の崩壊は、ほとんどが不完全な排水処理によって生じているので、排水工の位置を決定する場合には十分な (ロ) **現地踏査** が必要である。

（3） (ハ) **地下水** の水位が高い切土部では、切土の各段階毎にその水位を下げるため、 (ハ) **地下水** のある側に十分な深さの (ニ) **トレンチ** を設けることが望ましい。

（4）切土部の地質は、工事前の調査のみでは完全に把握できないので、切土作業中にも地質や (ホ) **湧水** の状況を注意して観察し、排水工や法面保護工の必要性の有無を常に考えながら、対応策をとることが大切である。

・本書の「第2部　1.土工　法面（保護）工」を参照（P.128）。第1次検定で出題される法面保護工（主に対策工法）とあわせて学習しておきましょう。

問題⑤

≪解説≫

コンクリートの運搬、打込み、締固めに関する問題

　コンクリートの運搬、打込み、締固めは、主に「コンクリート標準示方書［施工編］」において示されている。

≪解答例≫

（1）コンクリートを練り混ぜてから打ち終わるまでの時間は、外気温が25℃以下のとき （イ） **2** 時間以内とする。

（2）コンクリートを2層以上に分けて打ち込む場合、 （ロ） **コールドジョイント** が発生しないよう許容打重ね時間間隔を外気温25℃以下では2.5時間以内とする。

（3）梁のコンクリートが柱のコンクリートと連続している場合には、柱のコンクリートの （ハ） **沈下** がほぼ終了してから、梁のコンクリートを打ち込む。

（4）棒状バイブレータは、コンクリートの （ニ） **材料分離** の原因となる横移動を目的として使用してはならない。

（5）コンクリートをいったん締め固めた後、 （ホ） **再振動** を適切な時期に行うことによって、コンクリート中にできた空隙や余剰水を少なくすることができる。

・本書の「第2部　2.コンクリート　コンクリート（構造物）の施工」を参照（P.170）。出題内容はほぼ第1次検定の学習範囲と同じであり、出題頻度も高く、実際の業務でもコンクリート工事は多いのでよく学習しておきましょう。

≪解説≫

型枠支保工に関する問題

　型枠支保工に関しては「労働安全衛生規則　第2編第3章　型枠支保工（第237～247条）」に定められている。

≪解答例≫

（1）型枠支保工の材料については、著しい損傷、 (イ) **変形** 又は腐食があるものを使用してはならない。

（2）型枠支保工を組み立てるときは、支柱、 (ロ) **はり** 、つなぎ、筋かい等の部材の配置、接合の方法及び寸法が示されている組立図を作成し、かつ、当該組立図により組み立てなければならない。

（3）型枠支保工の設計荷重は、型枠支保工が支える物の重量に相当する荷重に、型枠1㎡につき (ハ) **150** kg以上の荷重を加えた荷重によるものとすること。

（4）支柱の継手は、 (ニ) **突合わせ** 継手又は差込み継手とし、鋼材と鋼材との接続部及び交差部は、ボルト、クランプ等の金具を用いて緊結すること。

（5）鋼管（パイプサポートを除く。）を支柱として用いる場合は、高さ (ホ) **2** m以内ごとに水平つなぎを2方向に設け、かつ、水平つなぎの変位を防止すること。

・本書の「第2部　4.安全管理　型枠支保工」を参照（P.252）。また、一次試験と同様に「コンクリート標準示方書　施工編　施工標準」をよく学習しておきましょう。

問題⑦

≪解説≫

産業廃棄物管理票の交付等に関する問題

　廃棄物の適正な処理にあたり、産業廃棄物管理票の交付に関しては「廃棄物の処理及び清掃に関する法律第152～171条」に定められている。

≪解答例≫

（1）産業廃棄物を生ずる事業者は、その産業廃棄物の運搬又は処分を他人に委託する場合には、当該委託に係る産業廃棄物の引渡しと (イ) **同時** に当該産業廃棄物の運搬又は処分を受託した者に対し、管理票を交付しなければならない。

（2）管理票には、当該委託に係る産業廃棄物の (ロ) **種類** 及び (ハ) **数量** 、運搬又は処分を受託した者の氏名又は名称その他環境省令で定める事項を記載するものとする。

（3）管理票を交付した者は、当該管理票の写しを当該交付をした日から ⎿（二）**5**⏌ 年間保存しなければならない。

（4）管理票を交付した者は、当該管理票に関する報告書を作成し、これを ⎿（ホ）**都道府県知事**⏌ に提出しなければならない。

 ・本書の「第2部　5.環境管理　廃棄物の処理及び清掃に関する法律」を参照（P.284）。また、「建設廃棄物処理指針」（環境省）もチェックしておくとよいでしょう。

問題 ⑧

≪解説≫

コンクリートの養生に関する問題

　コンクリートの養生に関しては、主に「コンクリート標準示方書［施工編］」施工標準：8章　養生において示されている。

≪解答例≫

下記から5つ選ぶ。

①露出面は、表面を荒らさないで作業が出来る程度に硬化した後に行う。

②打込み後のコンクリートは、一定期間十分な湿潤状態を保つ。

③打込み後、硬化が始まるまで、日光の直射、風等による水分の逸散を防ぐ。

④養生期間中はコンクリートに振動、衝撃、荷重を与えないように保護する。

⑤十分に硬化が進むまで、必要な温度条件を保ち、急激な温度変化による有害な影響を受けないように養生時の温度を制御する。

⑥コンクリートの種類、日平均温度により適切な養生期間を確保する。

⑦コンクリートの種類、構造物の形状寸法、施工方法、環境条件をもとに、養生方法や養生期間、管理方法を定める。

≪解説≫

TS・GNSSを用いた盛土の締固めに関する問題

　TS・GNSSを用いた盛土の締固め管理は、国土交通省「TS・GNSSを用いた盛土の締固め管理要領」等に示されている。

≪解答例≫

番号	留意事項
① 盛土材料の品質記録	・試験施工で施工仕様を決定した材料と同じ土質の材料であることを確認できる記録として、搬出した土取場を記録する。 ・土取場に複数の土質の材料がある場合には、それらを区別するための土質名を記録する。 ・盛土に使用した材料の含水比（施工含水比）も記録する。
② まき出し厚の記録	・試験施工で決定したまき出し厚以下のまき出し厚となっていることを確認できる記録として、200mに1回の頻度でまき出し厚の写真撮影を行う。 ・毎回の盛土施工における施工機械の走行標高データをログファイルに記録する。
③ 締固め回数分布図と走行軌跡図	・毎回の締固め終了後に、締固め回数分布図と走行軌跡図を全数・全層について作成する。 ・一日の締固めが複数回・複数層に及ぶ場合は、その都度、以下の内容が記載された締固め回数分布図と走行軌跡図を出力するものとする。 ・締固め回数分布図、走行軌跡図等は、データで出力・保管してもよい。
④ 締固め層厚分布図	・まき出し厚の写真管理に代えて締固め層厚分布図による把握を行う場合は、毎回の締固め終了後に全数・全層について作成する。 ・一日の締固めが複数回・複数層に及ぶ場合は、その都度、内容が記載された締固め層厚分布図を出力するものとする。

問題⑩

≪解説≫

車両系建設機械の安全管理に関する問題

　車両系建設機械による労働者の災害防止のため事業者が実施する安全対策に関しては「労働安全衛生規則　第2編第2章第1節車両系建設機械（第152条〜171条の4）」に定められている。

≪解答例≫

下記から5つ選ぶ。

①岩石の落下等により労働者に危険が生ずるおそれのある場所では、堅固なヘッドガードを備える。

②転倒又は転落による労働者の危険を防止するため、運行経路について路肩の崩壊を防止すること、地盤の不同沈下を防止すること、必要な幅員を保持すること等を講じる。

③路肩、傾斜地等で作業を行う場合において、転倒又は転落により労働者に危険が生ずるおそれのあ

るときは、誘導者を配置し、その者に誘導させる。

④運転中の車両系建設機械に接触することにより労働者に危険が生ずるおそれのある箇所に、労働者を立ち入らせない。

⑤誘導者を置くときは、一定の合図を定め、誘導者に当該合図を行わせる。

⑥地山の崩壊等による労働者の危険を防止するため、あらかじめ、当該作業に係る場所について地形、地質の状態等を調査し、その結果を記録しておく。

⑦作業に係る場所の地形、地質の状態等に応じた車両系建設機械の適正な制限速度を定め、それにより作業を行なう。

問題⑪

≪解説≫

プレキャストボックスカルバートの施工手順、留意事項に関する問題

ボックスカルバートの敷設、連結方法に関しては「道路土工－カルバート工指針」等による。「床掘り」とは、構造物の築造又は撤去を目的に、現地盤線又は施工基面から土砂等を掘り下げる箇所であり、「埋戻し」を伴う箇所である。「掘削」とは、現地盤線から施工基面までの土砂等を掘り下げる箇所であり、「埋戻し」を伴わない箇所である。

≪解答例≫

	工種名	留意事項
①	床掘り工	仕上がり面の掘削において地山を乱さないよう、かつ不陸が生じないように施工する。
②	敷設工 (据付工)	敷設(据付)方向は、継手部の受口側を敷設基盤の高い方に向けて、低い方より高い方に向かって行う。
③	連結工	PC鋼材の緊張及びグラウト作業を確実に行う。
④	埋戻し工	プレキャストボックスカルバート両側の進行状態を考慮し、埋戻しが不均一にならないように注意する。

※問題1～問題3は必須問題です。必ず解答してください。

問題1で

①設問1の解答が無記載又は記入漏れがある場合、

②設問2の解答が無記載又は設問で求められている内容以外の記述の場合、

どちらの場合にも問題2以降は採点の対象となりません。

<必須問題>

 問題①

あなたが経験した土木工事の現場において、その現場状況から特に留意した安全管理に関して、次の〔設問1〕、〔設問2〕に答えなさい。

〔注意〕あなたが経験した工事でないことが判明した場合は失格となります。

[設問1]

あなたが**経験した土木工事**に関し、次の事項について解答欄に明確に記述しなさい。

〔注意〕「経験した土木工事」は、あなたが工事請負者の技術者の場合は、あなたの所属会社が受注した工事内容について記述してください。従って、あなたの所属会社が二次下請業者の場合は、発注者名は一次下請業者名となります。

なお、あなたの所属が発注機関の場合の発注者名は、所属機関名となります。

（1）**工　事　名**

（2）**工事の内容**

　　①**発注者名**

　　②**工事場所**

　　③**工　　期**

　　④**主な工種**

　　⑤**施 工 量**

（3）**工事現場における施工管理上のあなたの立場**

[設問2]

上記工事の**現場状況から特に留意した安全管理**に関し、次の事項について解答欄に具体的に記述しなさい。

ただし、交通誘導員の配置のみに関する記述は除く。

（1）**具体的な現場状況**と特に留意した**技術的課題**

（2）技術的課題を解決するために**検討した項目と検討理由及び検討内容**

（3）上記検討の結果、**現場で実施した対応処置とその評価**

<必須問題>

問題②

地下埋設物・架空線等に近接した作業に当たって、施工段階で実施する具体的な対策について、次の
文章の[　　　]の(イ)〜(ホ)に当てはまる**適切な語句**を解答欄に記述しなさい。

(1)掘削影響範囲に埋設物があることが分かった場合、その[　(イ)　]及び関係機関と協議し、関係法
　　令等に従い、防護方法、立会の必要性及び保安上の必要な措置等を決定すること。

(2)掘削断面内に移設できない地下埋設物がある場合は、[　(ロ)　]段階から本体工事の埋戻し、復旧
　　の段階までの間、適切に埋設物を防護し、維持管理すること。

(3)工事現場における架空線等上空施設について、建設機械等のブーム、ダンプトラックのダンプ
　　アップ等により、接触や切断の可能性があると考えられる場合は次の保安措置を行うこと。
　　①架空線等上空施設への防護カバーの設置
　　②工事現場の出入り口等における[　(ハ)　]装置の設置
　　③架空線等上空施設の位置を明示する看板等の設置
　　④建設機械のブーム等の旋回・[　(ニ)　]区域等の設定

(4)架空線等上空施設に近接した工事の施工に当たっては、架空線等と機械、工具、材料等について
　　安全な[　(ホ)　]を確保すること。

<必須問題>

問題③

盛土の品質管理における、**下記の試験・測定方法名①〜⑤から2つ選び、その番号、試験・測定方法
の内容及び結果の利用方法をそれぞれ**解答欄へ記述しなさい。

①砂置換法
②RI法
③現場CBR試験
④ポータブルコーン貫入試験
⑤プルーフローリング試験

※問題4～問題11までは選択問題（1）、（2）です。
※問題4～問題7までの選択問題（1）の4問のうちから2問題を選択し解答してください。
　なお、選択した問題は、解答用紙の選択欄に○印を必ず記入してください。

＜選択問題（1）＞

問題④

コンクリートの打継目の施工に関する次の文章の　　　　の(イ)～(ホ)に当てはまる**適切な語句**を解答欄に記述しなさい。

（1）打継目は、できるだけせん断力の　(イ)　位置に設け、打継面を部材の圧縮力の作用方向と直交させるのを原則とする。海洋及び港湾コンクリート構造物等では、外部塩分が打継目を浸透し、　(ロ)　の腐食を促進する可能性があるのでできるだけ設けないのがよい。

（2）コンクリートを水平に打ち継ぐ場合には、既に打ち込まれたコンクリートの表面のレイタンス、品質の悪いコンクリート、緩んだ骨材粒等を完全に取り除き、コンクリート表面を　(ハ)　にした後、十分に吸水させなければならない。

（3）既に打ち込まれ硬化したコンクリートの鉛直打継面は、ワイヤブラシで表面を削るか、　(ニ)　等により　(ハ)　にして十分吸水させた後、新しいコンクリートを打ち継がなければならない。

（4）水密性を要するコンクリート構造物の鉛直打継目には、　(ホ)　を用いることを原則とする。

＜選択問題（1）＞

問題⑤

土の締固めにおける試験及び品質管理に関する次の文章の　　　　の(イ)～(ホ)に当てはまる**適切な語句**を解答欄に記述しなさい。

（1）土の締固めで最も重要な特性として、下図に示す締固めの含水比と密度の関係が挙げられ、これは締固め曲線と呼ばれ、ある一定のエネルギーにおいて最も効率よく土を密にすることができる含水比を　(イ)　といい、その時の乾燥密度を最大乾燥密度という。

（2）締固め曲線は土質によって異なり、一般に礫や　(ロ)　では、最大乾燥密度が高く曲線が鋭くなり、シルトや　(ハ)　では最大乾燥密度は低く曲線は平坦になる。

（3）締固め品質の規定は、締め固めた土の性質の恒久性を確保するとともに、盛土に要求する　(ニ)　を確保できるように、設計で設定した盛土の所要力学特性を確保するためのものであり、　(ホ)　や施工部位によって最も合理的な品質管理方法を用いる必要がある。

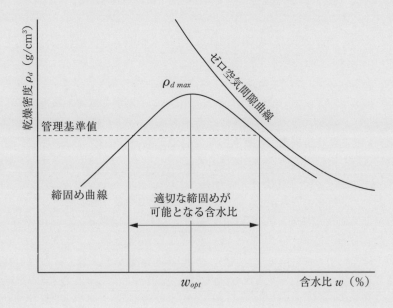

<選択問題（1）>

問題 ⑥

建設工事の現場における墜落等による危険の防止に関する労働安全衛生法令上の定めについて、次の文章の 　　　 の（イ）～（ホ）に当てはまる**適切な語句又は数値**を解答欄に記述しなさい。

（1）事業者は、高さが2m以上の 　（イ）　 の端や開口部等で、墜落により労働者に危険を及ぼすおそれのある箇所には、囲い、手すり、覆い等を設けなければならない。

（2）墜落制止用器具は 　（ロ）　 型を原則とするが、墜落時に 　（ロ）　 型の墜落制止用器具を着用する者が地面に到達するおそれのある場合（高さが6.75m以下）は胴ベルト型の使用が認められる。

（3）事業者は、高さ又は深さが 　（ハ）　 mをこえる箇所で作業を行なうときは、当該作業に従事する労働者が安全に昇降するための設備等を設けなければならない。

（4）事業者は、作業のため物体が落下することにより労働者に危険を及ぼすおそれのあるときは、　（ニ）　 の設備を設け、立入区域を設定する等当該危険を防止するための措置を講じなければならない。

（5）事業者は、架設通路で墜落の危険のある箇所には、高さ 　（ホ）　 cm以上の手すり等と、高さが35cm以上50cm以下の桟等の設備を設けなければならない。

問題 ⑦

情報化施工におけるTS(トータルステーション)・GNSS(全球測位衛星システム)を用いた盛土の締固め管理に関する次の文章の　　　　の(イ)～(ホ)に当てはまる**適切な語句**を解答欄に記述しなさい。

（１）施工現場周辺のシステム運用障害の有無、TS・GNSSを用いた盛土の締固め管理システムの精度・機能について確認した結果を　(イ)　に提出する。

（２）試験施工において、締固め回数が多いと　(ロ)　が懸念される土質の場合、　(ロ)　が発生する締固め回数を把握して、本施工での締固め回数の上限値を決定する。

（３）本施工の盛土に使用する材料の　(ハ)　が、所定の締固め度が得られる　(ハ)　の範囲内であることを確認し、補助データとして施工当日の気象状況(天気・湿度・気温等)も記録する。

（４）本施工では盛土施工範囲の　(ニ)　にわたって、試験施工で決定した　(ホ)　厚以下となるように　(ホ)　作業を実施し、その結果を確認するものとする。

※問題８～問題１１までの選択問題（２）の４問題のうちから２問題を選択し解答してください。
　なお、選択した問題は、解答用紙の選択欄に○印を必ず記入してください。

＜選択問題（２）＞

問題 ⑧

下図のような切梁式土留め支保工内の掘削に当たって、**下記の項目①～③から２つ選び、その番号、実施方法又は留意点**を解答欄に記述しなさい。

①掘削順序
②軟弱粘性土地盤の掘削
③漏水、出水時の処理

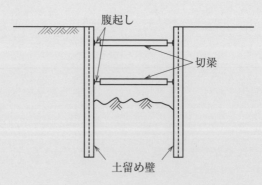

<選択問題（２）＞

問題 ⑨

コンクリートに発生したひび割れ等の**下記の状況図①～④から２つ選び、その番号、防止対策**を解答欄に記述しなさい。

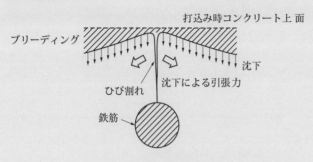

① 沈みひび割れ

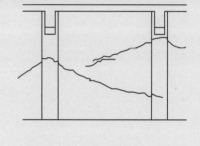

② コールドジョイント

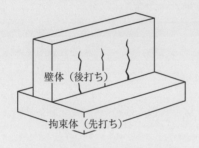

③ 水和熱による温度ひび割れ

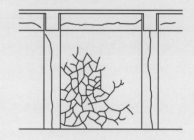

④ アルカリシリカ反応によるひび割れ

23

<選択問題（2）>

問題 ⑩

建設工事現場で事業者が行なうべき労働災害防止の安全管理に関する次の文章の①～⑥のすべてについて、労働安全衛生法令等で定められている語句又は数値の誤りが文中に含まれている。
①～⑥から5つ選び、その番号、「誤っている語句又は数値」及び「正しい語句又は数値」を解答欄に記述しなさい。

①高所作業車を用いて作業を行うときは、あらかじめ当該高所作業車による作業方法を示した作業計画を定め、関係労働者に周知させ、当該作業の指揮者を届け出て、その者に作業の指揮をさせなければならない。

②高さが3m以上のコンクリート造の工作物の解体等の作業を行うときは、工作物の倒壊、物体の飛来又は落下等による労働者の危険を防止するため、あらかじめ当該工作物の形状、き裂の有無、周囲の状況等を調査し作業計画を定め、作業を行わなければならない。

③土石流危険河川において建設工事の作業を行うときは、作業開始時にあっては当該作業開始前48時間における降雨量を、作業開始後にあっては1時間ごとの降雨量を、それぞれ雨量計等により測定し、記録しておかなければならない。

④支柱の高さが3.5m以上の型枠支保工を設置するときは、打設しようとするコンクリート構造物の概要、構造や材質及び主要寸法を記載した書面及び図面等を添付して、組立開始14日前までに所轄の労働基準監督署長に提出しなければならない。

⑤下水道管渠等で酸素欠乏危険作業に労働者を従事させる場合は、当該作業を行う場所の空気中の酸素濃度を18%以上に保つよう換気しなければならない。しかし爆発等防止のため換気することができない場合等は、労働者に防毒マスクを使用させなければならない。

⑥土止め支保工の切りばり及び腹おこしの取付けは、脱落を防止するため、矢板、くい等に確実に取り付けるとともに、火打ちを除く圧縮材の継手は重ね継手としなければならない。

<選択問題（2）>

問題 ⑪

建設工事において、排出事業者が「廃棄物の処理及び清掃に関する法律」及び「建設廃棄物処理指針」に基づき、建設廃棄物を現場内で保管する場合、周辺の生活環境に影響を及ぼさないようにするための**具体的措置を5つ**解答欄に記述しなさい。
ただし、特別管理産業廃棄物は対象としない。

令和4年度第2次検定　解説と解答例

問題①

- 受検者自身の経験に基づく解答のため、ここでは扱わない。
- 記述の留意点については、本書の「第1部　経験記述」(P.15)を参照のこと。

問題②

≪解説≫

地下埋設物・架空線等の近接工事に関する問題

　国土交通省の土木工事安全施工技術指針「第3章 地下埋設物・架空線等上空施設一般」などを参考にして解答する。

≪解答例≫

(1)掘削影響範囲に埋設物があることが分かった場合、その　(イ) **埋設物の管理者**　及び関係機関と協議し、関係法令等に従い、防護方法、立会の必要性及び保安上の必要な措置等を決定すること。

(2)掘削断面内に移設できない地下埋設物がある場合は、　(ロ) **試堀**　段階から本体工事の埋戻し、復旧の段階までの間、適切に埋設物を防護し、維持管理すること。

(3)工事現場における架空線等上空施設について、建設機械等のブーム、ダンプトラックのダンプアップ等により、接触や切断の可能性があると考えられる場合は次の保安措置を行うこと。
　①架空線等上空施設への防護カバーの設置
　②工事現場の出入り口等における　(ハ) **高さ制限**　装置の設置
　③架空線等上空施設の位置を明示する看板等の設置
　④建設機械のブーム等の旋回・　(ニ) **立入禁止**　区域等の設定

(4)架空線等上空施設に近接した工事の施工に当たっては、架空線等と機械、工具、材料等について安全な　(ホ) **離隔**　を確保すること。

- 掘削作業時の危険防止については「労働安全衛生規則 第二編 第六章 掘削作業等における危険の防止」も確認しておきましょう。

≪解説≫

土質調査の方法とその利用方法に関する問題

　測定方法は「土質調査法」などから理解しておく。また「道路土工　盛土工指針」などを参考に「結果の利用方法」を整理する。

≪解答例≫

番　　号	試験・測定方法の内容及び結果の利用方法	
① 砂置換法	【測定方法】 砂置換法は、試験孔から掘り取った土の質量と、掘った試験孔に密度のわかっている砂を入れて充填した砂の質量から、原位置の土・砕石の密度を求める。	
	【結果の利用方法】 砂置換工法による単位体積質量試験は、湿潤密度と乾燥密度を求め、締固め施工管理に用いる。	
② RI法	【測定方法】 RI計器を地盤に設置し、線源から放出されるガンマ線、中性子線をRI計器で読み取り密度、含水量を測定する。	
	【結果の利用方法】 ＲＩ計器を用いた単位体積質量試験は、湿潤密度と乾燥密度を求め、締固め施工管理に用いる。	
③ 現場CBR試験	【測定方法】 測定箇所の表面を直径30cmの水平な面に仕上げ、試験装置の貫入ピストンで荷重を加える。貫入量と荷重値を読みとり、貫入終了後試験箇所から試料を採取し含水比を求める。	
	【結果の利用方法】 地盤の支持力値（CBR値）を求め、締固めの施工管理、路床や路盤材の強度評価としても用いられる。	
④ ポータブルコーン貫入試験	【測定方法】 人力で地盤の静的コーンを貫入させ、コーンの貫入抵抗値を読み取る。	
	【結果の利用方法】 コーン貫入抵抗から、深さ方向の硬軟、軟弱層の地盤構成や厚さ、粘性土の粘着力などを推定する。	
⑤ プルーフローリング試験	【測定方法】 プルーフローリングの測定は施工した路床や路盤面においてダンプトラック等を走行させ、輪荷重による表面の沈下量を観測する。	
	【結果の利用方法】 舗装面のたわみや不良個所の有無、締固めの適正さなどを確認する。	

問題 ④

≪解説≫

コンクリートの打継目に関する問題

　コンクリートの施工に関しては、一次試験と同様に「コンクリート標準示方書　施工編　施工標準」から「9章　継目」をよく学習しておく。

≪解答例≫

（1）打継目は、できるだけせん断力の　(イ) **小さい**　位置に設け、打継面を部材の圧縮力の作用方向と直交させるのを原則とする。海洋及び港湾コンクリート構造物等では、外部塩分が打継目を浸透し、　(ロ) **鉄筋**　の腐食を促進する可能性があるのでできるだけ設けないのがよい。

（2）コンクリートを水平に打ち継ぐ場合には、既に打ち込まれたコンクリートの表面のレイタンス、品質の悪いコンクリート、緩んだ骨材粒等を完全に取り除き、コンクリート表面を　(ハ) **粗**　にした後、十分に吸水させなければならない。

（3）既に打ち込まれ硬化したコンクリートの鉛直打継面は、ワイヤブラシで表面を削るか、　(ニ) **チッピング**　等により　(ハ) **粗**　にして十分吸水させた後、新しいコンクリートを打ち継がなければならない。

（4）水密性を要するコンクリート構造物の鉛直打継目には、　(ホ) **止水板**　を用いることを原則とする。

・「第9章　継目」には「打継目」の他に「目地」もあります。伸縮目地、ひび割れ誘発目地などもチェックしておきましょう。

≪解説≫
土の締固め管理に関する問題

　土の締固め管理は「道路土工　盛土工指針」を参考に試験方法、品質管理の方法を理解しておく。

≪解答例≫
（1）土の締固めで最も重要な特性として、下図に示す締固めの含水比と密度の関係が挙げられ、これ
　　は締固め曲線と呼ばれ、ある一定のエネルギーにおいて最も効率よく土を密にすることができる
　　含水比を（イ）**最適含水比**といい、その時の乾燥密度を最大乾燥密度という。

（2）締固め曲線は土質によって異なり、一般に礫や（ロ）**砂**では、最大乾燥密度が高く曲線が鋭くな
　　り、シルトや（ハ）**粘性土**では最大乾燥密度は低く曲線は平坦になる。

（3）締固め品質の規定は、締め固めた土の性質の恒久性を確保するとともに、盛土に要求する
　　（ニ）**性能**を確保できるように、設計で設定した盛土の所要力学特性を確保するためのもので
　　あり、（ホ）**盛土材料**や施工部位によって最も合理的な品質管理方法を用いる必要がある。

・盛土の締固め管理方法にも品質規定と工法規定があります。管理項
目、試験・測定方法ともに品質規定方式のほうが出題は多いです。

≪解説≫
作業時の墜落等による危険の防止に関する問題

　「労働安全衛生規則　第九章　墜落、飛来崩壊等による危険の防止」による。

≪解答例≫
（1）事業者は、高さが2m以上の（イ）**作業床**の端や開口部等で、墜落により労働者に危険を及ぼす
　　おそれのある箇所には、囲い、手すり、覆い等を設けなければならない。

（2）墜落制止用器具は（ロ）**フルハーネス**型を原則とするが、墜落時に（ロ）**フルハーネス**型の墜落
　　制止用器具を着用する者が地面に到達するおそれのある場合（高さが6.75m以下）は胴ベルト型の
　　使用が認められる。

（3）事業者は、高さ又は深さが（ハ）**1.5m**をこえる箇所で作業を行なうときは、当該作業に従事す
　　る労働者が安全に昇降するための設備等を設けなければならない。

（4）事業者は、作業のため物体が落下することにより労働者に危険を及ぼすおそれのあるときは、
　　（ニ）**防網**の設備を設け、立入区域を設定する等当該危険を防止するための措置を講じなければ
　　ならない。

（5）事業者は、架設通路で墜落の危険のある箇所には、高さ （ホ） **85** cm以上の手すり等と、高さが35cm以上50cm以下の桟等の設備を設けなければならない。

 ・法令で定められた数値（深さが1.5m等）は覚えておきましょう。「安全帯」が「墜落制止用器具」に変わっていることも注意。

≪解説≫

情報化施工に関する問題

　情報化施工の各方法等については、「TS・GNSSを用いた盛土の締固め管理要領　国土交通省」、「道路土工　盛土工指針」などを参考に理解しておく。

≪解答例≫

（1）施工現場周辺のシステム運用障害の有無、TS・GNSSを用いた盛土の締固め管理システムの精度・機能について確認した結果を （イ） **監督職員** に提出する。

（2）試験施工において、締固め回数が多いと （ロ） **過転圧** が懸念される土質の場合、 （ロ） **過転圧** が発生する締固め回数を把握して、本施工での締固め回数の上限値を決定する。

（3）本施工の盛土に使用する材料の （ハ） **含水比** が、所定の締固め度が得られる （ハ） **含水比** の範囲内であることを確認し、補助データとして施工当日の気象状況（天気・湿度・気温等）も記録する。

（4）本施工では盛土施工範囲の （ニ） **全面** にわたって、試験施工で決定した （ホ） **まき出し** 厚以下となるように （ホ） **まき出し** 作業を実施し、その結果を確認するものとする。

 ・「TS・GNSSを用いた締固め管理」は工法規定方式。「問題5」で出題されている品質規定方式とあわせて学習しましょう。

≪解説≫

土留め工の施工に関する問題

　切梁式土留め工の施工方法等は「道路土工　仮設工指針」を参考に学習しておく。

≪解答例≫

番号	実施方法又は留意点
① 掘削順序	【実施方法】 偏土圧が作用しないように左右対称に掘削し、応力的に不利な状態を短くするために中央部から掘削する。
	【留意点】 過掘りを防止するために、設計上の余掘りを守り山留支保工の設置高さ－1.0mまで掘削を行なってから支保工を設置する。
② 軟弱粘性土地盤の掘削	【実施方法】 土留め壁の根入れ長さを確実に確保して、背面圧によるヒービングの発生に留意する。
	【留意点】 ボーリング調査などで掘削底面下の被覆地下水層がある場合は、盤ぶくれに留意する。
③ 漏水、出水時の処理	【実施方法】 掘削底面に釜場を設け、水中ポンプで湧水等を排除する。
	【留意点】 埋設管などから漏水に注意する。コンクリートによる地山の被覆や過掘りに注意する。出水時は、掘削面の崩壊と浸水区域を最小限に抑えるなど処置を検討しておく。

問題 ⑨

≪解説≫

コンクリートのひび割れ防止対策に関する問題

　コンクリートの施工に関しては、一次試験と同様に「コンクリート標準示方書　施工編　施工標準」をよく学習しておく。

≪解答例≫

番　号	防止対策
① 沈みひび割れ	・ＡＥ剤、ＡＥ減水剤等を用い単位水量を少なくする。 ・こて仕上げの段階で、タンビングを行い、沈みひび割れを押さえ、修復する。
② コールドジョイント	・棒状バイブレーターを下層のコンクリートに10cm程度挿入し、下層と上層のコンクリートを一体化する。 ・許容打ち重ね時間(外気温25℃以上で2.0時間以内、外気温25℃以下で2.5時間以内)を守る。
③ 水和熱による温度ひび割れ	・中庸熱ポルトランド、フライアッシュセメントを使用する。 ・高性能減水剤、高性能ＡＥ減水剤を用いる。
④ アルカリシリカ反応によるひび割れ	・コンクリートのアルカリ総量を3.0kg/m³以下とする。 ・アルカリシリカ反応抑制効果のある混合セメント(高炉セメントB種、C種、フライアッシュセメントB種、C種)を使用する。

問題 ⑩

≪解説≫

作業時の安全管理に関する問題

　労働災害防止の安全管理に関しては、「労働安全衛生規則」等に定められている。下記には参考までに法令を記載している。

≪解答例≫

番　号	誤っている語句 又は数値	正しい語句 又は数値	法　令(参考)
①	届け出	定め	労働安全衛生規則第194条の9
②	3m	5m	労働安全衛生規則第517条の14、令第六条第十五号の五の作業
③	48時間	24時間	労働安全衛生規則第575条の11
④	14日	30日	労働安全衛生法第88条
⑤	防毒マスク	空気呼吸器	酸素欠乏症等防止規則第5条
⑥	重ね継ぎ手	突合せ接手	労働安全衛生規則第371条第1項第2号

問題 ⑪

≪解説≫

廃棄物の処理に関する問題

　建設廃棄物の再生利用等による適正処理のために「分別・保管」を行う場合、排出事業者が作業所（現場）内において実施すべき具体的な対策は、「廃棄物の処理及び清掃に関する法律施行規則　第8条」及び「建設廃棄物処理指針」（環境省）に定められている。

≪解答例≫

下記から5つ選ぶ。

①保管場所は、周囲に囲いが設けられていること。

②見やすい場所に、必要な要件の掲示板が設けられていること。

③保管場所から廃棄物が飛散、流出、地下浸透及び悪臭が飛散しない設備とすること。

④廃棄物の保管により汚水が生じるおそれがあるときは、排水溝を設け、底面を不浸透性の材料で覆うこと。

⑤屋外において容器を用いずに保管する場合は、定められた積み上げ高さを超えないようにすること。

⑥廃棄物の負荷がかかる場合は、構造耐力上安全であること。

⑦保管場所に、ネズミが生息し、蚊、ハエ等の害虫が発生しないようにすること。

⑧特別管理産業廃棄物に他のものが混合しないように仕切りを設ける。

⑨石綿含有産業廃棄物に他のものが混合しないように仕切りを設ける。